C 波段多普勒天气雷达特征及临近预警

主　编：杨淑华
副主编：赵桂香　苗爱梅

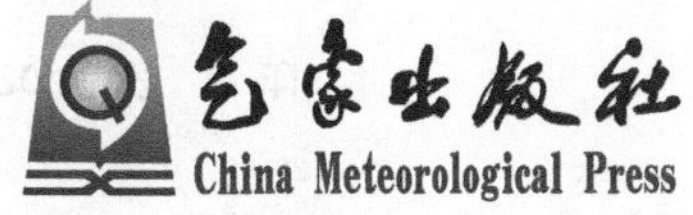

内容简介

强对流天气具有时间短、尺度小的特点，在常规天气图上很难捕捉到。充分运用多普勒天气雷达的反射率因子图、径向速度图及其各种导出产品，可以获取丰富的强对流天气信息，能够较为准确和及时地监测灾害性天气。本书以C波段多普勒天气雷达为研究基础，充分阐述C波段多普勒天气雷达对各种不同灾害性天气的预报能力，并结合天气个例对各种回波特征进行详细分析。

图书在版编目(CIP)数据

C波段多普勒天气雷达特征及临近预警 / 杨淑华主编. — 北京：气象出版社，2018.9(2021.11重印)

ISBN 978-7-5029-6227-2

Ⅰ.①C… Ⅱ.①杨… Ⅲ.①C波段-多普勒天气雷达-研究 Ⅳ.①TN958

中国版本图书馆CIP数据核字(2018)第217208号

出版发行：气象出版社

地　　址：北京市海淀区中关村南大街46号　　**邮政编码**：100081

电　　话：010-68407112(总编室)　010-68408042(发行部)

网　　址：http://www.qxcbs.com　　**E-mail**：qxcbs@cma.gov.cn

责任编辑：马　可　张　斌　　**终　　审**：吴晓鹏

责任校对：王丽梅　　**责任技编**：赵相宁

封面设计：博雅思企划

印　　刷：北京建宏印刷有限公司

开　　本：787 mm×1092 mm　1/16　　**印　　张**：10

字　　数：256千字

版　　次：2018年9月第1版　　**印　　次**：2021年11月第3次印刷

定　　价：80.00元

《C 波段多普勒天气雷达特征及临近预警》
编委会

主　编：杨淑华

副主编：赵桂香　苗爱梅

编　委：魏建军　杨艳平　宋世华　戴有学　吴　亮

前　　言

强对流天气具有时间短、尺度小、暴发突然等特点，在常规天气图上难以捕捉到。近年来，随着多普勒技术发展，多普勒天气雷达的反射率因子、径向速度及各种导出产品，提取丰富的强对流天气信息，准确和及时地监测灾害天气、特别是在风灾和雹灾相伴随的短时临近预报中发挥了重要作用。

本书以C波段多普勒天气雷达为研究基础，充分阐述C波段多普勒天气雷达对各种不同灾害性天气的预报预警能力，并结合天气个例对各种回波特征进行了详细分析。

全书共分为9章。第1章和第2章分别介绍了C波段多普勒天气雷达的扫描方式、产品显示方式、常用产品特征及其在业务应用中的注意事项；第3章介绍了判断多普勒天气雷达位置常用的两种方法及在业务应用中的误区；第4章分析了C波段多普勒天气雷达的附加特征——“V”形缺口，并结合个例阐述“V”形缺口形成、发展和消亡各个阶段特征；第5章对C波段多普勒天气雷达探测能力进行分析；第6章对C波段多普勒天气雷达冰雹特征进行统计分析；第7章对多普勒天气雷达径向速度在短时临近预报预警中的应用进行分析，并将造成强对流天气的中小尺度系统分成8类并结合个例详细分析和阐述；第8章详细分析强降雪天气的多普勒天气雷达特征，并对2009年到2015年共8次强降雪过程的多普勒天气雷达特征进行分析和总结，得出有指导意义的预报指标；第9章将多普勒天气雷达与卫星云图综合起来进行分析，分别阐述这两种探测手段的优缺点以及在业务中如何将二者有机结合运用。

以上9章内容，全面系统地阐述了C波段多普勒天气雷达基本产品和导出产品特征及其在短时临近预报预警业务中的应用。书中的结论均由实际应用获得，对C波段多普勒天气雷达应用有较好的参考价值。

由于编写水平有限，不足之处，敬请批评指正。

编者

2018年8月16日

目 录

第 1 章　C 波段多普勒天气雷达扫描方式

1.1　体积扫描定义

C 波段多普勒天气雷达采用体积扫描方式工作(缩写为 VCP,简称“体扫”),有两种扫描模式,一种是降水模式,另一个是空模式。在日常业务中 C 波段多普勒天气雷达通常采用降水模式,即 VCP11 和 VCP21 扫描方式。

VCP11 扫描方式规定在 5 分钟内对 14 个具体仰角进行扫描,分别为:0.5°、1.45°、2.4°、3.35°、4.3°、5.25°、6.2°、7.5°、8.7°、10.0°、12.0°、14.0°、16.7°、19.5°。

VCP21 扫描方式规定在 6 分钟内对 9 个具体仰角进行扫描,分别为:0.5°、1.45°、2.4°、3.35°、4.3°、6.0°、9.9°、14.6°、19.5°。

1.2　多普勒天气雷达产品的显示方式

多普勒天气雷达产品的显示方式有三种,PPI 显示方式、RHI 显示方式和 VOL 显示方式。PPI 是平面位置显示,即做仰角固定后的圆周扫描;RHI 是距离高度显示,即做方位固定后的高低扫描;而 VOL 显示则是连续增加角度的圆周扫描。这三种扫描方式不同,数据格式也完全不同,所以无法通用。需要注意的一点是,尽管在体积扫描基数据中可以看到某一个仰角的圆周扫描图(即 PPI),但不意味着体积扫描是由一个个 PPI 扫描完成后组合起来的。在日常业务中,为了组网拼图的需要,全国统一使用 PPI 格式进行扫描。

第2章 C波段多普勒天气雷达常用产品简介

在日常业务运用中,C波段多普勒天气雷达常用产品有15种,见表2.1。下面详细介绍其中的10种产品。

表2.1 C波段多普勒天气雷达常用产品

产品名称	产品标识符	产品标识号
反射率因子	R	19—20
平均径向速度	V	26—27
组合反射率因子	CR	37—38
回波顶	ET	41
垂直积分液态含水量	VIL	57
风暴相对平均径向速度	SRM	56
风暴追踪信息	STI	58
冰雹指数	HI	59
中气旋	M	60
1小时降水累计雨量	OHP	78
3小时降水累计雨量	THP	79
风暴总降水量	STP	80
反射率因子剖面	RCS	50
平均径向速度剖面图	VCS	51
速度方位角显示风廓线产品	VWP	48

2.1 反射率因子

反射率因子是测量云中含水量多少的图像产品,是雷达天线沿360°无缝隙扫描时所得到的回波强度数据。在体积扫描中每个仰角都可以得到强度数据。如图2.1a中反射率因子越大的地方天气越激烈。

反射率因子有以下四个特征:

(1)分辨率可达1 km。

(2)探测距离可达230 km(R19)和460 km(R20)。

(3)仰角扫描区间:0.5°～19.5°。

(4)用途:估算降水强度、冰雹的潜在性、风暴结构以及确定边界层位置,对各种业务应用都十分有效。

需要注意:从雷达测站开始,距离雷达越远,斜距越远,距离地面的高度越高,沿着径线上的任何两点都不在一个平面上。

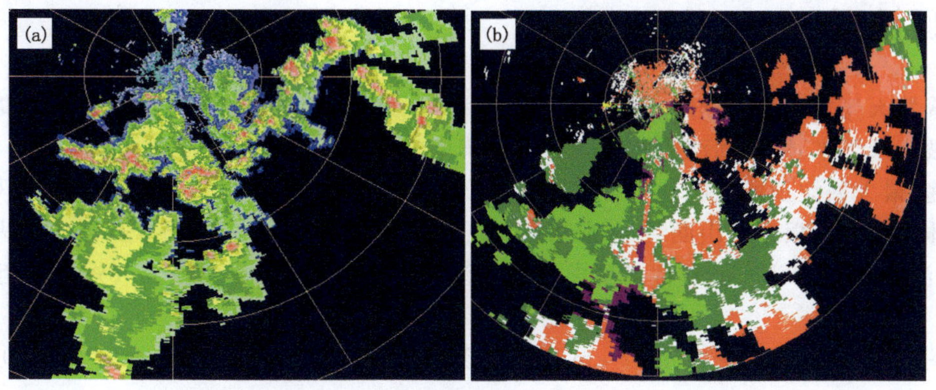

图 2.1 C 波段多普勒天气雷达基本反射率因子(a)平均径向速度(b)

2.2 平均径向速度

平均径向速度是度量脉冲体积内空气和降水粒子运动的功率加权的径向分量,是测量实际风沿雷达径向分量的图像产品,在每个仰角上都可以采集到(见图 2.1b)。

平均径向速度有以下四个特征:

(1)分辨率可达 0.5 km。

(2)探测范围可达 115 km(V26)和 230 km(V27)。

(3)仰角扫描区间:0.5°～19.5°。

(4)用途:用于估算风向风速和热对流,识别风切变和边界层,确定辐合、辐散、涡流、下击暴流和强天气特征区域范围。

需要注意:平均径向速度是指真实速度沿着扫描射线方向分量,从雷达测站开始,距离雷达越远,斜距越远,距离地面的高度也越高。沿着径线上的任何两点都不在一个平面上。

局限性:一是垂直于雷达波束的平均径向速度表示为“0”;二是距离折叠和速度退模糊不正确时会使径向速度存在较大误差,在应用中要注意。

2.3 速度方位角显示风廓线产品

风廓线是平均水平风随高度变化的图形显示产品,横坐标为时间,纵坐标为高度。最多可显示的高度层数为 30 层,每层间隔为 0.3 km,色标代表拟合的均方根误差。图 2.2 为 2010 年 7 月 10 日山西省大同地区出现雷雨大风和冰雹天气的垂直风廓线图,图中多处出现“ND”。“ND”表示无记录或记录不可信(风向变化太快)。通常在大面积降水情况下才能得到比较完整的风廓线产品,在强对流天气情况下风廓线常常不太完整。

用途:识别各个高度上的急流,判断冷暖平流、垂直风切变、锋面及其在垂直方向上的深度和风暴相对速度等。

特别注意：这个产品在以测站为原点半径 30 km 探测范围内有效，这个区域以外地区不适用该产品。

2.4　回波顶

多普勒天气雷达在工作时，只有当反射率因子强度≥18 dBZ 时，它所对应的最高仰角的高度才被记录下来，即为回波顶高度。它的分辨率为 4 km，有效探测范围为 230 km。

用途：最大回波顶所在的位置常常是最强烈天气发生区域，可以用它确定多单体风暴结构中各单体回波顶。根据对山西省大同地区 C 波段天气雷达 2007—2017 年多普勒雷达资料分析，当回波顶超过 11 km 就非常容易出现强对流天气，可以作为强对流天气短时临近预报预警指标。

如图 2.3 所示，回波顶大于 12 km 区域出现了强烈的对流天气，小时雨强大于 10 mm，冰雹直径大于 4 mm。

缺点：在雷达站附近由于受到静锥区影响，风暴回波顶高往往会被过低估计，在应用中需要注意。

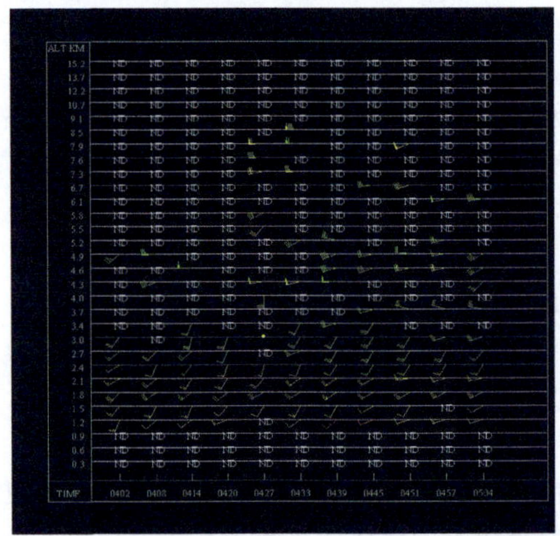

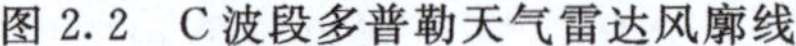

图 2.2　C 波段多普勒天气雷达风廓线

图 2.3　C 波段多普勒天气雷达回波顶

2.5　组合反射率因子

组合反射率表示的是在一个体扫中，从低层到高层选择一个最大反射率因子投影在笛卡尔格点上的产品。分辨率可达 1 km。显示范围和基本反射率因子一样，达 230 km(R37)或 460 km(R38)。

用途：它可以快速获知当前体扫最强反射率因子，在业务运用中对强对流分析快速有效。

注意：使用时要和风暴追踪信息、风暴属性表和中气旋等叠加使用。

缺点：

(1)不能判断最强反射率因子所在高度。

(2)没有相应的径向速度场配合,无法判断回波的生消情况。

(3)由于常常被较强回波掩盖,所以在识别具有空间结构回波特征时有一定难度,如对灾害天气有显著指示意义的低层钩状回波和弱回波区等。

个例分析：2010 年 6 月 19 日大同市浑源县出现强对流天气,在 18:05 1.5°仰角基本反射率因子图上可以看到明显的钩状回波结构及旁瓣回波,而且后侧入流急流很清楚(见图 2.4a)。对应在同时刻的组合反射率上,钩状回波结构、旁瓣回波和后侧入流急流都不清晰(见图 2.4b)。

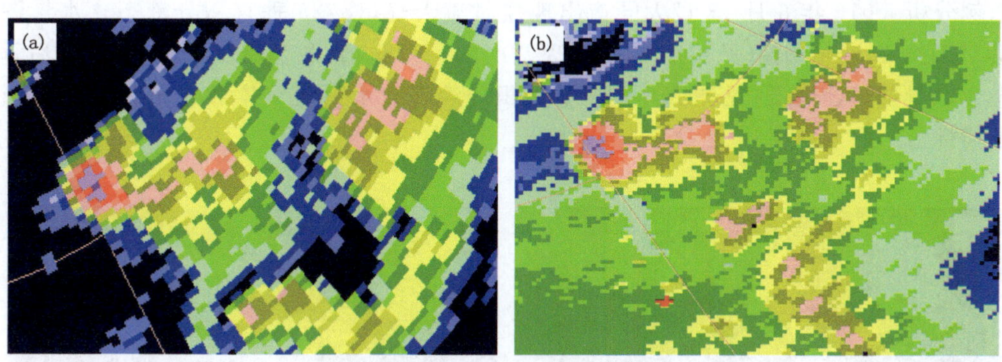

图 2.4　2010 年 6 月 19 日大同市浑源县 C 波段多普勒天气雷达基本反射率(a) 组合反射率(b)

个例分析:2016 年 6 月 13 日大同市区出现强对流天气,17:20 在 4.2°仰角的基本反射率因子图上可以看到明显的三体散射和旁瓣回波(见图 2.5a),对应在同时刻的组合反射率图上,这两个虚假回波都没有表现出来(见图 2.5b)。

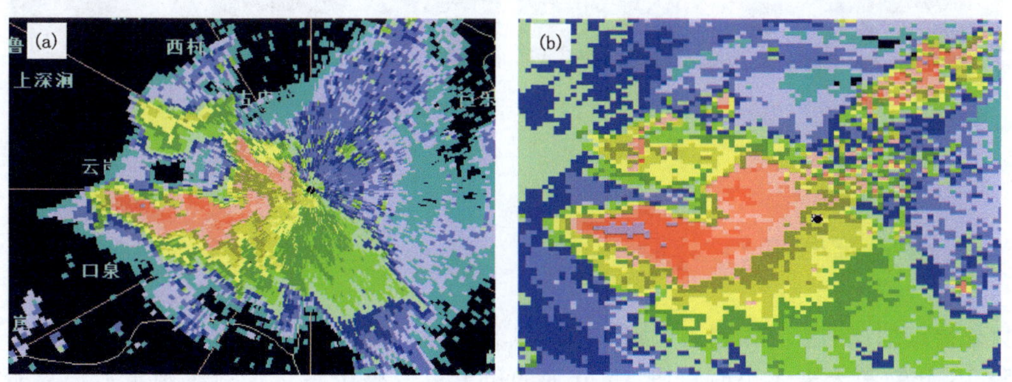

图 2.5　2016 年 6 月 13 日大同市区 C 波段多普勒天气雷达基本反射率(a) 组合反射率(b)

2.6　垂直积分液态含水量

垂直积分液态水含量是将反射率因子数据转换成等价的液态水值,并且假定反射率因子是完全由液态水反射得到的。它反映了在降水云体中,某一确定底面积的垂直柱体内液态水总量分布特征,分辨率为 2 km,探测范围可达 230 km。

用途：能有效判断降水强度及其降水潜力，是判断强对流造成的暴雨、冰雹等灾害性天气的有效工具之一，并且能确定大多数强风暴的位置。

缺点：

(1)由于受到静锥区影响，距离测站 40 km 以内的值被过低估计。

(2)距离测站 220 km 以上区域会出现过高和过低估计的情况。

(3)地形因素，如山地遮挡，也会导致垂直积分液态水含量比实际值小。

(4)在运用过程中发现在春季和初夏对冰雹有一定的指示意义，但盛夏和初秋对冰雹指示性差，这可能是 *Z-M* 关系不稳定造成的。

个例分析：2016 年 6 月 13 日大同市出现强对流天气，18:25 垂直积分液态含水量图显示浑源县 $VIL>40\ kg \cdot m^{-2}$(见图 2.6a)，出现两次冰雹天气，最大直径 6 mm。冰雹过后垂直积分液态含水量值迅速降低(见图 2.6b)。垂直积分液态含水量值突增和锐减可以作为强天气的判断指标。

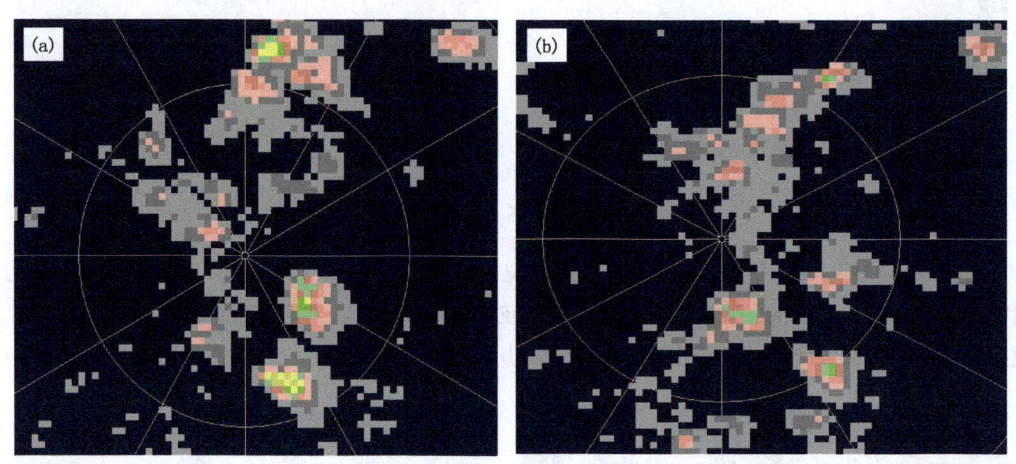

图 2.6　2016 年 6 月 13 日大同市 C 波段多普勒天气雷达降冰雹前(a)和降冰雹后(b)垂直积分液态含水量

2.7　风暴追踪信息

风暴追踪信息的重要作用是识别和跟踪风暴单体，识别出风暴单体以后能提供过去 1 小时每隔 15 分钟和未来 1 小时每隔 15 分钟的位置以及整个雷达反射率覆盖域内风暴运动信息。

用途：对风暴单体生消和移动方向有很好的指示作用，对提高短时临近预警预报准确率有很大帮助，是比较可靠的产品。

个例分析：2016 年 6 月 13 日大同市出现强对流天气，18:25 风暴追踪信息图上(见图 2.7)，雷达识别出的 H4 就是给浑源县造成两次冰雹天气的风暴单体，它识别出的路径比较准确，可以作为强天气的判断指标。

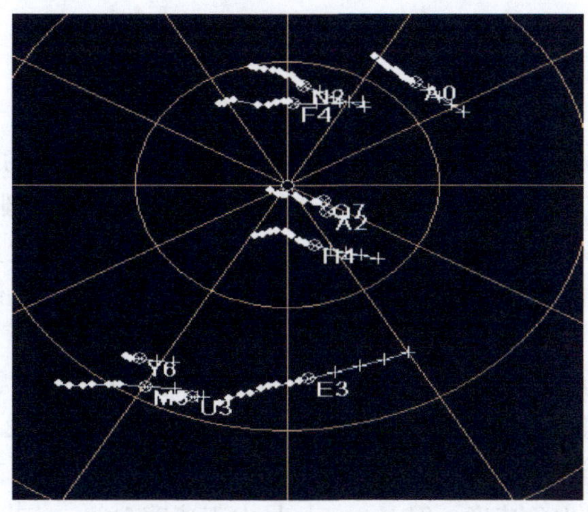

图 2.7　2016 年 6 月 13 日大同市 C 波段多普勒雷达探测到的风暴追踪信息

2.8　降水量产品

C 波段多普勒天气雷达与降水量有关的产品有三个，分别是 1 小时降水累计雨量、3 小时降水累计雨量和风暴总降水量。他们都是根据由经验确立的反射率因子和降水率 R 之间的幂指数关系计算的。这三个产品既不是降水实况也不是对未来的预报值，而是对过去降水时段的降水估测值，误差很大，在业务运用中要加以注意。

缺点：

(1) Z-R 关系中的参数本身是可以调节的，但是到目前为止，还没有一个客观的具有确定性的指导原则，所以在临近降水开始前要想确定一个适当的参数是非常困难的。

(2)在计算降水量时，应该将雨量计实况数据引入算法中，但截至目前这一想法并没有投入业务运行，由于没有实况数据支撑，误差很大。

个例分析：2010 年 6 月 13 日 16:40 在大同县 CB 雷达观测到的 1 小时累计降水量图上，大同县在 15:40—16:40 有 19 mm 以上强降水(见图 2.8a)，但实况只出现 0.1 mm 微量降水。

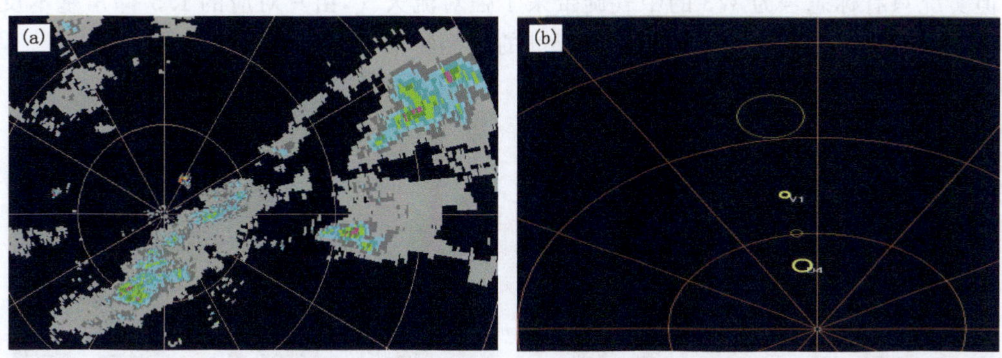

图 2.8　2010 年 6 月 13 日大同县 C 波段多普勒天气雷达探测到的 1 小时累计降水量图(a)和中气旋图(b)

2.9 中气旋

中气旋是直径一般为 2～10 km 并且与强雷暴上升气流相联系的旋转涡流。中气旋的出现与大冰雹、灾害性地面大风或龙卷相关联。在中气旋产品上，黄色圆圈的宽度为一个像素符号时表示的是三维相关切变，不带风暴单体标示号。黄色圆圈的宽度为四个像素的符号表示的是中气旋，带有离它最近的被识别到的风暴单体的标示号，标示号位于东南方用白颜色字标示。

个例分析：图 2.8b 为 2011 年 6 月 7 日 22:35 大同多普勒天气雷达探测到的中气旋产品，图中没有标识号的两个圆圈为三维相关切变，带标志号的为中气旋。图 2.9 为 2010 年 7 月 10 日 15:01 大同多普勒雷达探测到的中气旋及其剖面图，可以看到中气旋距离地面高度大约在 3 km 左右，呈现气旋性旋转，最大负速度 $-24\ m \cdot s^{-1}$，最大正速度 $12\ m \cdot s^{-1}$，属于强中气旋。

缺点：

(1)空报率较高。

(2)时间提前量较小，预报出中气旋后一到两个体扫甚至同时强对流天气发生。

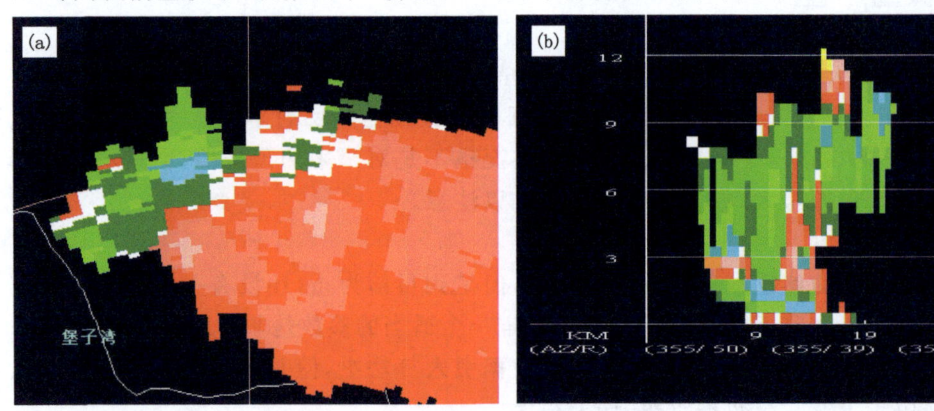

图 2.9　2010 年 7 月 10 日 15:01 大同多普勒雷达探测到的中气旋(a)及其剖面图(b)

个例分析：2011 年 6 月 7 日 22:47 中气旋图上(见图 2.10a)，预报出四个带有标识号的中气旋，但实况只有标志号为 W3 的中气旋带来了强对流天气，由其对应的 1.5°仰角基本反射率因子可以看到回波呈现弓形，具有强对流天气的典型特征。

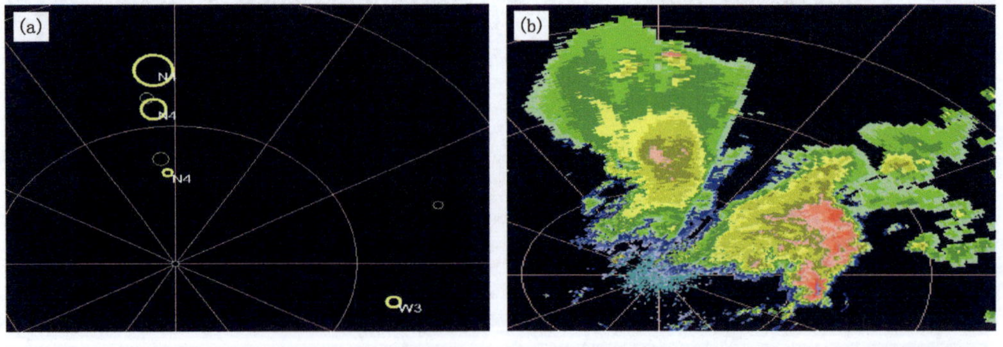

图 2.10　2011 年 6 月 7 日 22:47 大同雷达探测到的中气旋(a)及其对应的基本反射率(b)

2.10　垂直剖面图

垂直剖面图能够清楚地看到风暴单体从地面到高空的空间结构，由于多普勒天气雷达显示的方式选用了PPI而不是RHI，所以用户只能自己确定剖面位置，由PUP来完成剖面。在实际业务运用中最常用的剖面图是基本反射率因子剖面图和平均径向速度剖面图。

基本反射率因子剖面图用途：可以确定回波顶高、静锥区、回波悬垂、回波墙、0℃层及－20℃伸展高度、弱回波区或有界弱回波区及其上升气流高度等。

平均径向速度剖面图用途：可以判断低层辐合、风暴顶辐散、中层径向速度辐合、大风核、上升和下沉气流、中气旋及其伸展高度、零速度线高度及其倾斜程度、0～6 km垂直风切变、急流伸展高度等。

2.11　典型个例分析——解析一次超级单体(超单)风暴过程的维持机理

2.11.1　超单的演变和结构特征

2.11.1.1　灾情及天气背景

来自晋中市气象局的灾情报告指出：2004年7月3日，16:40—20:30，榆次区61个自然村遭受大风、冰雹袭击。冰雹持续时间长达40 min，最大直径37 mm。全区受灾面积5713 hm^2，大秋作物、经济作物绝收，直接经济损失2728万元。

2004年7月3日08时500 hPa图上(图略)，冷涡位于蒙古国，我国山西位于冷涡的底前部，河西走廊北部到山西北部为强盛的偏西气流，蒙古冷涡底部分裂的冷空气，从酒泉经银川到太原表现为一支西北风向的中空急流，太原位于“急流头”，西北风11 $m \cdot s^{-1}$，温度－11℃；850 hPa天气图上(图略)，山西受两支气流影响，一支为山西西部的SW气流，一支为东部高压底后部的SE气流，两支气流在太原交汇。太原站为南风7 $m \cdot s^{-1}$，温度21℃；太原本站风向随高度顺转，有中等强度的垂直风切变，对流有效位能 $E_{CAP}=3076\ J \cdot kg^{-1}$，中空有冷空气辐合，低空有暖湿气流汇合，本站和上游站大气层结处于极端不稳定状态。

2.11.1.2　风暴的演化

2004年7月3日13:04，强度为18 dBZ的对流单体在山西的昔阳县(105°，92 km)生成，之后在其西北行过程中，13:54、14:36、15:12、16:08，在其西北部和北部共有6个对流单体生成、发展和并入。15:37，在风暴前进方向的左侧，0.5°仰角图上呈现出典型的超单钩状回波结构，相应地在0.5～4.3°仰角的 V_r 图上出现了旋转速度达24.8 $m \cdot s^{-1}$ 的强中气旋。沿入流方向穿过最强回波位置的 R 垂直剖面(见图2.11b)表现出明显的BWER(有界弱回波区)结构特征，表明超单在15:37形成。16:13，超单稳定在榆次区，不再北上，不再有新生单体并入。16:53，C_{VIL}(垂直累积液态水含量)达到该次大冰雹过程的最大值82.3 $kg \cdot m^{-2}$(见图2.13)，相应地垂直累积液态水含量密度为4.8 $g \cdot m^{-3}$，R 强度达63 dBZ，BWER更加宽广(见图2.11c)。17:56，中等强度的中气旋演变为弱中气旋；18:01—18:22，弱中气旋仅在0.5°～1.5°仰角的浅薄气层残存(见图2.12)；18:22后，中气旋消失，风暴解体。中气旋在风暴中的生命史长达 4 h 2 min。从 15:37 BWER 的出现，到 17:56 BWER 演变为 WER(弱回波区)，超单的生命史长达 2 h 14 min;从第一个对流单体出现，到多单体风暴的解体消亡 ，多单体风暴的生命史长达 5 h 18 min。

图 2.12 表明，14:20—16:31 为中气旋的发展阶段，此期间中气旋首先在中层形成，而后向下、向上伸展；16:32—17:34 为中气旋的成熟阶段，此期间，中气旋垂直伸展最高；17:35—18:22 为中气旋的减弱消亡阶段，此期间中气旋从高层逐渐向下萎缩。综合图 2.11、图 2.12 和图 2.13:(1)中气旋超前超单生成 1 h 17 min，其成熟期向减弱消亡期的转换时间超前超单向多单体的转换时间;(2)垂直累积液态水含量和中气旋的旋转速度对超单的形成、演变与大冰雹的产生最敏感;(3)有界弱回波区的出现超前大冰雹出现 (17:56)1 h 37 min。

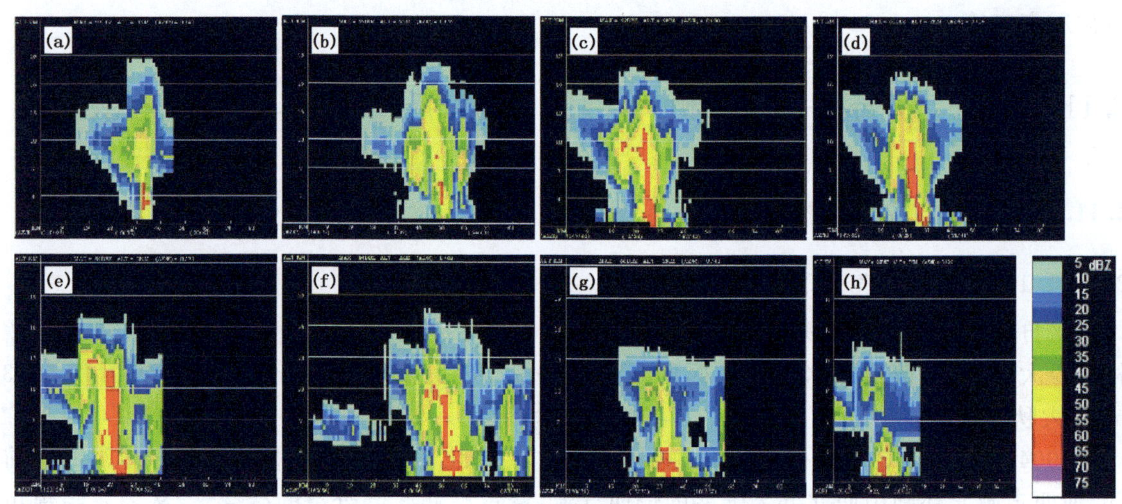

图 2.11　沿风暴低层入流方向并通过反射率因子核心的反射率因子垂直剖面的时间演变
(a～h 分别为时间 15:12、15:37、16:53、16:58、17:14、17:30、17:51、17:56)

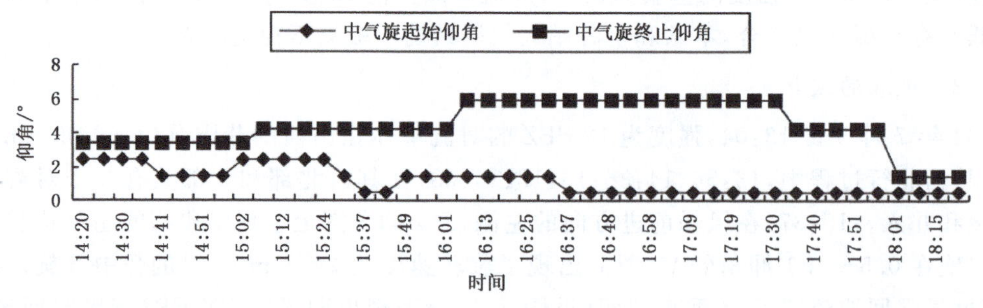

图 2.12　中气旋的演变

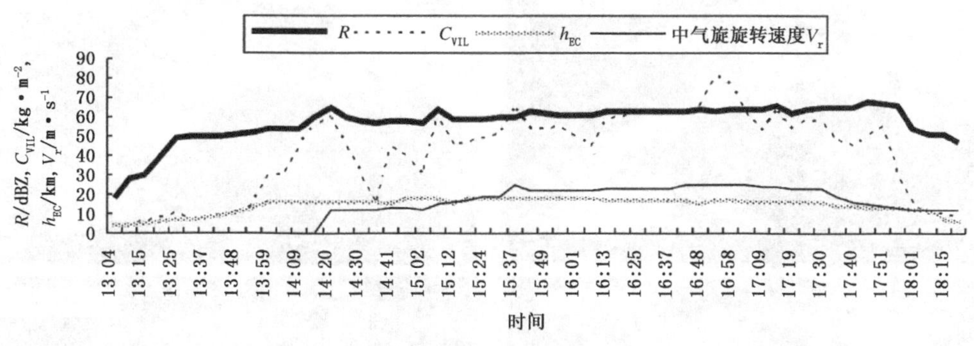

图 2.13　R、C_{VIL}、h_{EC}(回波顶高)及中气旋旋转速度 V_r 随时间的演变

2.11.1.3　超单的结构特征

图 2.14 为 2004 年 7 月 3 日大同，16:53 放大 2 倍的 R 分布和 V_r 分布。图 2.14 表明，0.5°仰角钩状回波位于超单前进方向的左侧，其西北部有近似东东北—西西南走向的出流边界，长度约 12 km；从 V_r 图看，与 R 图相对应的位置有一条十多千米长的辐散线，其离开超单一侧向着雷达移动，朝向超单一侧则远离雷达方向移动，此特征在 0.5°、1.5°仰角的 V_r 图上均可见(图 2.14a1、b1)，与低层辐散线相对应的位置，6.0°仰角的 V_r 图上是一条＞10 km 长的辐合线(图 2.14d1)，高层辐合低层辐散证实了该出流边界的存在。钩状回波的东南部，0.5°和 1.5°仰角 V_r 图上显示有一条西北—东南走向、长约 30 km 的反气旋式辐散线(1.5°仰角更清楚)，在 6.0°仰角的 V_r 图的相应位置上显示有一条相同走向和长度的气旋式辐合线，高层辐合低层辐散，证实了与该超单东南侧下沉气流相联系的另一条出流边界的存在。与钩状回波中部相对应的是旋转速度达 24.8 m·s^{-1} 的强中气旋，该强中气旋从 0.5°～4.3°仰角均为辐合式气旋性旋转，且旋转速度均≥24 m·s^{-1}，6.0°仰角为气旋性旋转，旋转速度为 20 m·s^{-1}，14.6°仰角演变为旋转速度达 20 m·s^{-1} 的反气旋性旋转(图略)。该次风暴中气旋向上伸展很高，与成熟中气旋的概念模型相比，除在中上层没有观测到气旋性辐散特征外，其他都基本符合成熟中气旋的概念模型。

2.11.2　超单维持机理探讨

已有的研究表明：超单底部的低层外流特征是决定超单特性和生命史的一个很重要因素。由一风暴的演化个例可知，超单在 15:37 生成，但能分辨出低层外流的时间是 16:53。图 2.14 给出这一时刻多普勒雷达观测到的各仰角的 R 和 V_r 分布。由图 2.14a1，b1 和 d1 比较可知，钩状回波西北侧的出流边界正负速度的值都很小，只有 1～2 m·s^{-1}，钩状回波东南侧的出流边界 0.5°仰角径向速度图上朦胧可见，1.5°仰角 V_r 图上正负速度也都在 2～3 m·s^{-1}。而在 6.0°仰角 V_r 图上，西北侧的辐合带 V_r 在 11～14 m·s^{-1}，东南侧的辐合带 V_r 在 10～13 m·s^{-1}。观测事实表明：超单的地面外流发展滞后和较弱；中层的干冷空气入流传播速度明显大于低层出流的传播速度。因此，中层冷空气的侵入使驾御超单强弱和存亡的中气旋获得能量，迫使其内部的上升气流加强和维持。

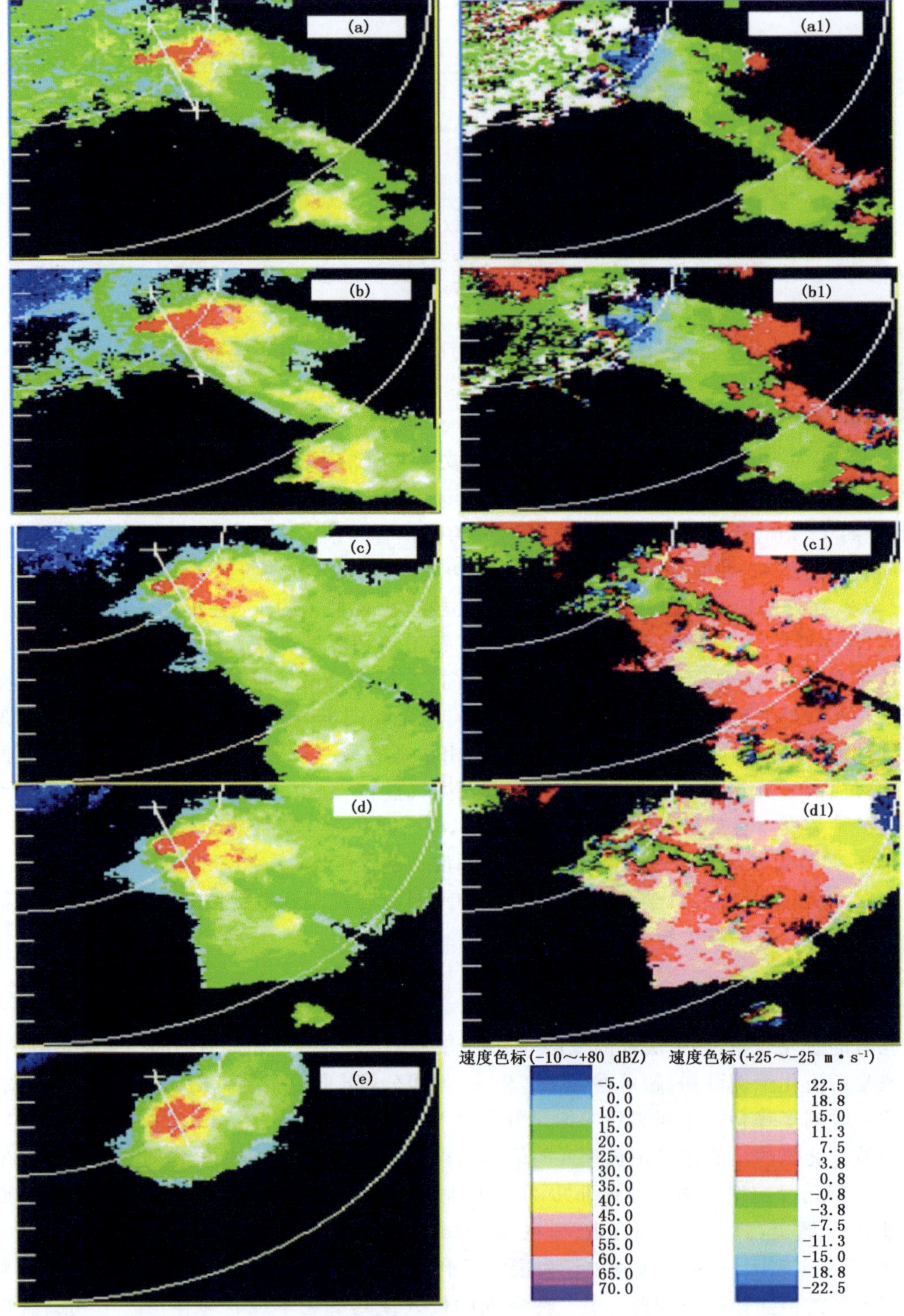

图 2.14　2004 年 7 月 3 日大同 16:53 0.5°、1.5°、4.3°、6.0°、9.9°仰角反射率因子分布(a～e)和 0.5°、1.5°、4.3°、6.0°仰角径向速度图(a1～d1)分布(图像放大了 2 倍)

第 3 章　判断多普勒天气雷达位置

在 PUP 上判断回波空间辐合辐散等特征通常要用到径向速度剖面图，如果低层辐合高层辐散特征则系统发展，反之则减弱。径向速度辐合辐散特征是针对雷达位置确定的，这样就需要我们能正确判断雷达测站位置。判断雷达测站位置有下面两种方法。

3.1　根据雷达特殊区域——静椎区判断雷达位置

无论 CINRAD/SA 波段雷达还是 CINRAD/CA(CB、CC)波段雷达都有一个最高仰角，这个仰角之外的目标物不能被雷达探测到，这样在雷达站周围就形成了一个以雷达站为顶点的倒圆锥型区域，这个雷达波束不能到达的区域称为静锥区，也叫盲区。

C 波段雷达以 PPI 方式显示时静锥区只能在剖面图上观测到，当在 PUP 上看到静锥区时，雷达测站在静锥区一侧。图 3.1a 和图 3.1b 雷达在原点一侧，图 3.1c 和图 3.1d 在原点反方向一侧。

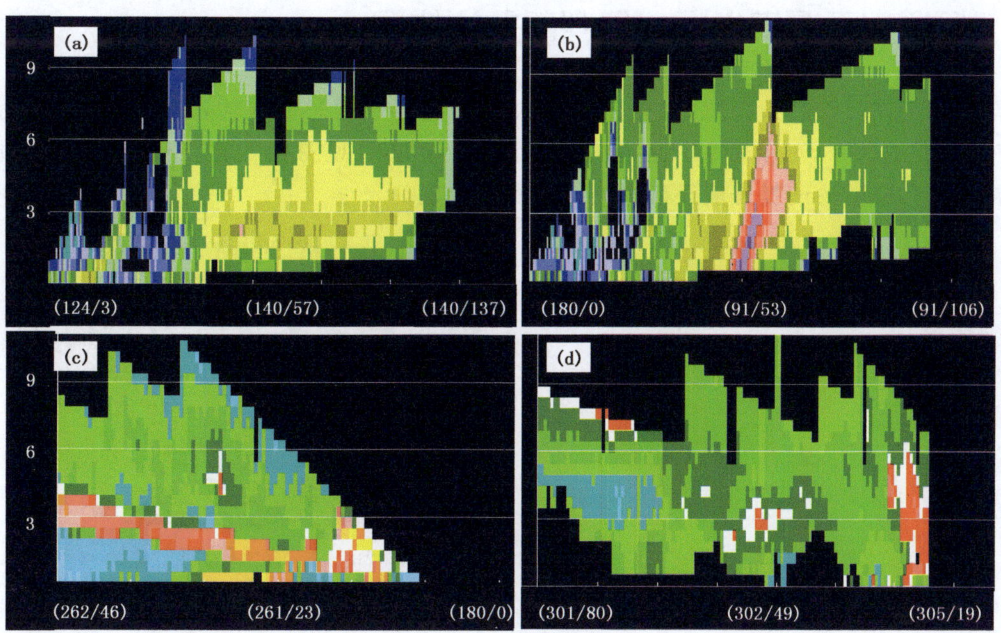

图 3.1　C 波段雷达在剖面图静锥区一侧

图 3.2a 雷达在静锥区处由纸面向外的方向上，图 3.2b 雷达在静锥区处由纸面向外的方向上，图 3.2c 雷达在静锥区处由纸面向里的方向上，图 3.2d 雷达在静锥区处由纸面向外的方向上。

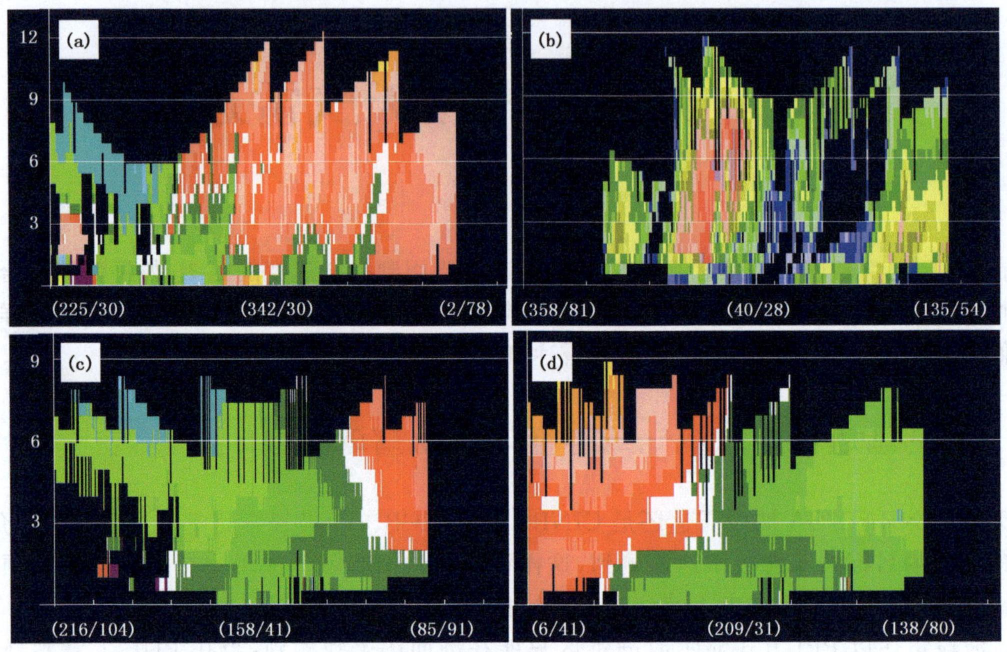

图 3.2　C 波段雷达静锥区在中间剖面图

3.2　根据剖面图横坐标特征判断雷达位置

雷达不工作时天线指向北，开始工作后天线由北向东顺时针旋转，所以雷达方位角定义为：正北为 0°或 360°，正东为 90°，正南为 180°，正西为 270°（见图 3.3）。在径向速度剖面图上，正确判断辐合辐散的前提是能正确判断雷达所在位置。

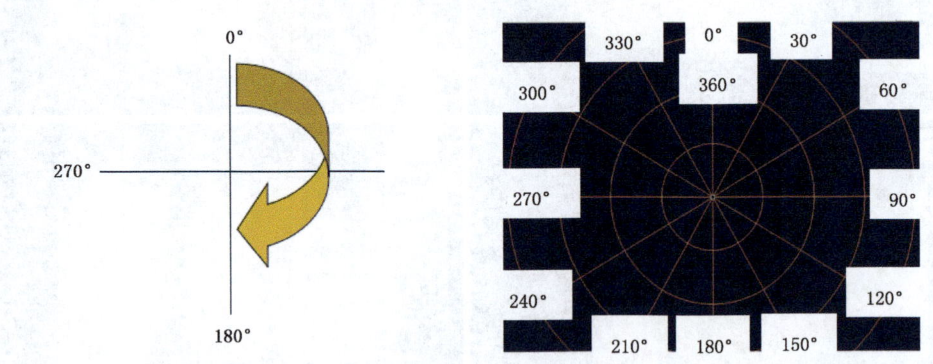

图 3.3　C 波段雷达天线工作示意图

判断雷达位置有以下三种方法：

（1）当横坐标上 R 的数值由小到大排列顺序时，雷达位于 R 数值小的一侧；

图 3.4 为 C 波段雷达径向速度剖面图，图 3.4a 上雷达位于 $R=0$ 处，图 3.4b 上雷达位于 $R<19$ 一侧。

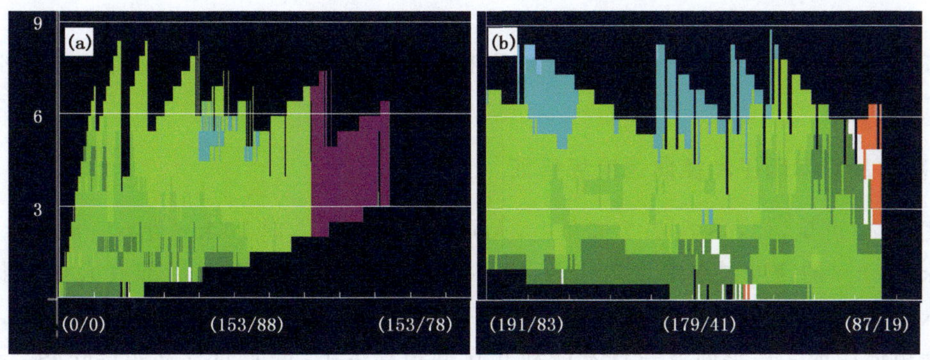

图 3.4　C 波段雷达径向速度剖面图

(2)当横坐标上有三组坐标且中间坐标 R 数值比两边的小时，雷达位于 R 数值小的一侧。

图 3.5 为 C 波段雷达基本反射率和径向速度剖面图，图 3.5a 和图 3.5b 在横坐标上都有三组坐标，且中间坐标 R 数值比两边小，可以判断雷达位于 R 最小一侧。

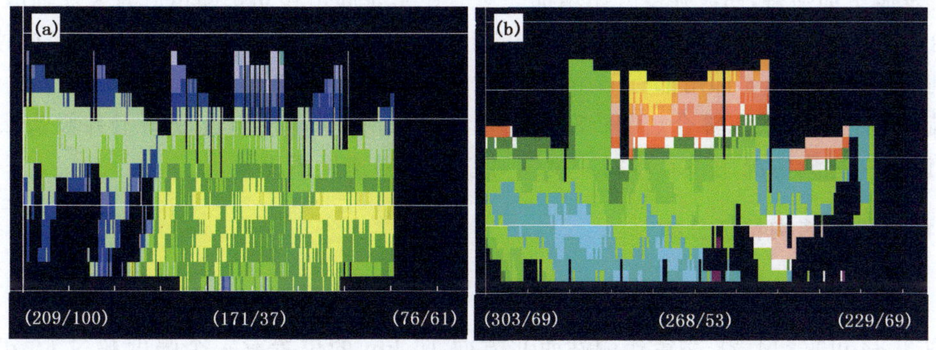

图 3.5　C 波段雷达基本反射率(a)和径向速度剖面(b)

(3)当剖面图上出现完整静锥区时，雷达位于静锥区下面，然后再根据相邻两组坐标确定雷达是在纸面以内还是纸面之外。

图 3.6 为包含完整静锥区的 C 波段雷达基本反射率剖面图，图 3.6a 和图 3.6b 中的雷达均位于静锥区中心处纸面向外的地方。

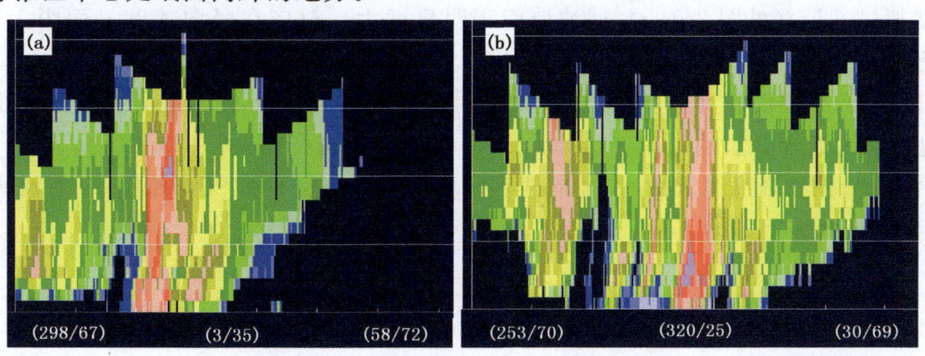

图 3.6　C 波段雷达基本反射率剖面图

3.3　典型个例分析——2008 年 6 月 27 日强对流

2008 年 6 月 27 日 15:14—15:19 大同县出现雷阵雨伴冰雹天气，降雹持续时间 6 min，冰雹直径 7 mm。

3.3.1　基本反射率因子和径向速度场特征

由图 3.7a 可见，14:58 在 0.5°仰角上，大同县上游西北方向 10 km 处有一飑线生成，并以 18～25 km·h^{-1}的速度向东南方向移动，中心回波强度≥63 dBZ，其后部有大片的弱回波区及后侧入流缺口(图上箭头所指)，说明其后侧有较强的入流。由图 3.7a～3.7d 可见，飑线由多个雷暴单体组成。弓形回波一直发展到 6.0°仰角高度上，说明回波发展很旺盛。3 个体扫后影响大同县。对应在径向速度场上，0.5°仰角上飑线回波前沿强回波区对应的是速度辐合区，后侧弱回波区对应的是辐散区(见图 3.7e)。整个过程没有出现中层径向辐合、中气旋及阵风锋，这也是本次飑线没有出现大风的主要原因。1.5°仰角上径向速度图上(见图 3.7f)出现逆风区(箭头所指)，说明此处风向发生了剧烈变化，产生了强烈的风切变和辐合，当云团进入逆风区时发展更加强盛，回波强度开始增加。对应在 4.3°仰角和 6.0°仰角上为大片辐散区，这种低层辐合高层辐散的配置为冰雹提供了较强的上升运动和充足水汽。在风暴相对径向速度图上可以看到 0.5°仰角到 4.3°仰角都有 12 m·s^{-1}的东南急流，到 6.0°仰角急流增加为 17 m·s^{-1}，高低空急流提供充足的水汽辐合(见图 3.7i～见 3.7l)。在基本径向速度图上并没有观测到急流，所以说判断急流情况用风暴相对速度图对基本径向速度图更直观。

3.3.2　雹云垂直结构特征分析

3.3.2.1　中尺度回波演变特征

由图 3.8a 可见，14:28 在雷达测站西北方向 16 km 的位置有一个强度超过 60 dBZ 的回波生成，由于受到静锥区影响不能判断＞55 dBZ 伸展高度。对应在径向速度图在西北方向有冷空气入侵，在边界层附近有垂直风切变生成。

由图 3.9b 可见，14:34 在雷达测站西南方向有＞15 m·s^{-1}西南急流输送，在 2 km 高度以下有辐合区，在这种风场配合下有新的回波生成发展(见图 3.9a)。

大约 5 个体扫后新生成的回波在向东北方向抽的同时向东南移动，回波强度超过 60 dBZ，高度超过 6 km(见图 3.10a)，回波墙面积明显增大。对应在径向速度剖面图上 3 km 以下出现径向速度辐合，回波顶风速超过 15 m·s^{-1}，辐散特征明显。

到 15:11 回波墙面积和强度明显减小，说明强降水已经开始，对应在径向速度剖面图上可以看到边界层附近辐合层消失，空气浮力减弱，有利于冰雹降落(见图 3.11a 和图 3.11b)；到 15:17 回波墙面积和强度继续减小，径向速度剖面图上基本受西北气流控制，强对流天气逐渐结束(图 3.11c 和图 3.11d)。

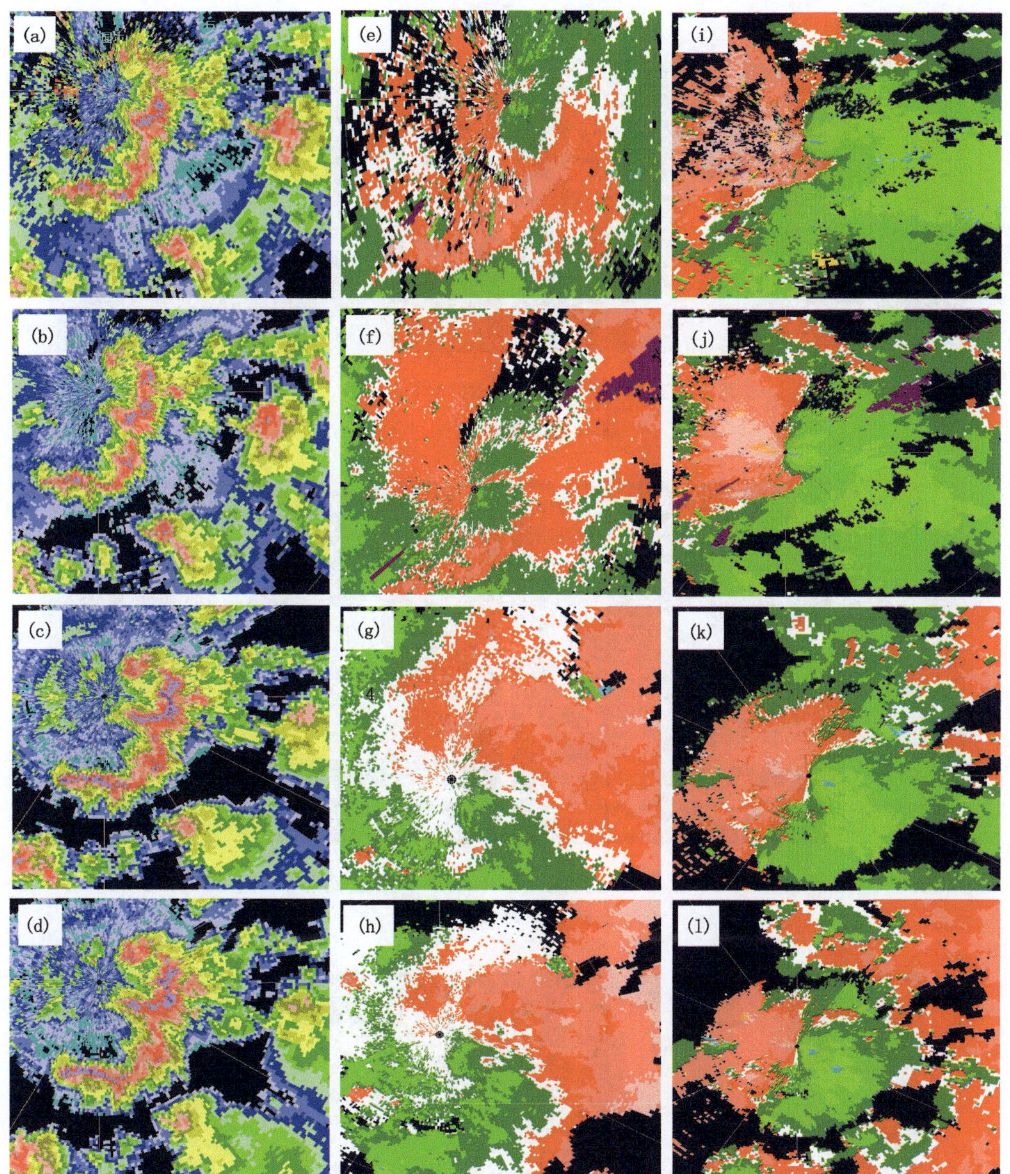

图 3.7　2008 年 6 月 27 日 14:58 大同 CINRDA/CB 雷达 0.5°(a)、1.5°(b)、4.3°(c)、6.0°(d) 反射率因子图，0.5°(e)、1.5°(f)、4.3°(g)、6.0°(h)、基本速度图和 0.5°(i)、1.5°(j)、4.3°(k)、6.0°(l)风暴相对速度图

3.3.2.2　回波最强阶段演变特征

这次飑线移动方向为 NW—SE，与雷达径向方向基本一致，沿飑线移动方向通过反射率最强区做剖面(如图 3.12a 直线所示)，可以看出飑线前沿低层存在一个弱回波区，中层有回波悬垂及回波墙，这表明雷暴内上升气流很强，有利于强冰雹的产生。从冰雹云的垂直结构看，50 dBZ 以上的强回波扩散到 6 km 以上的高度，位于 0℃等温线(4.1 km)以上、－20℃等温线以下(6.1 km)(见图 3.12b)。图 3.12c 是沿雷达径向方向做的径向速度剖面图，由静锥区可以判断雷达在横坐标原点方向，由图中横坐标从左到右远离雷达也可以判断雷达在 R 数值减

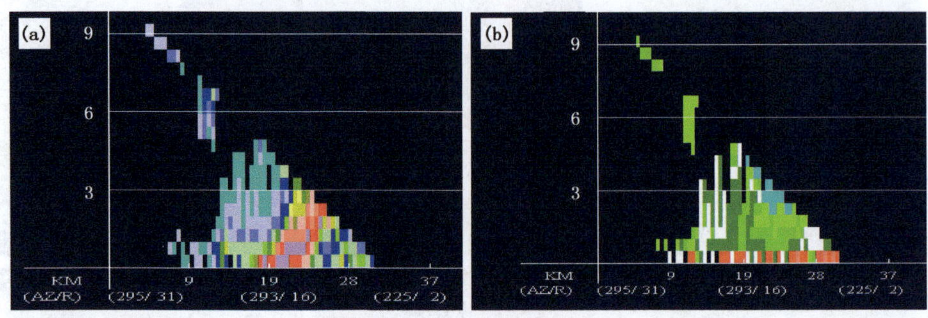

图 3.8　2008 年 6 月 27 日 14:28 大同 CINRDA/CB 雷达反射率因子剖面图(a)和基本速度图剖面图(b)

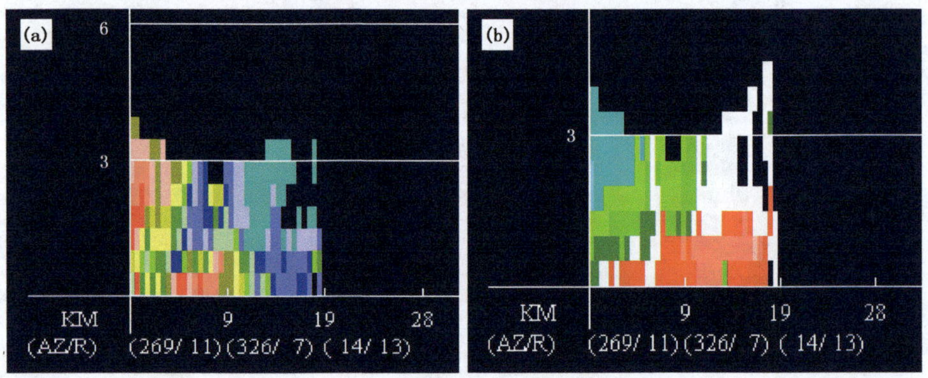

图 3.9　2008 年 6 月 27 日 14:34 大同 CINRDA/CB 雷达反射率因子图剖面图(a)和基本速度图剖面图(b)

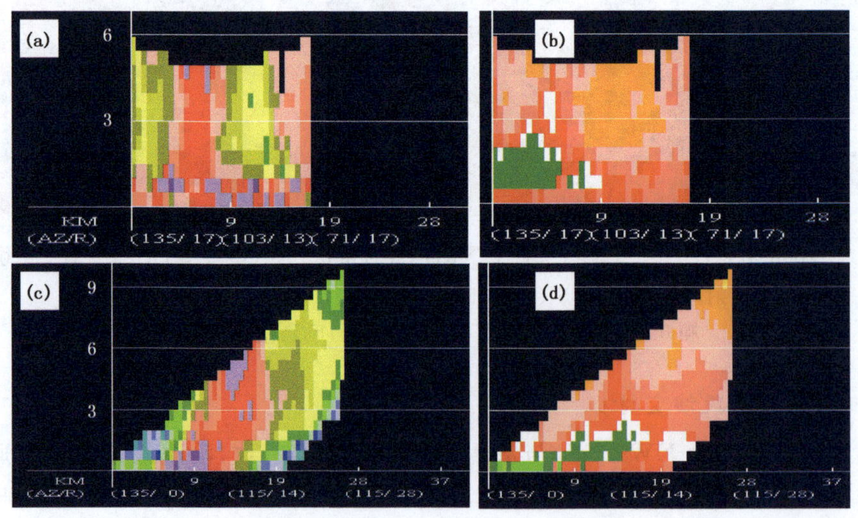

图 3.10　2008 年 6 月 27 日 15:05 大同 CINRDA/CB 雷达反射率因子图剖面图(a、c)和基本速度图剖面图(b、d)

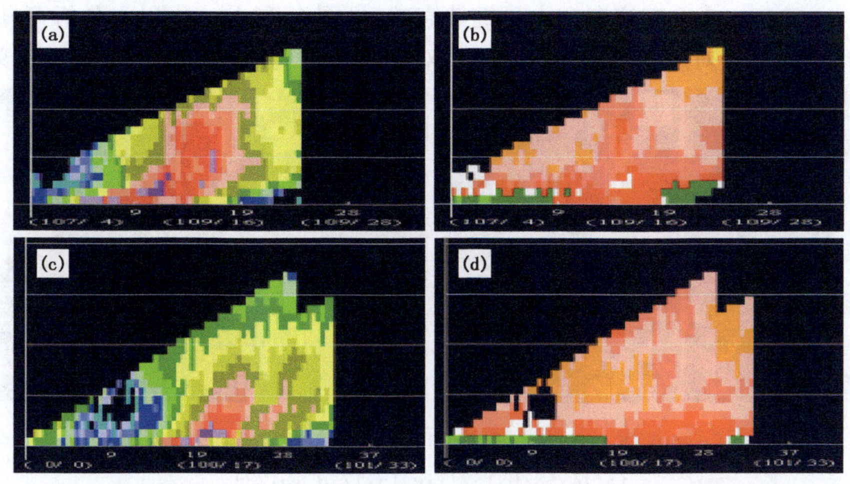

图 3.11　2008 年 6 月 27 日 15:11 大同 CINRDA/CB 雷达反射率因子图剖面图(a)、基本速度图剖面图(b)和 15:17 反射率因子图剖面图(c)、基本速度图剖面图(d)

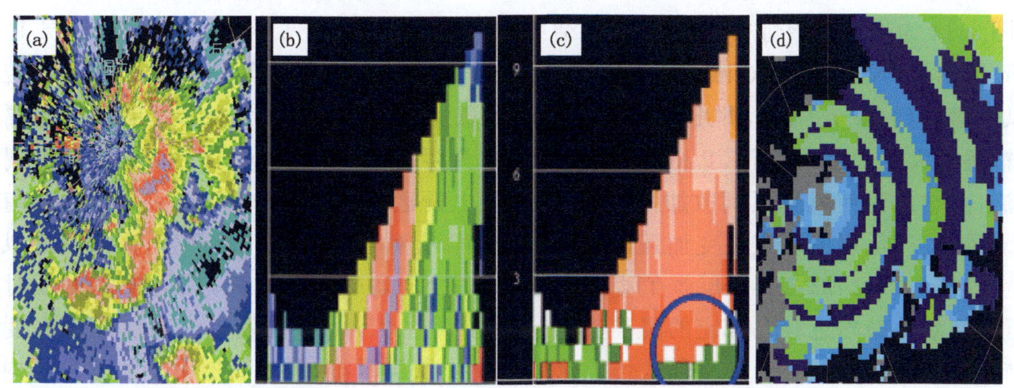

图 3.12　2008 年 6 月 27 日 14:58 大同 CINRDA/CB 雷达反射率剖面图(a)、强度剖面图(b)、速度剖面图(c)和回波顶高图(d)

小的方向，判断出雷达所在的位置后判断风场辐合辐散情况：低层 3 km 以下存在风切变(圆圈部分)，3 km 以上为辐散区，尤其风暴顶为强辐散区，速度为 15～20 $m \cdot s^{-1}$。这样的风场结构有利于风暴继续发展加强。由图 3.12c 可见，回波伸展高度达到了 9 km 以上，同时由图 3.12d 回波顶高产品图也可以看到，回波顶高达到 10 km 左右，伸展到较高的高度。

上述飑线所表现出的低层弱回波区、其上的回波悬垂、伸展到较高的强回波区和明显的回波顶辐散都说明雷暴内上升气流很强盛，这是出现冰雹的主要原因。

3.3.3　垂直液态含水量(VIL)分析

14:58 雹云反射率强度≥45 dBZ 时，对应的垂直液态含水量为 28 $km \cdot m^{-2}$(见图 3.13a)，经过两个体扫后，15:11 垂直液态含水量跃增为 38～56 $km \cdot m^{-2}$，降雹开始(见图 3.13b)，该过程的跃增量为 10～28 $km \cdot m^{-2}$，15:17 降雹开始后垂直液态含水量减少到 33～45 $km \cdot m^{-2}$(见图 3.13c)，降雹结束后垂直液态含水量骤减为 18～35 $km \cdot m^{-2}$，下降了 20

km · m^{-2}以上，到 15:23 垂直液态含水量继续衰减（见图 3.13d）。由以上分析可知，降雹不仅对应大的 *VIL* 值，而且对应 *VIL* 大的梯度值，对判断冰雹生消具有很好的指导意义。

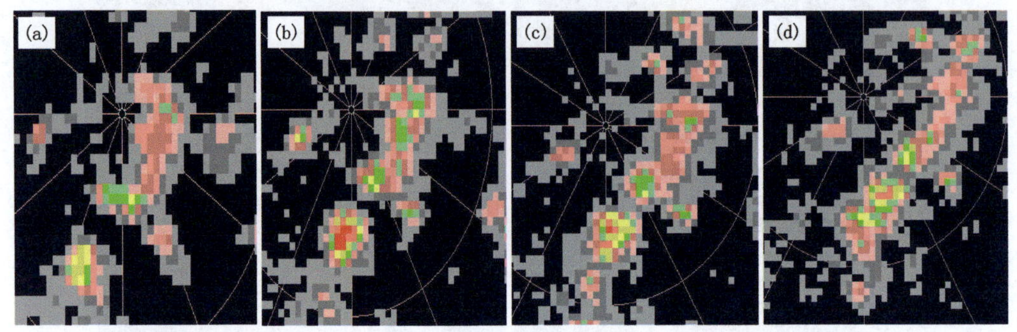

图 3.13　2008 年 6 月 27 日大同 CINRDA/CB 雷达垂直液态含水量值

（a. 14:58；b. 15:11；c. 15:17；d. 15:23）

3.3.4　风廓线(VWP)产品分析

图 3.14 为降雹开始前 40 min 至冰雹结束时的风廓线图，可见 14:21—14:48，低层 1.2 km 为一致的南风，风速为 4～6 m · s^{-1}，到了 1.5 km 高度顺转为西南风，3.0 km 高度顺转为西风，风速增加到 12 m · s^{-1}，即出现了中低层暖湿急流，低空急流的出现不仅出现风速辐合同时也输送了大量的水汽，到 7.9 km 以上风向顺转为西北风，最大风速 18 m · s^{-1}，即出现了高空急流，高空急流使风暴顶辐散加强，有利于低层上升运动。在 1.2 km 这一层风速由南风转为西北风，使得低层风垂直切变加强，扰动随之加强，有利于对流天气的产生，高层西北风说明有冷空气侵入。14:21—14:58 垂直风廓线低层为南风，高层为西北风，风向随高度顺时针旋转，可以判断该站附近存在未定的暖平流，15:05 以后在 4.3 km 高度以上高层风随高度逆时针旋转，表示在中高层有干冷空气入侵。这种前期中低层暖湿，而后高层干冷的垂直结构式是

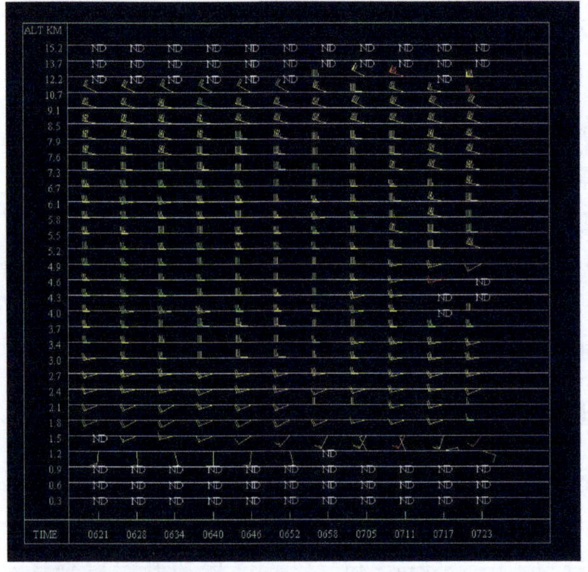

图 3.14　2008 年 6 月 27 日大同 CINRDA/CB 雷达 14:21—18:23 垂直风廓线图

发生对流天气的重要特征。可见,VWP 产品可以反映风场的时空分布和冷暖平流的发展演变,对下游的短时临近预报有重要作用。

3.3.5 冰雹指数(HI)产品分析

由图 3.15a 可见,14:58 分在大同县上游有两处冰雹警报,编号分别为 L4 和 S0,15:11 大同县境内又有两个地方有警报,编号为 N5 和 B5(见图 3.15b),15:14 分只有大同县出现了 7 mm冰雹,降雹时间 6 min。图 3.15c 为冰雹结束后 HI 图,可见后部并没有出现新的预警,实况也没再次降雹,这次过程 HI 指数预报较准确,时间提前量为 16 min。

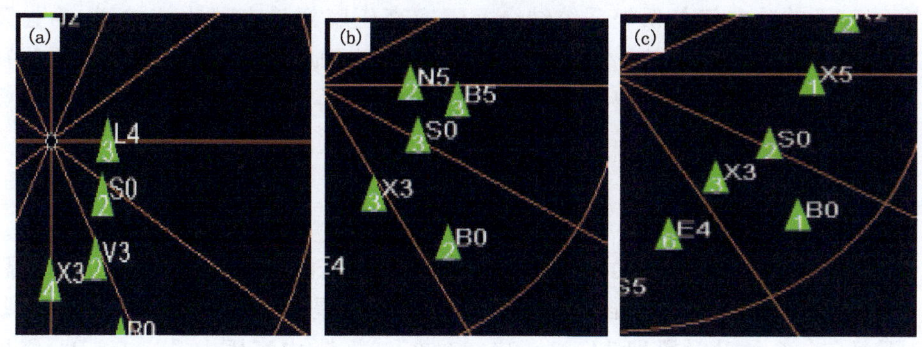

图 3.15 2008 年 6 月 27 日 14:58(a)、15:11(b)和 15:23(c)大同 CINRDA/CB 雷达 HI 图

3.3.6 本节小结

(1) 在剖面图上判断出雷达所在的位置后根据辐合辐散特征即可判断回波发展或减弱趋势。

(2)没有出现中层径向辐合特征、中气旋及阵风锋,是本次飑线没有出现大风的主要原因;低层辐合高层辐散的配置为冰雹提供了较强的上升运动和充足水汽。

(3)出现逆风区说明风向发生了剧烈变化,产生了强烈的风切变和辐合,当云团进入逆风区时发展更加强盛,回波强度开始增加。

(4)低层弱回波区、中层回波悬垂、扩展到较高的强回波区和明显的回波顶辐散是导致冰雹产生的主要原因。

3.4 典型个例分析——“2010-06-16”飑线大风多普勒雷达特征分析

3.4.1 实况概述

2010 年 6 月 16 日大同地区市遭受飑线侵袭,出现短时雷雨大风等强对流天气。全市过程降水量介于 0.5～39.5 mm,其中灵丘达到大雨,市区、天镇和广灵达到中雨,其余为小雨。灵丘、天镇和广灵出现了 1 h 大于 12 mm 的短时强降水。16 日 12:59—14:51 大同市区、大同县、阳高县、左云县和广灵县出现 8～10 级大风,大同市区和大同县分别于 12:56 和 13:28 出现沙尘暴。

3.4.2 环流形势分析

2010年6月17日08时高低空配置图(见图3.16)上可见,冷涡中心位于(112°E,44°N),大同处于低涡前部正涡度区,鄂霍次克海维持阻塞高压,巴尔克什湖附近为高压脊,脊前不断有冷空气东移南下,在40°N以北有≥20 m·s^{-1}急流轴;在700 hPa和850 hPa图上(图略),冷涡中心也位于(112°E,44°N)附近,说明700 hPa以上不仅冷平流强,而且整层上升运动条件较好。700 hPa图上(图略),在40°N附近有≥16 m·s^{-1}的西北风和西南风切变,这一带表现出较强的辐合,三层垂直结构有利于低涡系统发展加强,阻塞高压稳定少动,造成低涡系统稳定少动。东移南下的冷空气与低涡系统结合及阻塞高压底部偏东风水汽输送,为强降水提供了有利的大尺度背景场和有力的辐合上升条件。由地面冷暖锋的位置可知(见图3.16):大同处于冷锋前暖区气温回暖迅速,这种高层冷低层暖的配置在锋面过境时产生了瞬间大风及沙尘暴天气。

3.4.3 气象要素分析

以大同市区自动站和左云自动站的分钟数据文件为代表分析飑线天气过程中温度、气压和风速变化情况(图略),分析大同自动站分钟数据的结论是:当飑线过境时,三个气象要素变化剧烈:气压存在一个涌升时段即14:01—14:37,在36 min内气压上升4.6 hPa,气压涌升后出现了风速极大值,即在14:04开始风速明显增大,14:09和14:14出现两个极大值,分别为13.2 m·s^{-1}和13.3 m·s^{-1};气温在14:07开始迅速下降,在35 min之内下降了12.8℃。分析三要素出现剧烈变化的时间顺序是:首先气压涌升,随后风速增大,最后气温骤降。从气压涌升到风速加大时间间隔为7 min,从风速加大到温度骤降时间间隔为3 min。分析左云自动站分钟数据与大同的趋势一样,所不同的是从气压涌升到风速加大时间间隔为5 min。

3.4.4 多普勒雷达特征分析

2010年6月16日13:36在1.5°仰角基本反射率图上在距离测站27 km地方出现阵风锋(见图3.19c),阵风锋在向东南移的过程中经过大同市区、大同县,由自动站分钟数据资料可知,以上2个测站极大风速与阵风锋影响时间相吻合,其中市区出现极大风速为18.4 m·s^{-1}、能见度为600 m的沙尘暴,大同县出现极大风速为25.5 m·s^{-1}、能见度为50 m的强沙尘暴。可见,阵风锋出现时说明有产生大风的潜势,是大风灾害的前兆。

3.4.4.1 飑线过程分析

6月16日11:27在雷达1.5°仰角的反射率因子回波图上(图略),在雷达站西北部180 km范围生成一条水平尺度约230 km、宽约15～20 km的NE—SW向的初期飑线,其强度回波中心基本成一字排列,约6个强回波中心,中心强度均在50 dBZ以上。飑线在向东北方向移动过程中与前部对流单体合并加强,中心呈现弓形特征。

图3.16为最强阶段弓形回波及衰减阶段组合反射率因子和1.5°仰角径向速度图,由图可见弓形回波最强阶段外形特征和衰减演变特征。飑线于12:59(见图3.16a)达到最强,回波顶部强度亦达到最强,南北两侧向后部翘起,基本呈对称分布。此时强回波中心位于弓形回波顶部,反射率因子中心达65 dBZ;对应在径向速度图上正负速度交界线明显,表现为一辐合线,呈东北—西南向分布,辐合线南侧为西南风,对于雷达站是出流,后部为东北风,对于雷达为入流。

可见，径向速度图上的辐合线与地面图上的风切变相对应。大同市区、左云县大风天气出现在强回波影响时段，市区还出现沙尘暴。在 13:24 弓形回波顶部到达大同县(见图 3.16b 和图 3.16f)，它前部对流单体与弓形回波合并，此时弓形回波东南侧强度减弱明显，北部的速度辐合线仍清晰可见，同时在雷达中心出现牛眼结构，正负最大速度中心均大于 23 $m \cdot s^{-1}$，说明存在低空急流，13:28 大同县出现大风和沙尘暴。14:38 弓形回波影响广灵县(见图 3.16c 和图 3.16g)，顶部强回波与广灵附近对流回波合并得以维持，南北两段减弱消失，顶部回波带仍保留弓形特征；由径向速度图可见，入流急流逼近雷达站时范围变窄，广灵县附近的雷达出流速度达 27.3 $m \cdot s^{-1}$。16:11 强回波与其前方的单体结合并向西南方向移动(见图 3.16 d、h)，形状仍呈弓形，给灵丘县带来短时强降水；径向速度场上灵丘附近存在明显的辐合，但入流明显减弱。可见飑线中的弓形回波在对流单体合并过程中发展，顶部回波最强；强降水、大风天气产生在飑线弓形回波顶部。

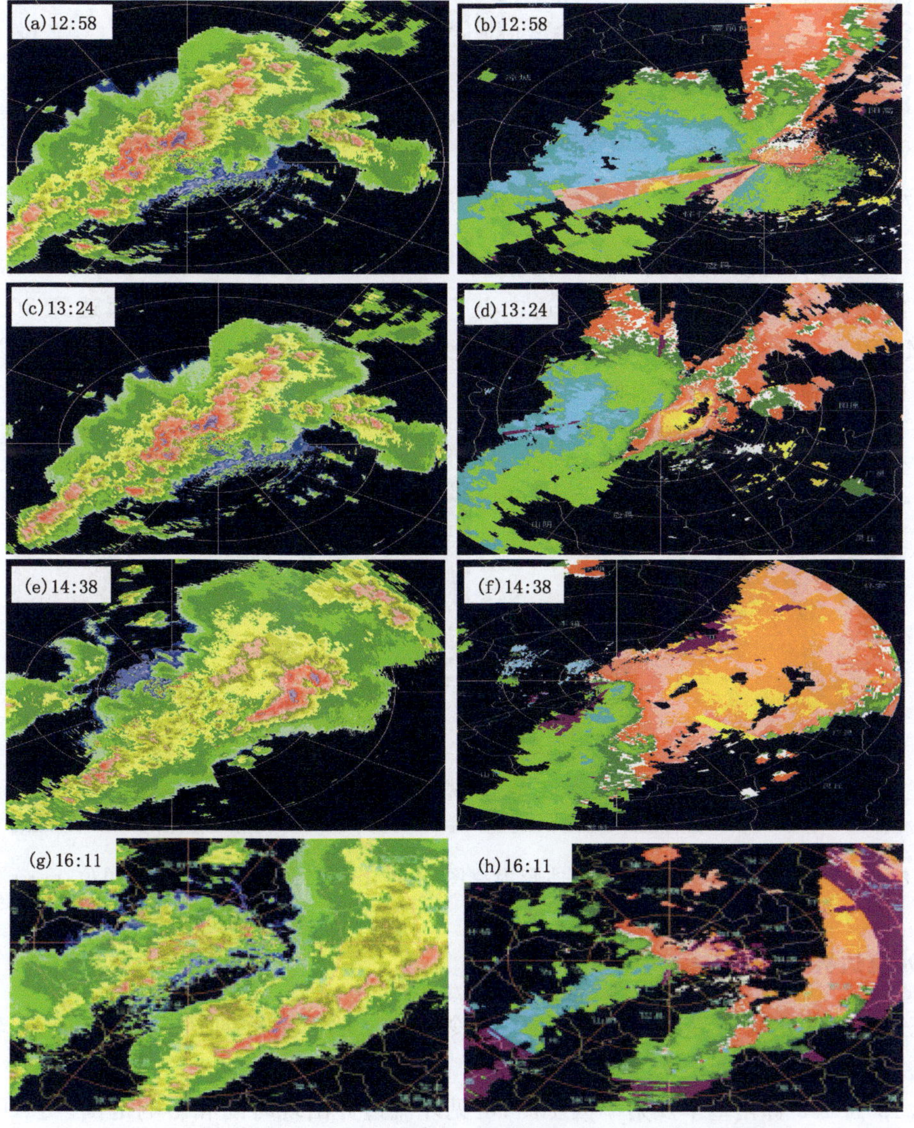

图 3.16 2010 年 6 月 16 日飑线最强阶段特征及衰减演变过程

3.4.4.2　飑线流场垂直运动分析

图3.17为12:41反射率因子和径向速度剖面图，由图可见对流云上升气流、下沉气流及其空间辐散辐合特征。对流云团前部正速度区随高度向出流方向倾斜，表示上升气流从地面开始伸展高度达11 km；对流云团后部负速度最大中心随高度向下倾斜，表示下沉气流。径向速度剖面图近地面下沉气流达到最强，在地面附近辐散，与前侧西南暖湿气流辐合形成低层阵风锋，9 km高度以上为辐散。分析可知，风暴后部的下沉气流是造成地面大风的主要原因。

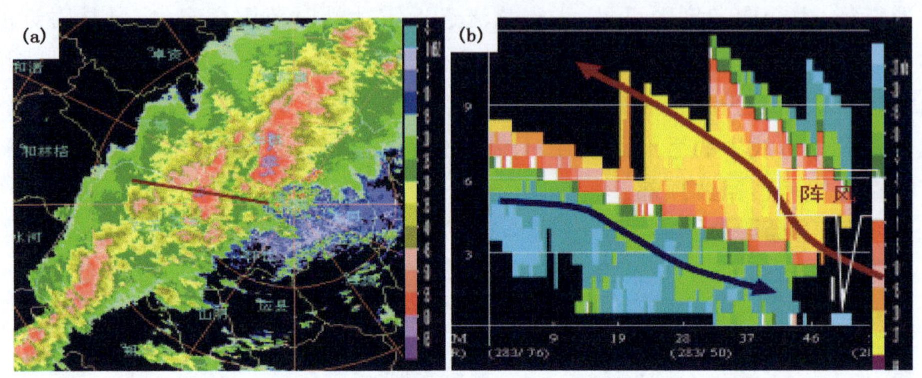

图3.17　2010年6月16日12:41组合反射率因子(单位:dBZ)(a)和速度剖面图(单位:m·s^{-1})(b)

由图3.18径向速度剖面图可知，对流层中层(3～6 km)的上升气流与后部入流之间过渡区为集中的径向速度辐合区，在距离雷达中心72～76 km范围内，速度差值达到30 m·s^{-1}，出现了MARC(俞小鼎 等，2006)之后15 min受飑线回波影响的广灵出现大风，所以MARC的出现可以作为地面大风预警指标。

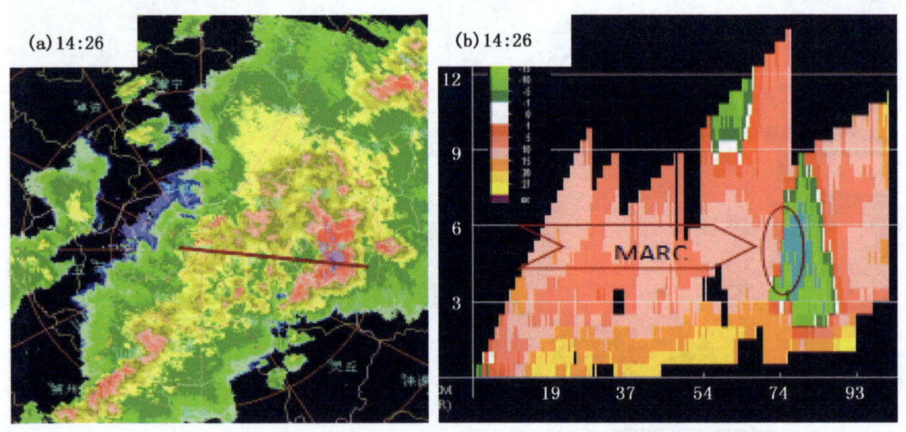

图3.18　2010年6月16日1.5°仰角基本反射率图(单位:dBZ)(a)和速度剖面图(单位:m·s^{-1})(b)

3.4.5　外流边界

外流边界又叫出流边界或阵风锋，是下沉冷空气在地面附近向外流出时与较暖较潮湿的环境大气之间形成的界面。

图3.19为1.5°仰角基本反射率因子图，可见外流边界出现时间和影响范围。强回波12:59

达最大强度时，在其前部可见明显的外流边界，外流边界最初位于(271°,18.5 km)～(358°,15.5km)区域内，在向东南移过程中经过大同市区和大同县，13:42 开始减弱消失。分析自动站分钟数据资料可知，市区和大同县极大风速与外流边界影响时间相吻合，其中市区出现极大风速为 18.4 m·s^{-1}和能见度仅为 600 m 的沙尘暴，大同县出现极大风速为 25.5 m·s^{-1}和能见度仅为 50 m 的强沙尘暴。

这次过程弓形回波所到之处出现 16.8 m·s^{-1}以上大风的共有 6 个站，其中 2 个站受外流边界影响，4 个站受强回波下沉气流影响，另 2 个没有出现大风的测站是由于受回波尾部影响，强度较弱所致。可见，外流边界出现时说明有产生大风的潜势，是大风灾害的前兆，可以作为大风预警指标。

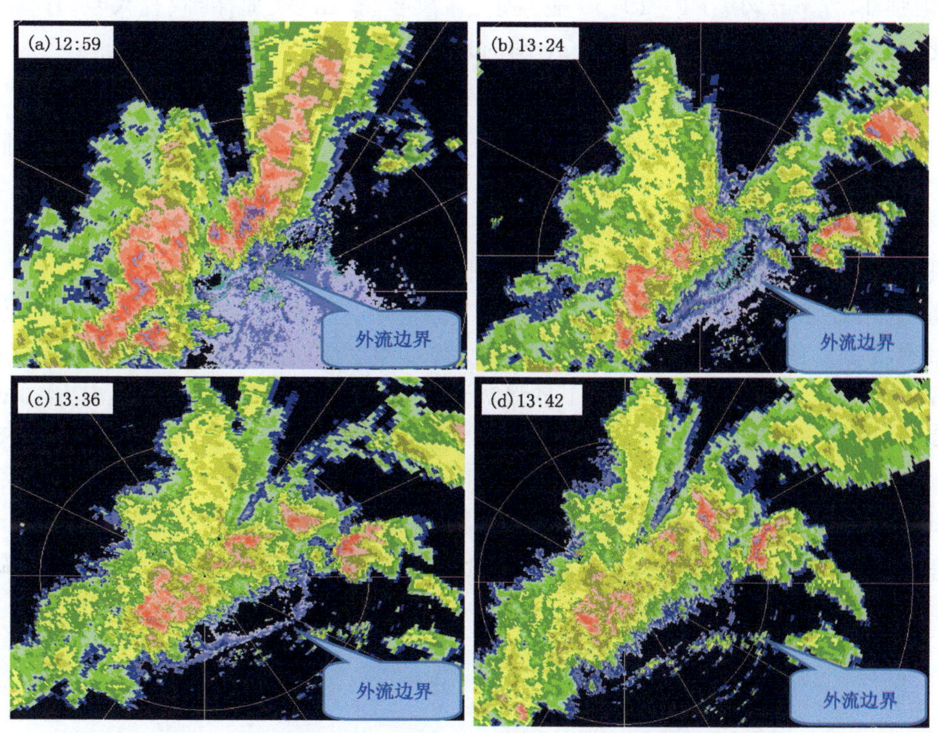

图 3.19　2010 年 6 月 16 日 1.5°仰角基本反射率图上外流边界演变过程(单位:dBZ)

3.4.6　VWP 产品分析

根据大同 CB 雷达 11:57—14:01 风廓线(图略)，可以看出在初生阶段的 12:22，3.0 km 高度以下风向随高度顺转，说明低空存在暖平流，有利于强对流天气的发展。12:28 在 2.4 km 高度以下，风向由偏南转为西南，风向随高度顺转，2.4～2.7 km 风向随高度逆转，可以推断此时有干冷空气入侵影响测站，冷平流叠加在暖平流之上，上冷下暖的垂直结构十分明显，层结开始变得不稳定，是强对流发生发展的重要特征。13:12 飑线前沿开始经过测站，3.4 km 以下为“ND”，3.4～4.9 km 风向由西北转为西南，风向随高度逆转，与前一时次相比，此时低层暖平流消失，开始出现冷平流，而且从底层“ND”，可推断出风向在底层变化较大(俞小鼎 等,2006)。

3.5　个例分析——山西北部两次强对流天气对比分析

3.5.1　天气背景分析

3.5.1.1　实况概述

2011年7月21日17时山西省左云县境内突降短时强降水，降水持续3 h，小时雨强34.3 mm，总降水量达69.7mm。2012年7月5日19—22时山西省广灵县出现短时强降水天气，小时雨强14.7 mm，19:41—19:50壶泉镇、斗泉乡、蕉山乡、加斗乡、宜兴乡、作疃乡、梁庄乡还遭受冰雹大风袭击，冰雹直径10mm，瞬时最大风速达17.9 m·s^{-1}。

3.5.1.2　环流形势和系统配置比较

两次强对流天气具有相似的高空环流形势（图略），500 hPa均为两槽一脊型，不同点是7月5日的环流经向度比7月21日大，且有东北冷涡存在，大同位于冷涡底部；而7月21日的环流较平直，有小的西风槽扰动，大同位于冷槽底部，西南气流相对强盛。地面图上两者均受黄河气旋控制，但前一次过程气旋中心偏东偏北，中心强度为995 hPa，后一次过程气旋中心偏西偏南，且中心强度为990 hPa。

2011年7月21日高空综合分析图（见图3.20a）和2012年7月5日高空综合分析图（见图3.20b）。两种天气不同点是：7月21日强降水天气在850 hPa图上低空急流为10 m·s^{-1}，指示有弱的对流活动，700 hPa图上无干冷空气侵入，强降水落区在850 hPa辐合区上、500 hPa冷槽前部；7月5日冰雹天气在850 hPa图上低空急流达22 m·s^{-1}，指示有强的对流活动，700 hPa上有干冷空气侵入，风从干区吹向湿区，与干线交角小于40℃，风速8 m·s^{-1}，指示中等强度对流活动，冰雹落区在850 hPa辐合区东部、500 hPa冷槽之上。相同点：温度脊都在最大湿区以西，指示强对流活动。

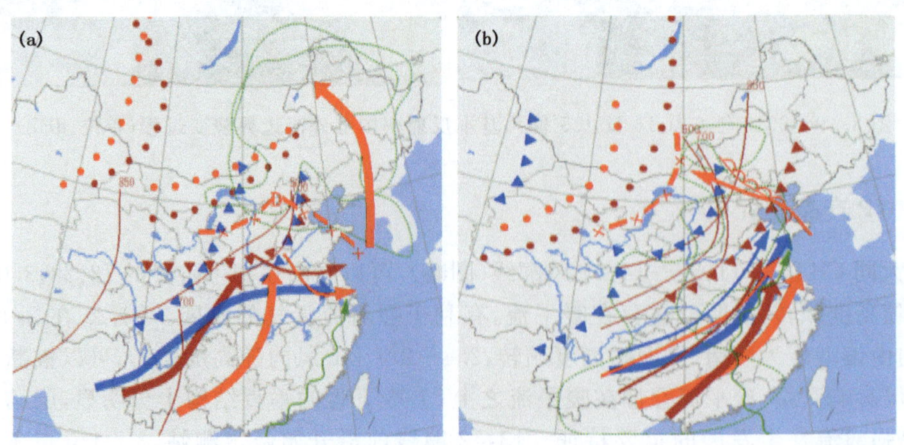

图3.20　2011年7月21日高空综合分析图(a)和2012年7月5日高空综合分析图(b)

3.5.2　多普勒雷达产品对比分析

3.5.2.1　移动路径和回波形状分析

图 3.21a 为 2012 年 7 月 5 日风暴移动路径图，由图可见风暴移动发展的情况为，17:12 在阳高境内有一反射率因子 48 dBZ 回波生成并向东南方向移动。17:43 与其右后方的两个单体合并加强，中心强度达 63 dBZ。18:14 发展成“人”字形状，回波前后均有“V”形缺口，中心强度达 65 dBZ，该回波在东南移的过程中后部不断有新的单体生成并与之合并。19:22 回波明显呈“弓”形，表明已经发展成熟。19:34 回波后部出现“V”形缺口，表明后部有强的下沉气流。19:41 影响广灵地区出现冰雹大风和短时强降水天气。图 3.21b 为 2011 年 7 月 21 日风暴移动路径图，移动发展情况为：16:42 在左云西北方向大约 24 km 的地方有一中心反射率因子 33 dBZ 回波生成并向东南方向移动，17:13 强度加强为 53 dBZ 并开始影响左云，17:50 回波发展为弓形，表明已经处于成熟阶段，左云处于弓形底部，中心强度 65 dBZ，18:08 弓形回波解体呈带状，18:45 后风暴离开左云，降水逐渐结束。在多普勒雷达回波特征上，两次强对流天气均呈弓形，可以作为判断强天气发生的重要特征。

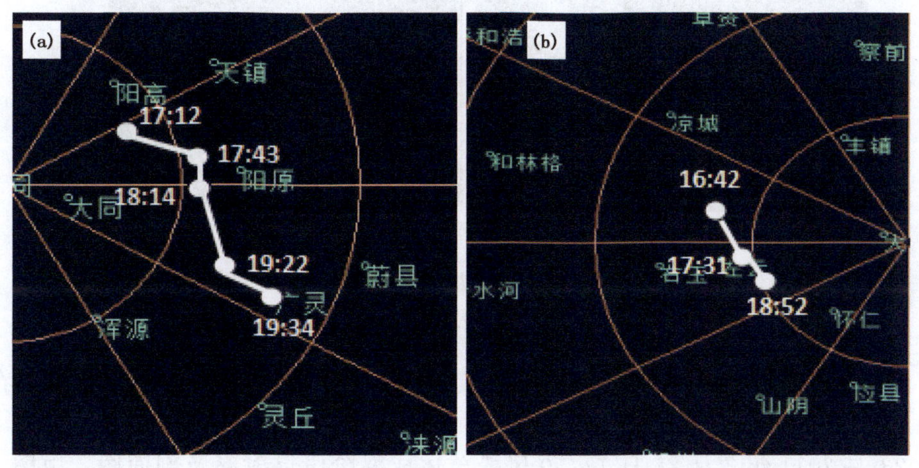

图 3.21　2012 年 7 月 5 日(a) 和 2011 年 7 月 21 日(b)风暴移动路径

3.5.2.2　基本反射率因子(R)及其剖面(RCS)产品分析

图 3.22 是 2012 年 7 月 5 日 19:22 超级单体成熟阶段的基本反射率及剖面图。

由图 3.22a 可以看出，低层入流区对应弓形回波前沿，即东南方向，风暴高反射率因子区从低层到高层向入流一侧倾斜，反映出低层弱回波区和中高层的悬垂回波结构，并且风暴顶位于低层高反射率梯度之上。相应的垂直剖面图(见图 3.22b)可见，低层具有宽广的弱回波区(WER)及左侧回波墙、高层具有高悬反射率核。65 dBZ 回波所在高度超过 8 km；60 dBZ 回波所在高度接近 9 km。由俞小鼎等(2006)研究可知，判断大冰雹的方法是根据相对于 0℃和 −20℃层等温线的位置，强回波区必须扩展到 0℃层等温线以上才能产生冰雹，当强回波区扩展到 −20℃层高度以上时，对强降雹的潜势贡献最大。由当日大同 0℃层所在高度大约在 4346 m，−20℃层所在高度大约 7571 m。可见 60 dBZ 回波所在高度超过 −20℃层大约

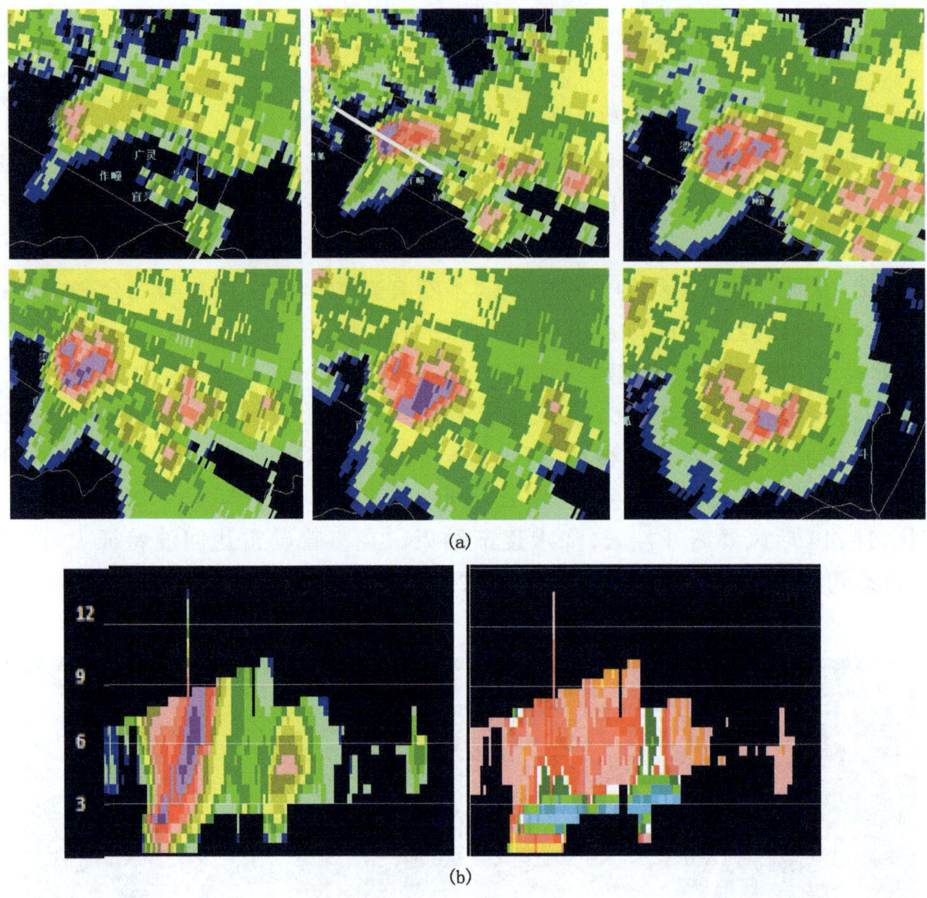

图 3.22　2012 年 7 月 5 日 19:22 反射率(a)与 0.5°～6.0°剖面图(b)

(图中白线为剖面方向)

1400 m。径向速度剖面图上，在 2 km 左右高度上存在强的垂直风切变、8 km 以上存在风暴顶辐散。从当日回波强度、形状和强回波区所在高度来看，都可以判断是雹暴回波。

图 3.23 是 2011 年 7 月 21 日 17:50 风暴单体成熟阶段反射率及剖面图。由图 3.23a 可以看出，低层入流区对应"弓"形回波后侧，即西北方向，风暴高反射率因子区从低层到高层向入流一侧倾斜，反映出低层弱回波区和中高层悬垂结构，并且风暴顶位于低层高反射率因子梯度之上。

相应的垂直剖面图(见图 3.23b)可见，此回波低层具有狭窄的弱回波区(WER)及左侧的回波墙、中层具有回波悬垂。65 dBZ 回波高度在 4 km 以下；60 dBZ 回波所在高度在 5 km 左右。从当天的探空资料可知大同 0℃层等温线高度 4251 m，－20℃层高度为 7784 m，65 dBZ 回波高度在 0℃等温线高度以下，更没有超过－20℃层高度，这是没有产生冰雹主要原因。由于其回波顶接近 11 km，加上较长的持续时间是产生短时强降水的主要原因。径向速度剖面图上，没有强的垂直风切变及风暴顶辐散也是降水维持时间较短的原因之一，也可以作为无冰雹的一个判据。

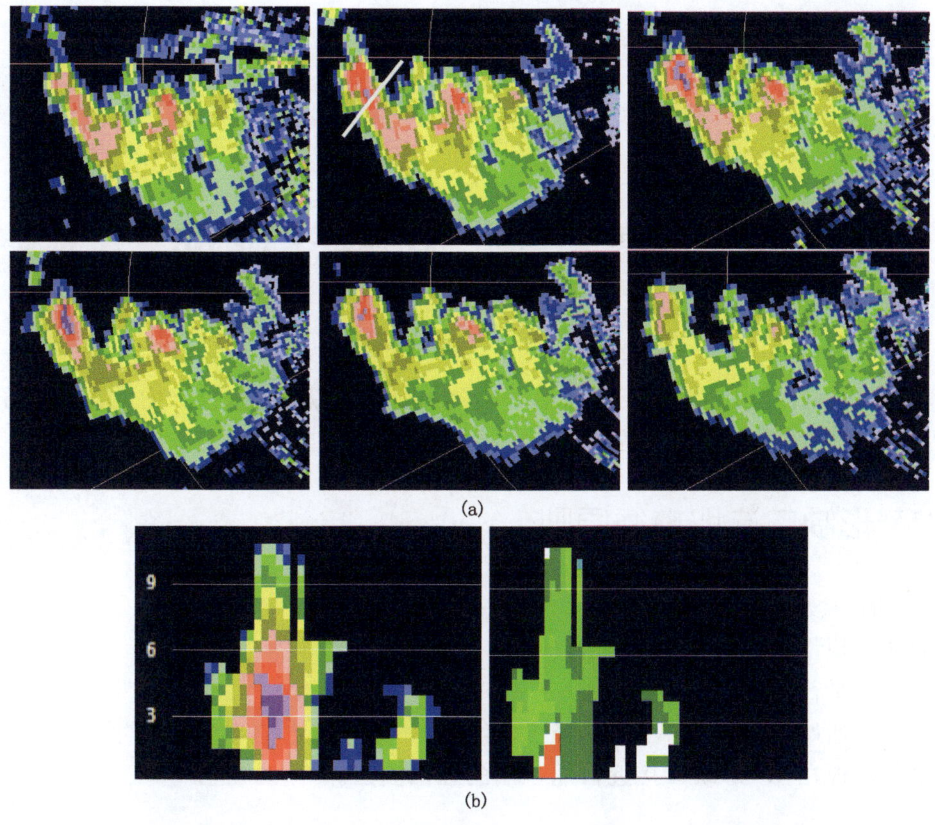

图3.23 2011年7月21日17:50反射率(a)与0.5°～6.0°剖面图(b)
(图中白线为剖面方向)

第4章 “V”形缺口特征

“V”形缺口是C波段多普勒天气雷达的附加特征，它主要是冰雹云中大冰雹粒子和大水滴对雷达电磁波的强烈衰减造成的。

4.1 “V”形缺口选取遵循原则

(1)“V”形回波一定是沿着雷达径向方向；

(2)尖端必须指向雷达；

(3)中缝线平行于雷达径向扫描线；

(4)远离雷达站的一侧有“V”形弱降水回波区；

(5)冰雹出现在“V”形缺口接近雷达一端的强回波区。

4.2 “V”形缺口统计特征

2009—2017年共发现“V”形缺口38次，大同雷达观测到17次，其中有9次出现冰雹，占总数的53%；长治雷达观测到15次，其中有12次出现冰雹，占总数的80%；临汾雷达观测到2次，有1次出现冰雹，占总数的50%；吕梁雷达观测到4次，全部出现冰雹，占总数的100%。“V”形缺口出现时间集中在6—8月，在其他时间没有发现“V”形缺口。

由表4.1统计结果看，38例中“V”形缺口对应的最大初始基本反射率因子强度在55 dBZ以上；“V”形缺口起始高度在2.1～9 km，出现冰雹概率与“V”形缺口起始高度无明显的对应关系。“V”形缺口出现在雷达方位角0°～90°的有21例，占总数的55.26%，在雷达方位角90°～180°的有12例，占总数的31.58%，在多普勒雷达180°～270°的有2例，占总数的5.26%，在多普勒雷达270°～360°的有3例，占总数的7.89%。

由表4.1统计结果看，初始“V”形缺口出现在距离雷达中心在0～30 km的有14例，占总数的36.84%；出现在31～60 km之间的有10例，占总数的26.32%；出现在61～90 km的有10例，占总数的26.32%；出现在91～120 km的有3例，占总数的7.89%；出现在121～150 km的有1例，占总数的2.63%；超过150 km没有观测到“V”形缺口。

由表4.1可见，“V”形缺口初始最高仰角在0.5°～19.5°都出现过，其中0.5°仰角出现2次，1.5°仰角出现一次，14.6°仰角出现3次，19.5°仰角出现1次，其他都在2.4°～9.9°仰角出现，占总数的79.41%，通过与冰雹实况比较得知，初始仰角越高，冰雹尺寸越大。

“V”形缺口比较理想的观测仰角为2.4°～6.0°，最佳观测仰角为2.4°。“V”形缺口一般先在高仰角出现然后向下伸展，当在 0.5°仰角观测到“V”形缺口时表示强冰雹仍在持续。强回波区呈现“蝴蝶状”时，是降雹最强阶段。

“V”形缺口基本反射率空间结构特征：沿雷达径线上，“V”形缺口从高仰角向低仰角伸展；“V”形缺口对应的回波强度向雷达远端方向逐渐减弱；＞50 dBZ 回波中心伸展到 3 km 以下，回波顶高在 10～16 km；“V”形缺口对应的弱回波区呈现倾斜性上升；“V”形缺口对应的回波墙面积随高度增加而减小。

“V”形缺口对应的回波越强，冰雹尺寸越大，在回波小于 50 dBZ 情况下仍有冰雹出现，这个结论与夏文梅等(2002)研究结论一致。

由表 4.2 可见，在 38 个例中，均出现弱回波区或有界弱回波区，概率达到 100％；雹云内上升气流伸展高度在 3.1～9.5 km，上升气流伸展高度小于 4 km 的有 8 例，均没有出现冰雹；初始“V”形缺口沿径向长度在 9.8～106 km，其中有 14 例小于 30 km，在这 14 例中有 3 例由于受到静锥区影响不能识别基本反射率因子＞50 dBZ 伸展高度，有 2 例出现冰雹，特征是基本反射率因子＞50 dBZ 伸展高度超过 8 km。其余 9 例均没有出现冰雹天气，概率达到 85.71％。

“V”形缺口平均径向速度空间结构特征：“V”形缺口的强回波区都有辐和区对应而且风速较大，“V”形缺口远离雷达一端径向速度较弱，在 9 km 以上有强辐散区。

通过分析可知强冰雹结束时间和“V”形缺口消失时间是吻合的，在日常业务中，可以通过“V”形缺口的强弱来判断冰雹的强度和维持时间，对短临预报具有较好的指示作用。

表 4.1 “V”形缺口出现时间、基本反射率因子强度、初始高度、方位角、距离雷达中心距离及最早出现仰角

日期	时间	R 强度 /dBZ	初始高度 /km	起止方位角 /°	初始位置距雷达中心距离/km	仰角区间 (最早出现最高仰角)/°
2009-08-17(d)	20:28—21:05	68	6.2～8.8	38.1～48.5	106.4	1.5～3.4(2.4)
2009-06-07(d)	16:25—16:49	65	5.9～7.6	43.2～46.6	49.4	1.5～6.0(6.0)
2013-06-04(d)	17:19—18:25	70	5.4～8.1	17.6～45.5	38.6	0.5～6.0(6.0)
2013-06-04(d)	19:06—19:42	61	2.1～2.8	87.5～101.6	19.5	0.5～4.3(3.4)
2013-06-24(d)	14:39—15:09	67	5.3～7.4	138.5～131.5	11.8	0.5～14.5(14.6)
2013-06-24(d)	15:15—15:45	66	2.4～3.6	128.8～126.7	29.8	0.5～4.3(4.3)
2013-06-24(d)	16:14—16:38	65	2.5～3.7	136.1～129.8	22.2	1.5～3.4(3.4)
2015-07-04(d)	16:03—16:33	59	5.3～10.0	33.3～51.1	63.1	0.5～3.4(6.0)
2015-07-04(d)	16:45—17:15	70	2.1～3.4	43.2～105.5	33.6	1.5～6.0(6.0)
2015-07-04(d)	17:32—17:50	67	3.8～6.7	123.8～127.7	46.1	0.5～4.3(4.3)
2015-08-07(d)	15:28—16:05	65	3.1～6.5	62.5～65.8	86.3	0.5～4.3(3.4)
2015-08-07(d)	17:11—17:23	58	2.1～2.4	90.8～92.8	133	0.5～1.5(0.5)
2017-07-13(d)	16:16—16:39	56	3.5～4.1	114.9～114.1	72.4	1.5～4.3(3.4)
2017-07-13(d)	16:57—17:27	58	6.2～9.1	47.6～65.5	3.3	0.5～6.0(4.3)
2017-06-28(d)	17:27—17:39	62	3.4～4.3	68.4～75.2	83.9	0.5～3.4(3.4)
2017-06-28(d)	20:32—21.08	62	2.3～3.8	164.6～165.2	42.7	0.5～4.3(4.3)
2017-08-12(d)	15:05—16:28	57	5.6～6.1	101.6～105.5	46.4	0.5～3.4(1.5)

续表

日期	时间	R强度/dBZ	初始高度/km	起止方位角/°	初始位置距雷达中心距离/km	仰角区间(最早出现最高仰角)/°
2011-06-15(c)	14:30—15:26	61	4.1～5.3	30.1～49.2	62.7	0.5～6.0(4.3)
2012-07-13(c)	14:56—15:32	62	2.5～3.7	1.7～359.7	84.4	0.5～4.3(3.4)
2013-06-07(c)	16:00—16:15	59	4.1～5.3	32.9～37.9	54.3	0.5～4.3(4.3)
2013-07-17(c)	17:47—18:17	58	4.3～7.1	246.6～211.2	18.2	4.3～19.5(19.5)
2014-06-16(c)	20:40—21:00	62	3.9～5.7	299.8～294.2	41.3	0.5～9.9(9.9)
2014-06-16(c)	21:46—22:01	59	6.0～9.1	126.9～127.2	17.6	0.5～9.9(9.9)
2014-07-02(c)	16:06—16:52	64	6.3～8.1	34.4～46.8	87.4	2.4～4.3(4.3)
2014-07-12(c)	18:06—18:27	67	2.1～2.8	98.6～121.5	19.7	0.5～6.0(6.0)
2015-07-21(c)	15:13—15:39	68	5.9～9.0	240.5～213.8	21.5	0.5～14.6(14.6)
2015-08-30(c)	20:55—21:37	63	2.4～7.2	319.8～329.4	40.5	0.5～9.9(9.9)
2016-06-04(c)	16:01—16:48	58	2.1～2.6	17.7～94.1	25.2	0.5～6.0(2.4)
2016-06-12(c)	18:49—19:21	56	2.3～3.9	52.8～70.4	26.1	0.5～6.0(6.0)
2016-06-13(c)	16:59—17:56	57	3.4～6.1	137.4～148.5	13.1	0.5～19.5(9.9)
2016-07-02(c)	21:21—22:23	57	2.3～3.5	299～303	92.8	0.5～2.4(0.5)
2016-07-03(c)	15:54—15:59	62	6.2～8.9	48.7～52.6	18.4	1.5～14.6(14.6)
2016-06-18(L1)	19:36—19:46	62	3.1～4.3	75.4～81.3	71.3	0.5～2.4(2.4)
2016-07-18(L1)	17:38—18:05	60	3.4～4.2	85.8～88.8	54.9	0.5～3.4(2.4)
2015-08-30(L2)	14:02—15:38	70	3.4～7.1	77.1～93.9	75.1	0.5～6.0(4.3)
2015-07-16(L2)	18:44—18:56	63	2.8～4.0	20.1～23.9	38.7	2.4～4.3(4.3)
2015-07-20(L2)	19:18—19:44	71	5.0～6.3	109.8～102.9	83.5	1.5～3.4(3.4)
2017-06-08(L2)	16:10—16:32	56	5.9～6.8	87.9～92.9	38.7	2.4～4.3(4.3)

注:d为大同C波段雷达;c为长治C波段雷达;L1为临汾C波段雷达;L2为吕梁C波段雷达。

表4.2　“V”形缺口出现时间、有无弱回波区(有界弱回波区)、上升气流高度、初始“V”形缺口沿径向距离、有无冰雹

日期	时间	弱回波区/>50 dBZ高度/km	上升气流高度/km	初始“V”形缺口沿径向距离/km	有无冰雹
2009-08-17(d)	20:28—21:05	有/11	6.2	42	有
2009-06-07(d)	16:25—16:49	有/8.2	5.4	43.1	有
2013-06-04(d)	17:19—18:25	有/13	9.1	48.6	有
2013-06-04(d)	19:06—19:42	有/6.3	3.4	24	无
2013-06-24(d)	14:39—15:09	有/11	6.3	29.4	有
2013-06-24(d)	15:15—15:45	有/6.5	3.1	23	无
2013-06-24(d)	16:14—16:38	有/7.1	3.3	28.5	无
2015-07-04(d)	16:03—16:33	有/11	4.1	33.8	有
2015-07-04(d)	16:45—17:15	有/10	7.2	21.5	有
2015-07-04(d)	17:32—17:50	有/7	4.2	36	无

续表

日期	时间	弱回波区/ >50 dBZ 高度/km	上升气流高度/km	初始“V”形缺口沿径向距离/km	有无冰雹
2015-08-07(d)	15:28—16:05	有/9	5.3	60.8	有
2015-08-07(d)	17:11—17:23	有/6.5	3.1	25	无
2017-07-13(d)	16:16—16:39	有/8.8	5.5	37.5	有
2017-07-13(d)	16:57—17:09	有/11	6.1	36	有
2017-06-28(d)	17:27—17:39	有/7.8	6.5	19.5	无
2017-06-28(d)	20:32—21.08	有/6.8	9.5	49.3	有
2017-08-12(d)	15:05—16:28	有/7.2	6.8	48.5	有
2011-06-15(c)	14:30—17:09	有/7.8	4.5	56.3	有
2012-07-13(c)	14:56—15:22	有/7.8	8.2	41.5	有
2013-06-07(c)	16:00—16:15	有/4.6	3.6	36.	无
2013-07-17(c)	17:47—18:17	有/(颈椎区)	颈椎区	11.5	有
2014-06-16(c)	20:40—21:00	有/8.1	6.5	33.5	有
2014-06-16(c)	21:46—22:01	有/(颈椎区)	9.3	29.6	有
2014-07-02(c)	16:06—16:52	有/12.1	6.2	42.4	有
2014-07-12(c)	18:06—18:27	有/6.1	4.3	9.8	有
2015-07-21(c)	15:13—15:39	有/(静椎区)	静椎区	17.9	有
2015-08-30(c)	20:55—21:37	有/11.5	9.4	106.6	有
2016-06-04(c)	16:01—16:48	有/(静椎区)	静椎区	38.4	有
2016-06-12(c)	18:49—19:21	有/3.8	4.0	22.5	无
2016-06-13(c)	16:59—17:56	有/(静椎区)	4.5	40.3	有
2016-07-02(c)	21:21—22:23	有/6.8	4.8	51.6	有
2016-07-03(c)	15:54—15:59	有/(静椎区)	静椎区	6.5	无
2016-06-18(L)	19:36—19:46	有/7.5	5.2	32.5	有
2016-07-18(L)	17:38—18:05	有/4.1	3.8	15.5	无
2015-08-30(L)	14:02—15:38	有/10.5	6.5	66. 2	有
2015-07-16(L)	18:44—18:56	有/9.2	6.8	35.9	有
2015-07-20(L)	19:18—19:44	有/10.5	8.1	38.6	有
2017-06-08(L)	16:10—16:32	有/8.0	7.2	16.1	有

4.3 典型个例分析——“2013-06-04”强对流天气特征分析

2013 年 6 月 4 日 17:40—18:20 阳高县出现强对流天气，冰雹最大直径 50 mm ，平均直径 30～40 mm。冰雹及洪涝给群众生产、生活造成了严重损失，部分农田、水利设施不同程度受灾受损，受灾面积总计 14.8 万亩*，受灾人口 4 万多人，直接经济损失 6000 万元。

* 1 亩≈666.7 m^3。

下面分析多普勒天气雷达射率及其强度剖面图和径向速度剖面图。

17:19 在 1.5°仰角基本反射率图上(见图 4.1a),可以看到在阳高上游地区有雹暴云系,在其移动方向上有明显的入流缺口,经过入流缺口和强回波梯度区做剖面能看到 34 km 附近有弱回波区生成并且有界(见图 4.1b)。对应在径向速度剖面图上(见图 4.1c),在高空 9 km 附近有干冷空气入侵(受静锥区影响超过 9 km 部分看不到)。以上特征都标志着雹暴云系会继续发展加强。

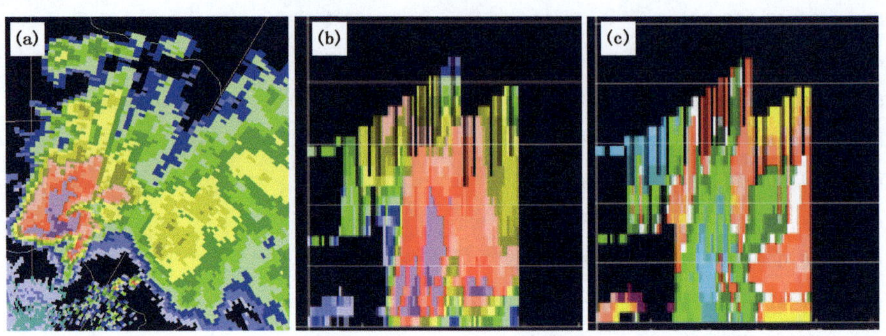

图 4.1　6 月 4 日 17:19 基本反射率(a)、强度剖面图(b)和速度剖面图(c)

17:25 在 1.5°仰角基本反射率图上(见图 4.2a),可以看到入流缺口仍然存在,经过入流缺口和强回波梯度区做剖面能看到 34 km 附近的弱回波区(见图 4.2b)和 9 km 高度的干冷空气依然维持(见图 4.2c)。

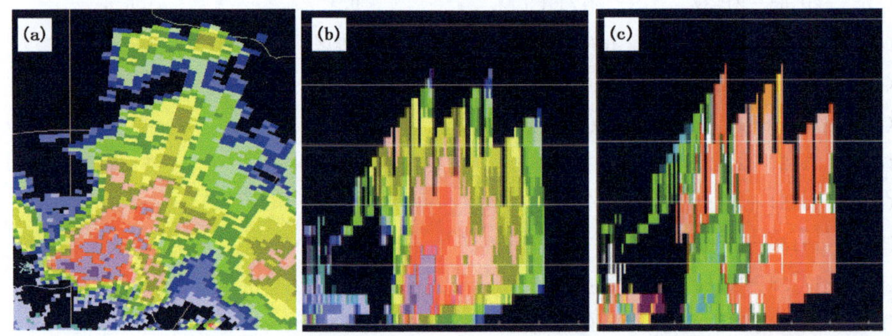

图 4.2　6 月 4 日 17:25 基本反射率(a)、强度剖面图(b)和速度剖面图(c)

17:31 在 2.4°仰角基本反射率图上(见图 4.3a),可以看到入流缺口明显变宽,表征上升气流强度增强,经过入流缺口和强回波梯度区做剖面能看到 34 km 的弱回波区明显加强(见图 4.3b),上升气流的宽度达到 5 km、高度超过 6 km,大于 50 dBZ 回波伸展高度超过 9 km,对应在速度剖面图上(见图 4.3c)大于 20 $m \cdot s^{-1}$ 干冷空气已经入侵到 6 km 以下。

17:37 在 2.4°仰角基本反射率图上(见图 4.4a),可以看到入流缺口继续变宽,表征上升气流依然强劲。图 4.5 为 17:37 从 2.4°～6.0°仰角基本反射率图,可以看到已经出现“V”形缺口,“V”形缺口最早出现在 6.0°仰角、距离地面 5 km 左右高度上,然后向下伸展到 4.3°仰角,但在 3.4°和 2.4°仰角还没有出现“V”形缺口。

经过入流缺口和强回波梯度区做剖面可以看到在 6 km 高度附近出现回波悬垂,强度超过 60 dBZ(见图 4.4b)。对应在速度剖面图上(见图 4.4c),6 km 高度附近出现中层径向速度辐合,但强度较弱。

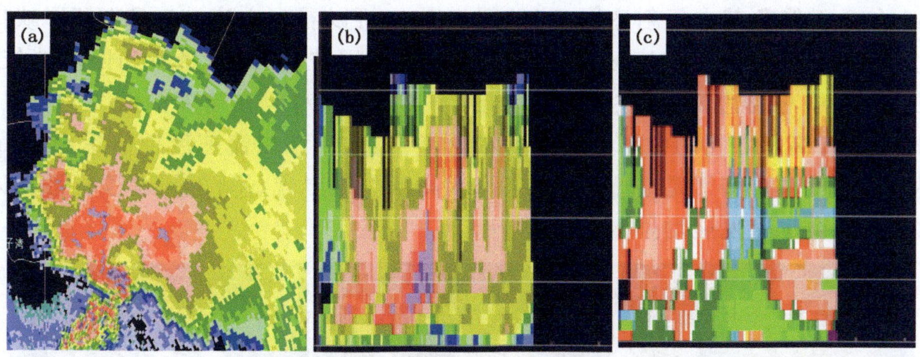

图 4.3 6 月 4 日 17:31 基本反射率(a)、强度剖面图(b)和速度剖面图(c)

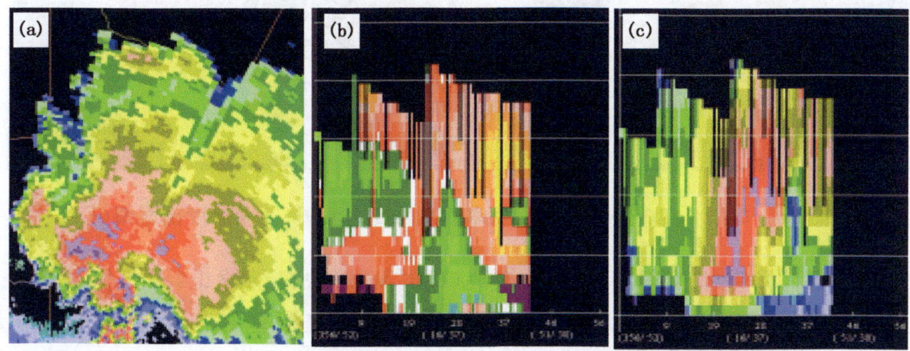

图 4.4 6 月 4 日 17:37 基本反射率(a)、强度剖面图(b)和速度剖面图(c)

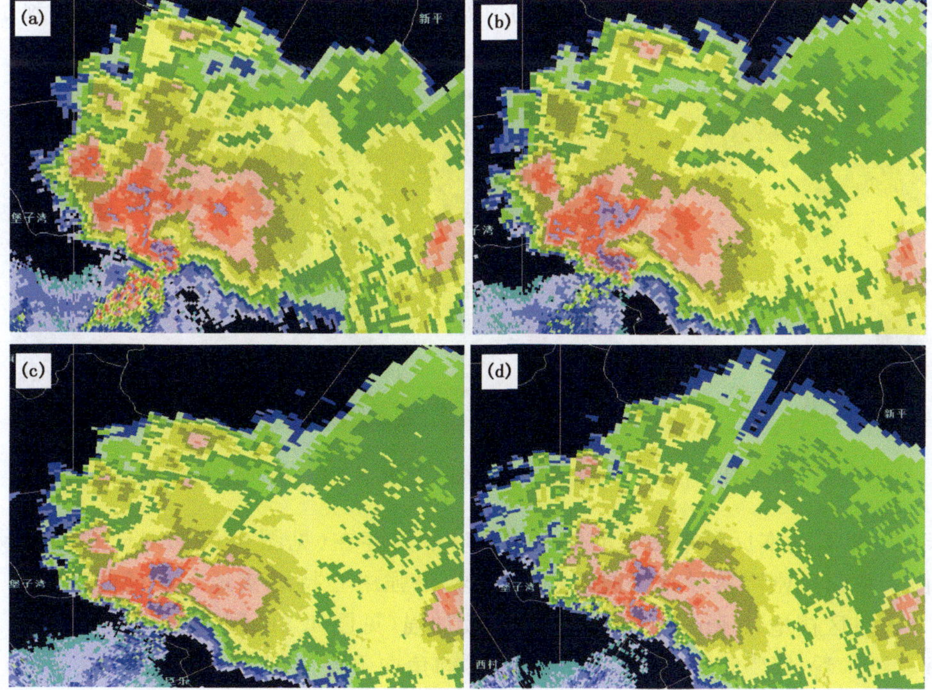

图 4.5 6 月 4 日 17:37 2.4°仰角(a)、3.4°仰角(b)、4.3°仰角(c)和 6.0°仰角(d)基本反射率

17:43 在 3.4°仰角基本反射率图上(见图 4.6a),可以看到入流缺口和"V"形缺口继续维持。经过入流缺口和强回波梯度区做剖面可以看到弱回波区、回波悬垂和回波墙依然存在,>65 dBZ强回波中心到达 2 km 左右高度上(见图 4.6b)。对应在速度剖面图上可以看到(见图 4.6c)3～6 km 高度之间的中层径向速度辐合增强,入流和出流速度差值达到 42 m·s^{-1},表征中层径向速度辐合特征是显著的。在 9 km 高度左右出现显著的风暴顶辐散。以上这些特征预示着风暴会迅速发展增强。

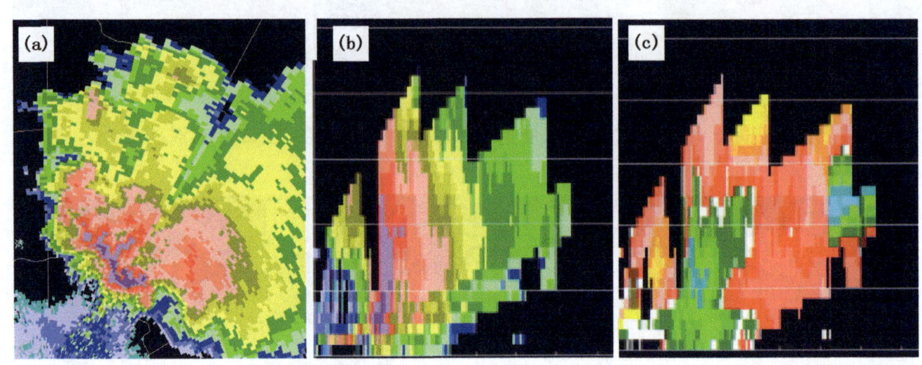

图 4.6　6 月 4 日 17:43 基本反射率(a)、强度剖面图(b)和速度剖面图(c)

17:49 在 4.3°仰角基本反射率图上入流缺口和"V"形缺口继续维持(见图 4.7a)。经过入流缺口和强回波梯度区做剖面可以看到弱回波区维持,回波悬垂消失,但回波墙面积增大强度增强,表示降水强度增强(见图 4.7b)。对应在速度剖面图(见图 4.7c)可以看到 6 km 高度附近的中层径向速度辐合维持,入流和出流速度差值减小达到 30 m·s^{-1}以下,中层径向速度辐合特征依然是显著的。在 9 km 高度左右的风暴顶辐散仍然存在。以上这些特征预示着风暴仍会继续发展。

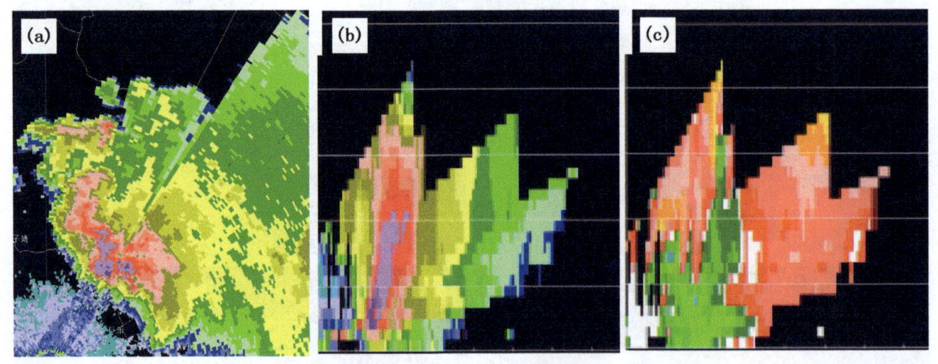

图 4.7　6 月 4 日 17:49 基本反射率(a)、强度剖面图(b)和速度剖面图(c)

17:55 在 2.4°基本反射率图上前侧入流缺口依然存在(见图 4.8a),对应在基本反射率剖面图上,由于冰雹急剧降落导致回波墙强度减弱,最强中心持续接地。在径向速度图上,大于 15 m·s^{-1}大风区接地,9 km 以上高度辐散继续加强(见图 4.8b、图 4.8c)。

从垂直结构看,"V"形缺口向上伸展到 6.0°仰角向下发展到 2.4°仰角(见图 4.9a),此刻降雹强度加强。

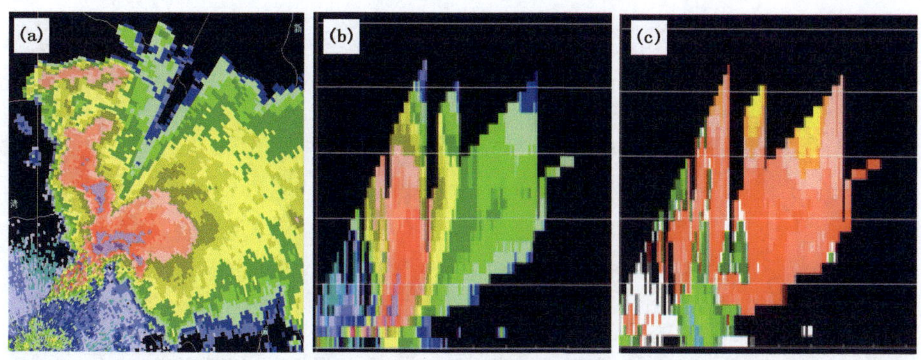

图 4.8 6 月 4 日 17:55 基本反射率(a)、强度剖面图(b)和速度剖面图(c)

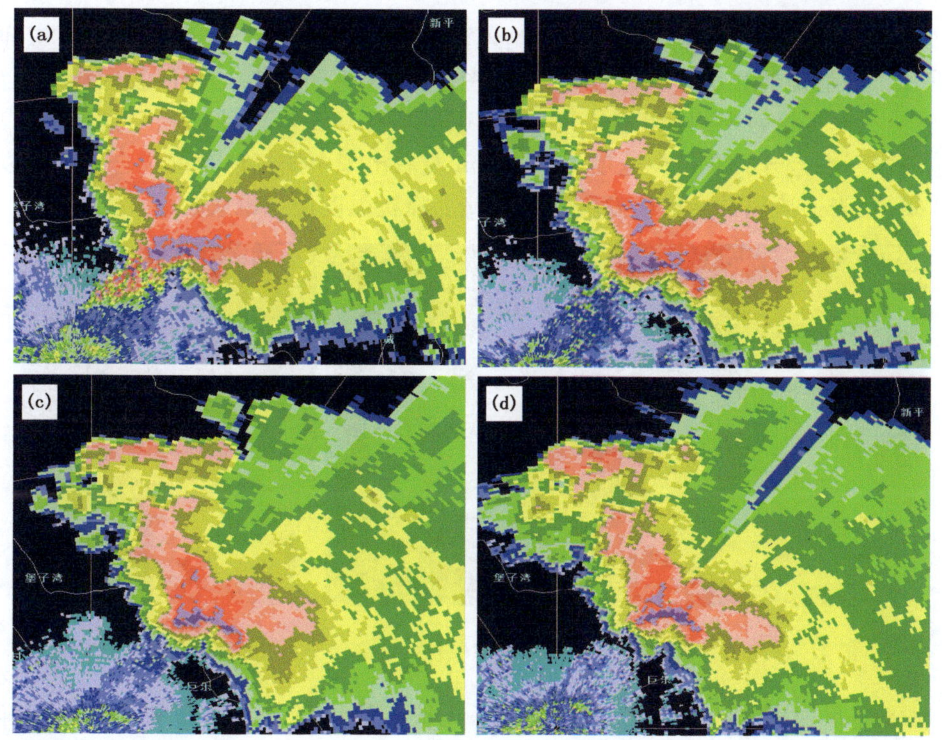

图 4.9 6 月 4 日 17:55 2.4°仰角(a)、3.4°仰角(b)、4.3°仰角(c)和 6.0°仰角 (d)基本反射率

18:01 在 2.4°仰角基本反射率图上前侧入流缺口依然存在,“V”形缺口在 3.4°仰角变得清晰,到 2.4°仰角结构完整并达到本次过程最强(见图 4.10a),强回波区呈典型的“蝴蝶状”,此刻降雹应该继续加强。对应在基本反射率剖面图上,由于冰雹强度加强导致回波墙面积和强度继续加强,弱回波区呈现倾斜性上升。在径向速度剖面图上,大于 15 $m \cdot s^{-1}$ 干冷空气在 8 km 左右高度向低层倾斜性入侵,出流在 3 km 左右高度呈倾斜性上升,9 km 以上辐散继续维持,表征该风暴会继续发展加强。(见图 4.10b、图 4.10c)。

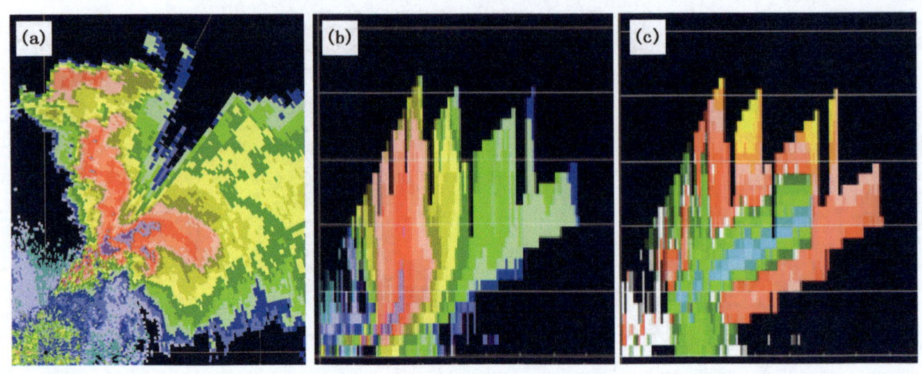

图 4.10　6月4日 18:01 基本反射率(a)、强度剖面图(b)和速度剖面图(c)

18:07 在 2.4°仰角基本反射率图上前侧入流缺口依然存在,“V”形缺口从 6.0°仰角一直到 0.5°仰角都有清楚的显示并且结构完整(见图 4.11 和见图 4.12),强回波区均呈典型的“蝴蝶状”。对应在基本反射率剖面图上,由于冰雹强度加强导致回波墙面积和强度再度加强,弱回波区呈现倾斜性上升。在径向速度图上,6 km 左右出现中层径向速度辐合,9 km 以上高度辐散继续维持,表征该风暴会继续发展加强。此刻降雹强度应该继续加强。

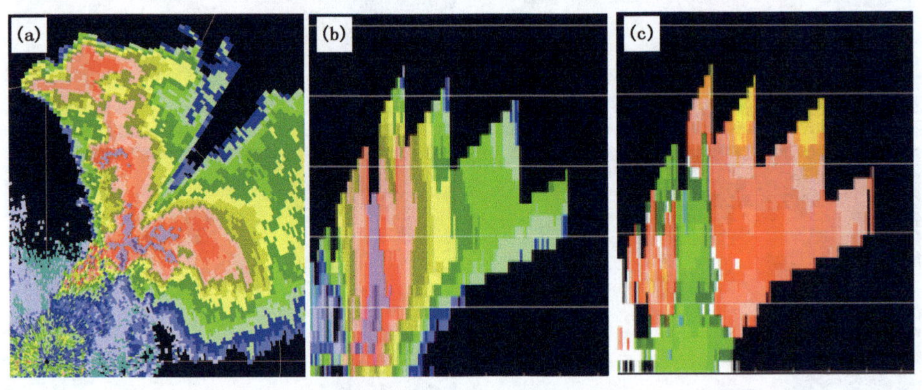

图 4.11　6月4日 18:07 基本反射率(a)、强度剖面图(b)和速度剖面图(c)

18:13 基本反射率图和 18:07 一样,前侧入流缺口依然存在,“V”形缺口从 6.0°仰角一直到 1.5°仰角都有清楚的显示并且结构完整(见图 4.13、图 4.14),强回波区均呈典型的“蝴蝶状”。但 18:13 回波强度和“V”形缺口内的基本反射率都比 18:07 弱。对应在基本反射率剖面图上,弱回波区和回波墙强度减弱。径向速度剖面图上中层径向速度辐合消失,9 km 以上辐散明显减弱,表征该风暴强度开始减弱,降雹强度应该开始减弱。

18:19 在 2.4°仰角基本反射率图上前侧入流缺口迅速减弱,6.0°仰角和 4.3°仰角“V”形缺口消失,3.4°仰角和 2.4°仰角“V”形缺口开始减弱(见图 4.15、图 4.16),但“V”形缺口仍呈“蝴蝶状”。对应在基本反射率剖面图上,大于 50 dBZ 回波高度降低,大于 60 dBZ 强回波区结构变得松散。到 18:25 从高仰角到低仰角“V”形缺口基本消失,强冰雹过程结束(见图 4.17)。

这次过程强冰雹结束时间和“V”形缺口消失时间是吻合的,在日常业务中,可以通过“V”形缺口的强弱来判断冰雹的强度和维持时间,对短临预报具有较好的指示作用。

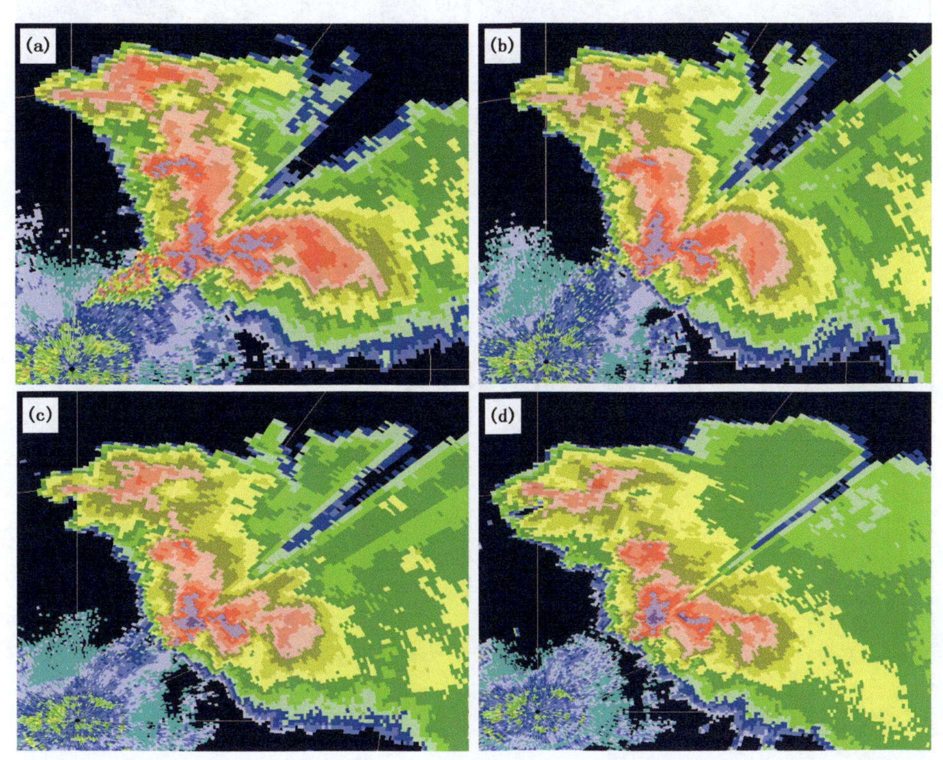

图 4.12 6 月 4 日 18:07 2.4°仰角(a)、3.4°仰角(b)、4.3°仰角(c)和 6.0°仰角(d)基本反射率

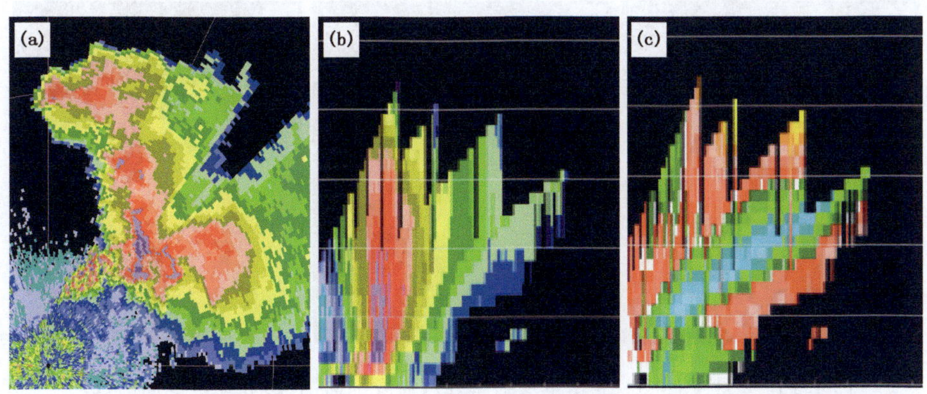

图 4.13 6 月 4 日 18:13 基本反射率(a)、强度剖面图(b)和速度剖面图

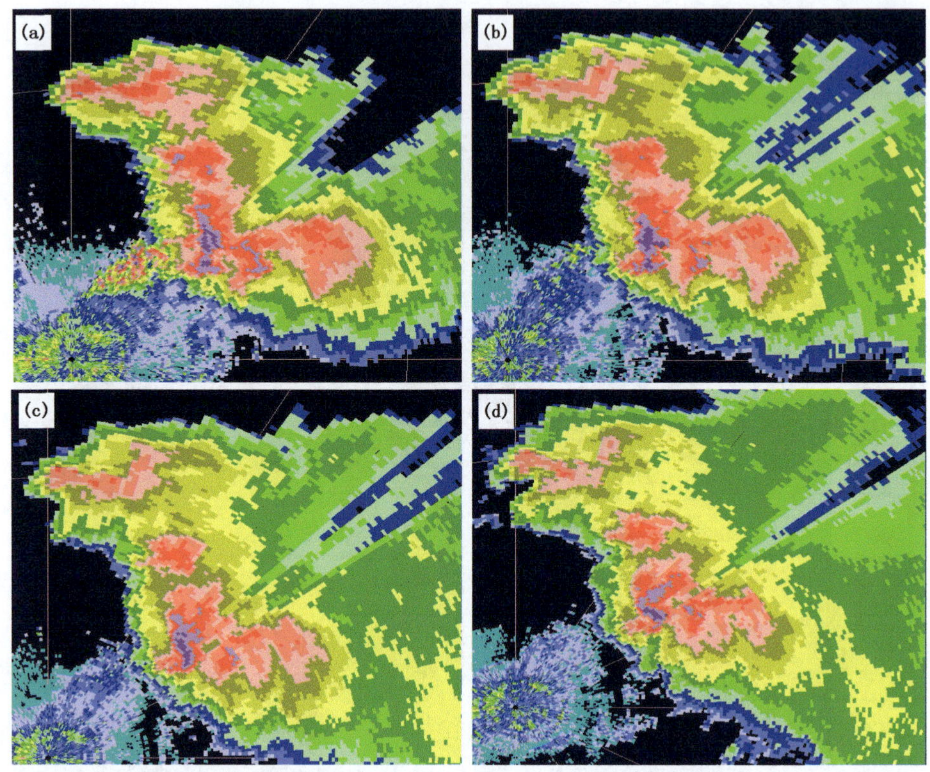

图 4.14　6月4日 18:13 2.4°仰角(a)、3.4°仰角(b)、4.3°仰角(c)和 6.0°仰角(d)基本反射率

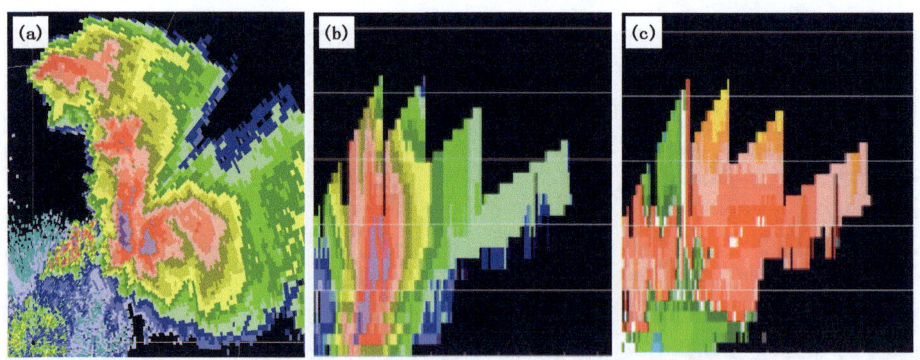

图 4.15　6月4日 18:19 基本反射率(a)、强度剖面图(b)和速度剖面图(c)

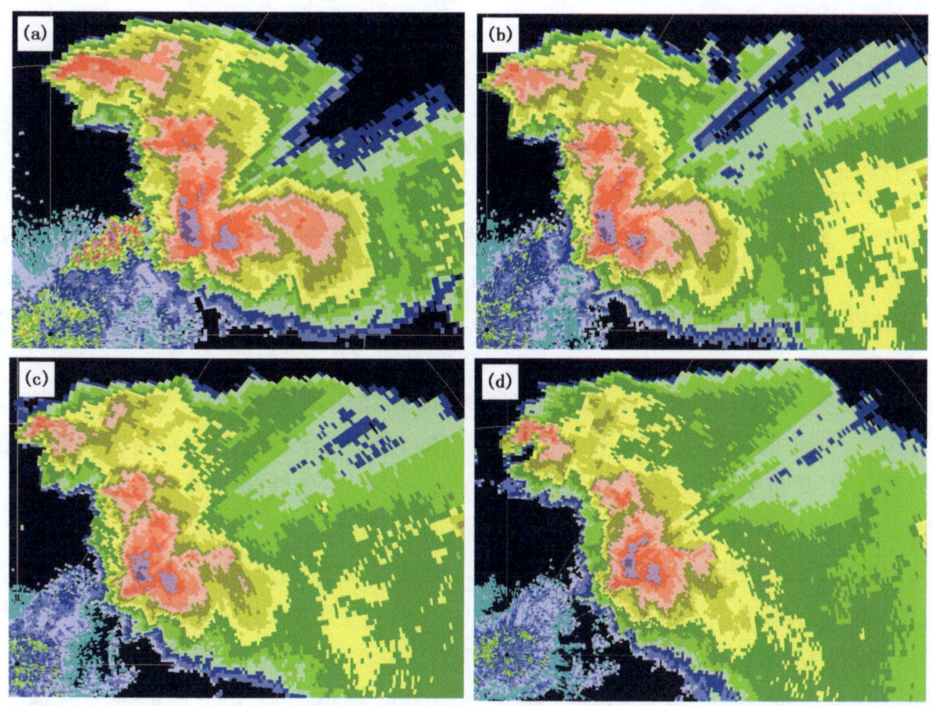

图 4.16 6 月 4 日 18:19 2.4°仰角(a)、3.4°仰角(b)、4.3°仰角(c)和 6.0°仰角(d)基本反射率

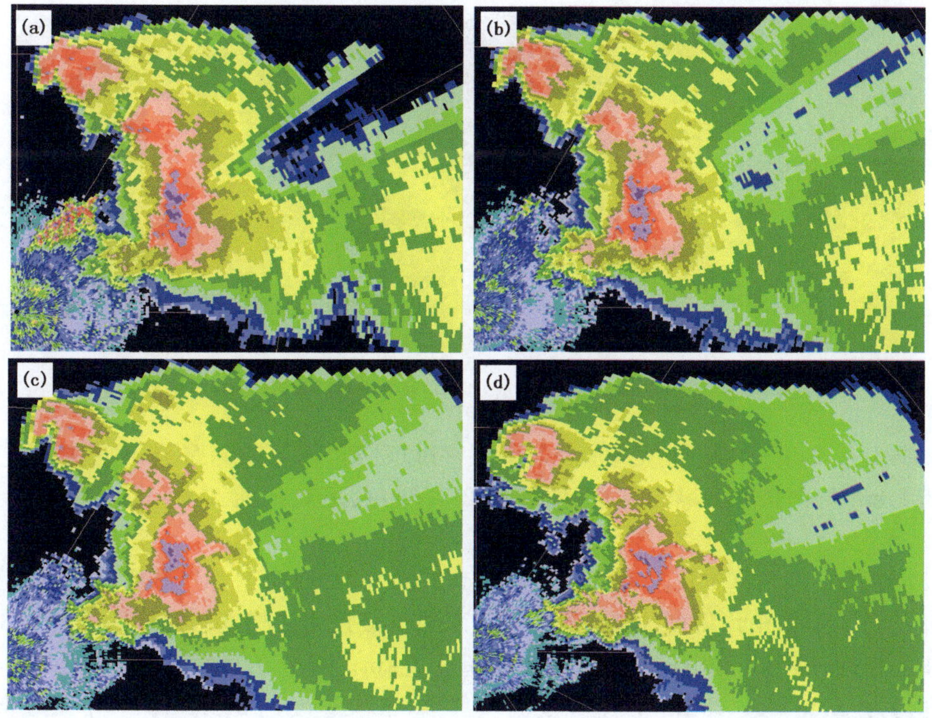

图 4.17 6 月 4 日 18:31 2.4°仰角(a)、3.4°仰角(b)、4.3°仰角(c)和 6.0°仰角(d)基本反射率

4.4　典型个例分析——“2015-07-04”强对流天气特征分析

2015 年 7 月 4 日 16:40—17:00，阳高县部分乡镇遭受冰雹袭击，雹粒平均直径 10 mm，最大直径 20～30 mm。据民政部门统计，长城乡、王官屯镇、下深井乡、古城镇共 36 个村遭受冰雹袭击，共有 29 550 亩玉米、谷黍、豆类、蔬菜和 3450 亩杏树等农作物受灾，造成直接经济损失 1045 万元。7 月 4 日下午大同县峰峪等 5 个乡镇 39 个村遭受冰雹灾害，黄花等部分农作物受灾面积 8086.7 hm^2，成灾面积 3906 hm^2，绝收面积 402 hm^2，受灾户 6692 户，受灾人口 31 070人。

下面分析多普勒天气雷达基本反射率及其强度和径向速度剖面图。

16:21 在 4.3°仰角基本反射率图上(见图 4.18a)，可以看到在阳高有回波加强发展为较强雹暴云系，在 4.3°仰角上首先观测到“V”形缺口，它从 4.3°仰角向下伸展到 2.4°仰角，在 2.4°仰角仰角上结构比较完整。经过“V”形缺口最强回波梯度区做剖面能看到 31 km 附近出现弱回波区(见图 4.18b)，上升气流高度超过 3 km。对应在速度剖面图上(见图 4.18c)，干冷空气已经入侵到 3 km 左右高度上，入流速度 15 $m \cdot s^{-1}$，同时 3 km 以上高度有出流，最大速度达 10 $m \cdot s^{-1}$，出现中层径向速度辐合，最大速度差为 25 $m \cdot s^{-1}$，表征中层径向速度辐合特征是显著的，同时在高层 9 km 附近径向速度场呈现明显的辐散。以上特征都标志雹暴云系会继续发展加强。

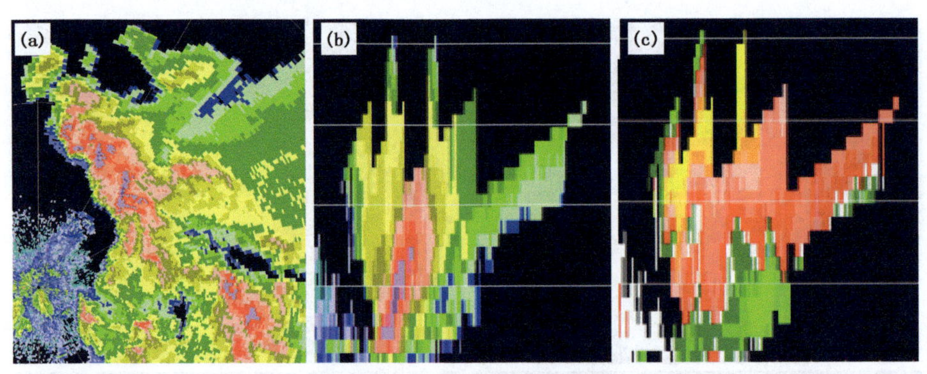

图 4.18　7 月 4 日 16:21 基本反射率(a)、强度剖面图(b)和速度剖面图(c)

到 16:21 从 2.4°～6.0°仰角基本反射率图，可以看到“V”形缺口最早出现在 4.3°仰角、距离地面 3.7 km 左右高度上，然后向下伸展到 2.4°仰角、距离地面 2.5 km 左右高度上(见图 4.19)。

16:27 在 3.4°仰角基本反射率图上(见图 4.20a)，3.4°仰角上“V”形缺口发展加强，而且从 4.3°仰角到 2.4°仰角均得到加强。经过“V”形缺口最强回波梯度区做剖面能看到 31 km 附近弱回波区维持(见图 4.20b)，上升气流高度超过 4 km。对应在速度剖面图上(见图 4.20c)，入流速度仍为 15 $m \cdot s^{-1}$，3 km 以上高度出流加强，最大速度达 20 $m \cdot s^{-1}$，中层径向速度辐合最大速度差超过 35 $m \cdot s^{-1}$，表征中层径向速度辐合特征显著加强，在 9 km 附近径向速度场呈现明显的辐散特征。以上特征都标志着雹暴云系会继续发展加强。

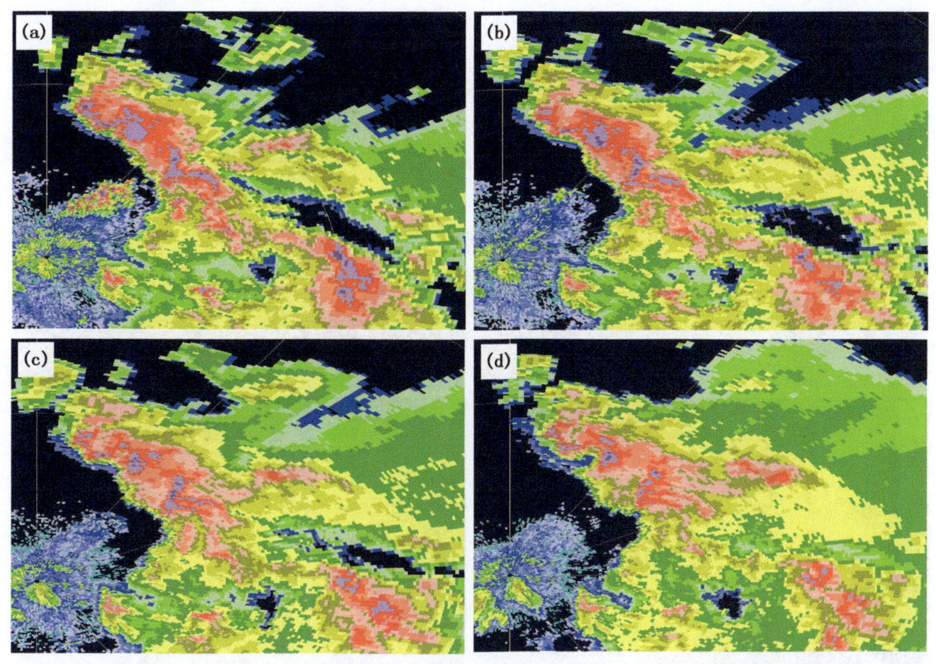

图 4.19 7月4日 16:21 2.4°仰角(a)、3.4°仰角(b)、4.3°仰角(c)和 6.0°仰角(d)基本反射率

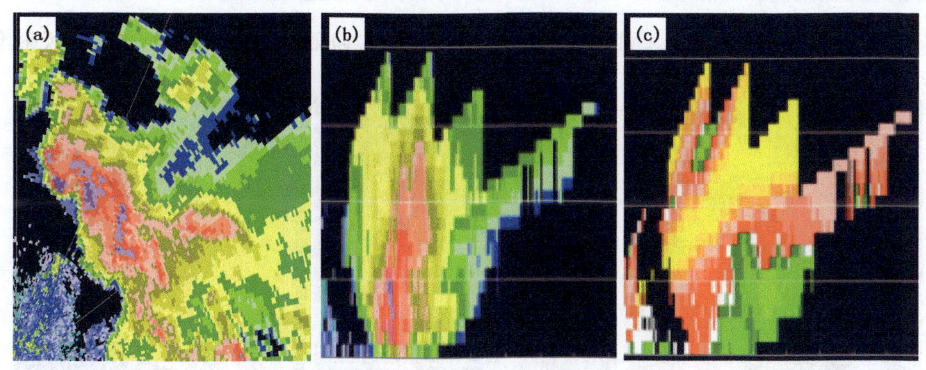

图 4.20 7月4日 16:27 基本反射率(a)、强度剖面图(b)和速度剖面图(c)

到 16:27 从 2.4°～6.0°仰角基本反射率图上,可以看到 4.3°～2.4°仰角"V"形缺口依然维持,但强度减弱(见图 4.21)。

16:33 在 2.4°仰角基本反射率图上(见图 4.22a),"V"形缺口继续减弱,经过"V"形缺口最强回波梯度区做剖面,可以看到大于 50 dBZ 回波下降到 6 km 以下,上升气流高度降到 3 km 以下(见图 4.22b)。对应在速度剖面图上(见图 4.22c),中层干侵入减弱、中层径向速度辐合消失,在 9 km 附近径向速度场辐散特征减弱。以上 4 个特征都标志着雹暴云系会进一步减弱。

图 4.23 为 16:33 从 2.4°～6.0°仰角基本反射率图,可以看到 4.3°仰角上"V"形缺口消失,3.4°仰角和 2.4°仰角"V"形缺口减弱。由图 4.23 可见,到 16:39 从低层到高层"V"形缺口均消失。

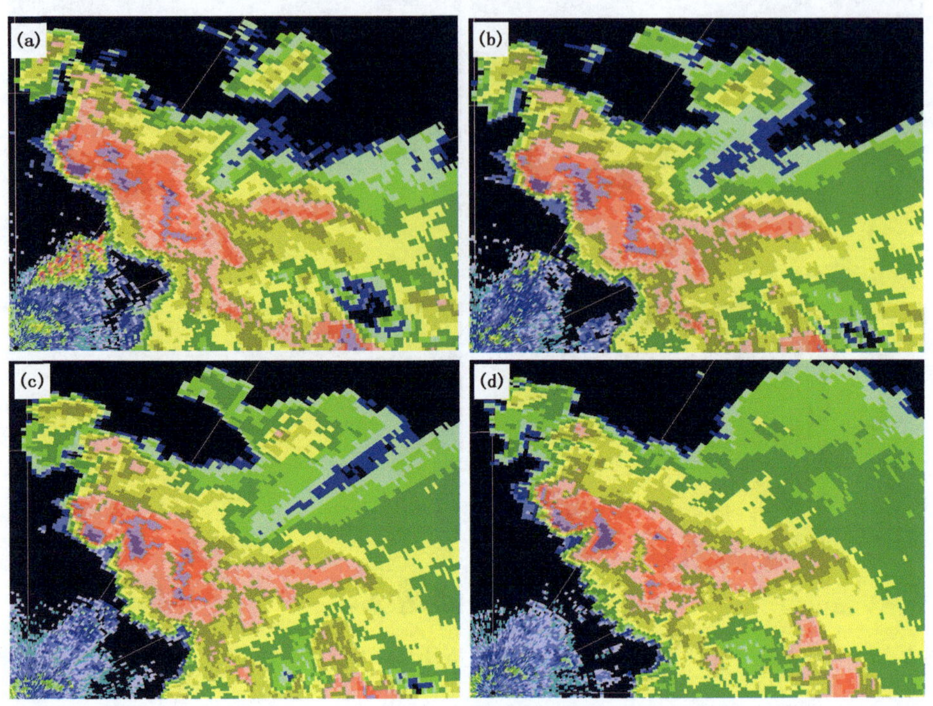

图 4.21 6月4日 16:27 2.4°仰角(a)、3.4°仰角(b)、4.3°仰角(c)和 6.0°仰角(d)基本反射率

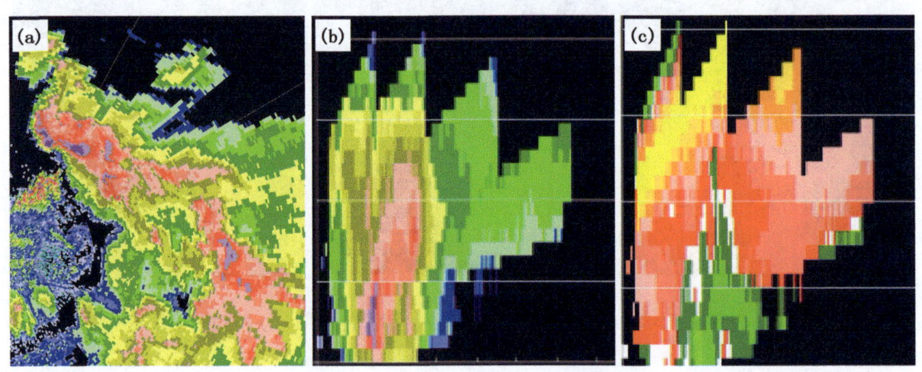

图 4.22 7月4日 16:33 基本反射率(a)、强度剖面图(b)和速度剖面图(c)

到 16:45 在阳高西北界又有新的"V"形缺口生成(见图 4.24),到 16:57 "V"形缺口迅速发展,在 4.3°仰角和 3.4°仰角结构完整(见图 4.25)。到 17:03"V"形缺口继续发展,并且伸展到 6.0°仰角所在高度,在 4.3°仰角和 2.4°仰角"V"形缺口宽度增加回波强度增强(见图 4.26)。到 17:09"V"形缺口东移,并顺时针旋转到 90°方位角上,强度继续增强(见图 4.27)。到 17:15 "V"形回波继续按顺时针旋转到 95°方位角上,强度开始减弱(见图 4.28),到 17:26 "V"形缺口完全减弱消失,此次强对流过程结束。

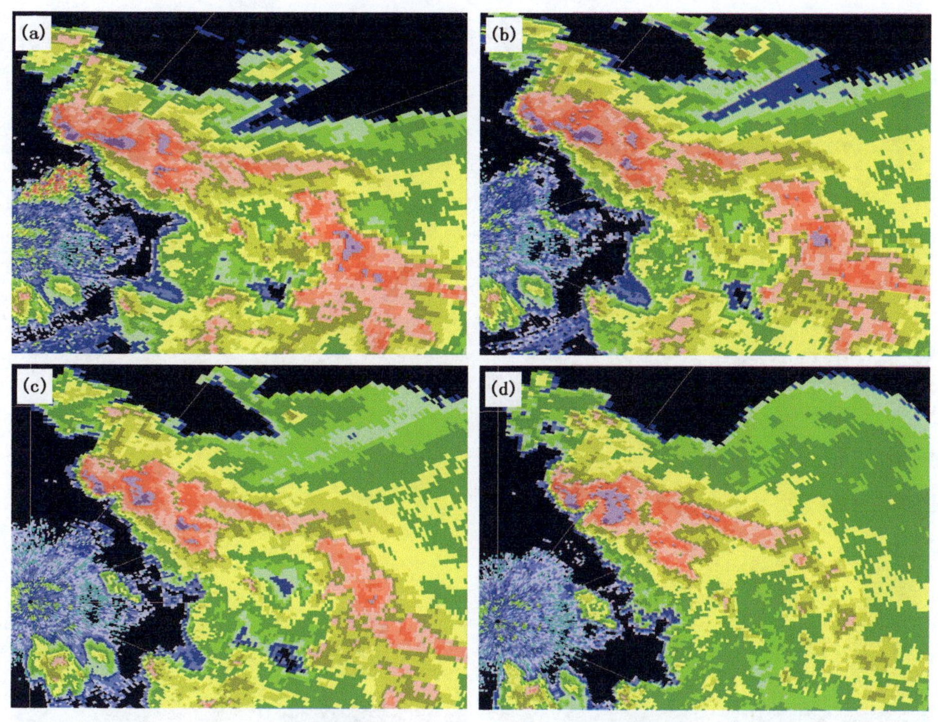

图 4.23 7 月 4 日 16:33 2.4°仰角(a)、3.4°仰角(b)、4.3°仰角(c)和 6.0°仰角(d)基本反射率

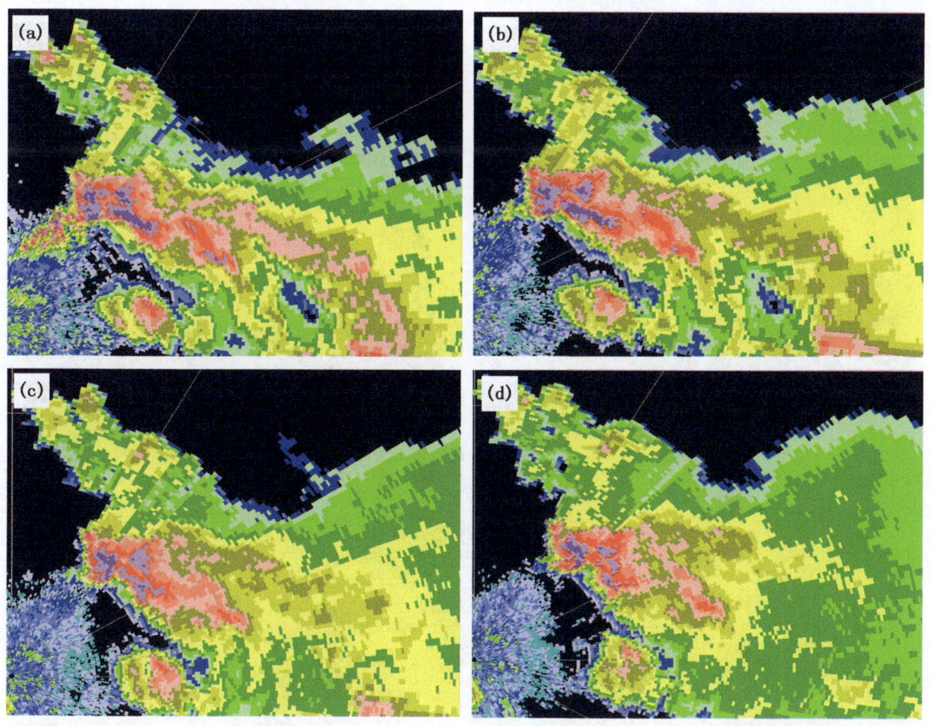

图 4.24 7 月 4 日 16:45 2.4°仰角(a)、3.4°仰角(b)、4.3°仰角(c)和 6.0°仰角(d)基本反射率

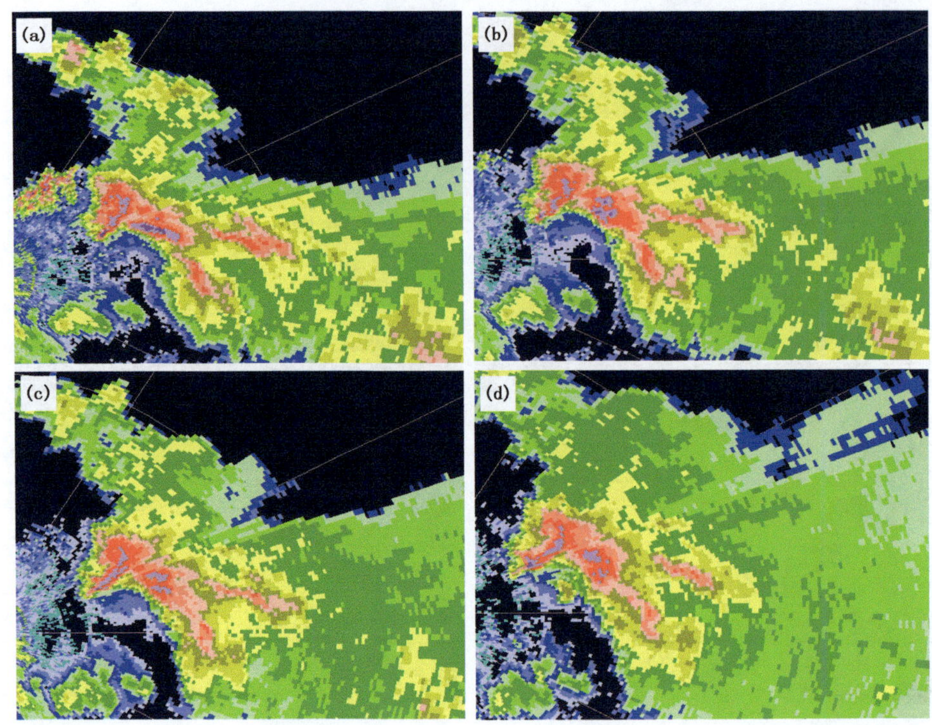

图 4.25　7 月 4 日 16:57 6.0°仰角(a)、4.3°仰角(b)、2.4°仰角(c)和 3.4°仰角 (d)基本反射率

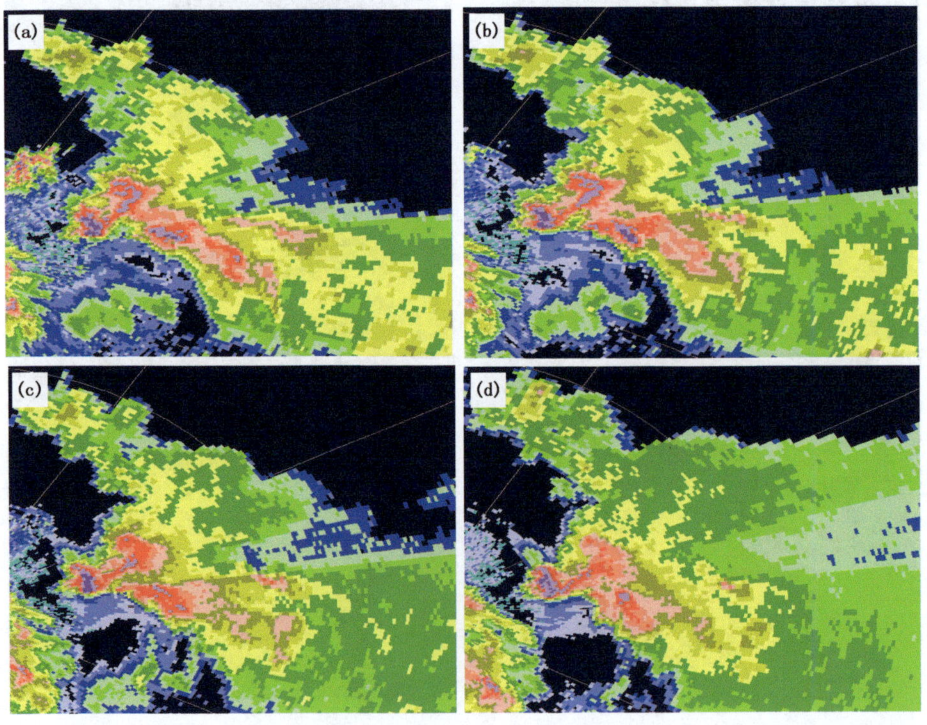

图 4.26　7 月 4 日 17:03 2.4°仰角(a)、3.4°仰角(b)、4.3°仰角(c)和 6.0°仰角(d)基本反射率

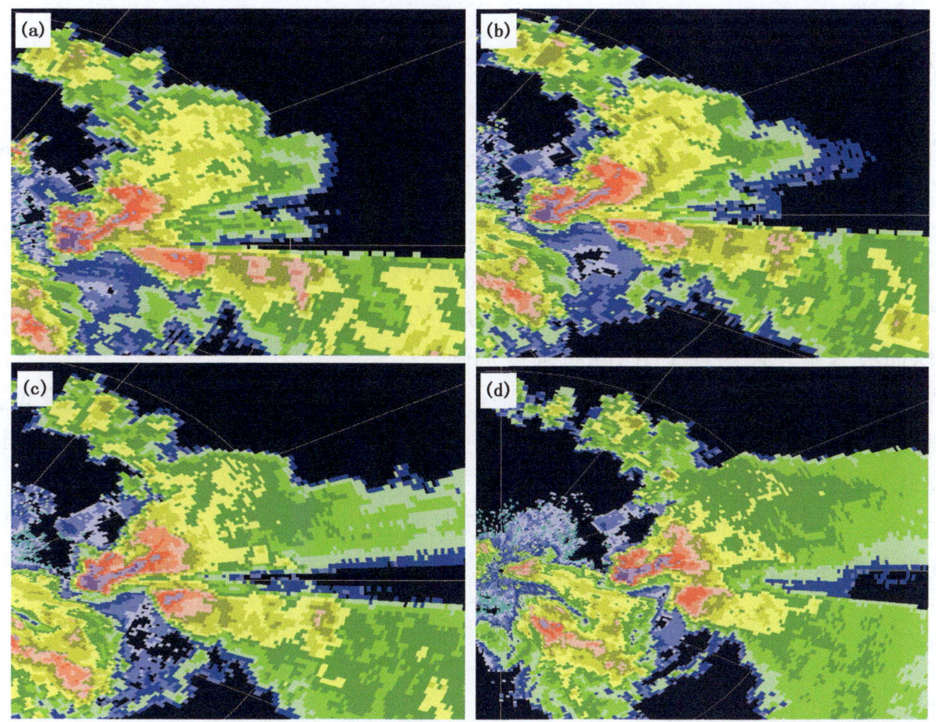

图4.27 7月4日17:09 2.4°仰角(a)、3.4°仰角(b)、4.3°仰角(c)和6.0°仰角(d)基本反射率

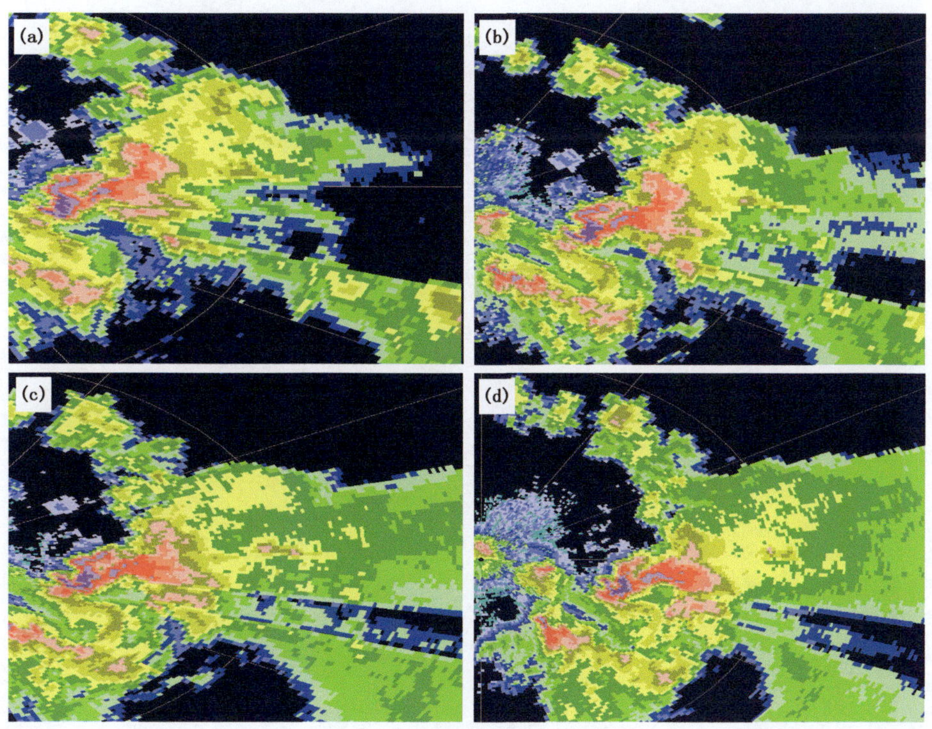

图4.28 7月4日17:15 2.4°仰角(a)、3.4°仰角(b)、4.3°仰角(c)和6.0°仰角(d)基本反射率

4.5 本章小结

(1)“V”形缺口的最佳观测仰角为1.5°～6.0°,垂直高度在3.1～6.0 km,“V”形缺口出现时顶端基本反射率强度≥60 dBZ。

(2)“V”形缺口最早在4.3°～6.0°仰角出现,然后向下伸展,当在0.5°仰角观测到“V”形缺口时表示强冰雹已经开始,强回波区呈现“蝴蝶状”时,是降雹最强阶段。

(3)“V”形缺口基本反射率空间结构特征为:“V”形缺口从6.0°仰角向下伸展到0.5°仰角过程中,弱回波区呈现倾斜性上升,降雹强度加强。

(4)“V”形缺口径向速度空间特征为:3～6 km高度之间的中层径向速度辐合增强,入流和出流速度差值可达到40 $m \cdot s^{-1}$以上,表征中层径向速度辐合特征是显著的,在9 km高度左右出现显著的风暴顶辐散。

(5)强冰雹结束时间和“V”形缺口消失时间是吻合的,在日常业务中,可以通过“V”形缺口的强弱来判断冰雹的强度和维持时间,对短临预报具有较好的指示作用。

第 5 章 C 波段多普勒天气雷达探测能力分析

大尺度天气系统由于其水平尺度一般在几千千米，垂直高度几千米到十几千米，持续时间可在十几个小时到几天的特点，导致其移动速度缓慢。这样的天气系统依然可以用多普勒天气雷达来跟踪探测它的移动轨迹及移动速度。

缺点：由于受到地球曲率和地形遮挡等的影响，有些风暴只能探测到一部分或完全探测不到，从而对多普勒天气雷达的探测能力有一定影响。

5.1 锋面系统探测能力分析

第一型冷锋：冷锋向前移动较慢，坡度小，位于 700 hPa 槽前。这一类型的冷锋，冷气团在向前移动时迫使暖气团沿锋面向上滑行，在水汽条件充分时，便在锋面上产生云系，一般以层状降水云系为主，雨区宽度大约 150～200 km。

第二型冷锋：冷锋移动较快，坡度较大，位于 700 hPa 槽后或槽线附近。这类冷锋上冷平流较强，当气流下沉时只有地面锋线附近暖空气被抬升，气流上升运动较强，锋面在中低层前倾更加明显。

多普勒天气雷达在探测锋面时，从基本反射率因子回波结构以及演变特征，可以分辨第一型冷锋和第二型冷锋，如果配合平均径向速度图，可以比较准确地判断锋面位置、风场辐散辐合强度、锋的走向以及移动方向等特征。

个例分析：图 5.1 为 2016 年 7 月 19 日 19:30 大同多普勒天气雷达探测到的第一型冷锋。

可见第一型冷锋整体回波比较均匀，回波强度一般在 25～45 dBZ，呈片状分布并且整体移动速度比较慢(见图 5.1a)。平均径向速度场上零速度线大尺度特征明显，能看到整层气流

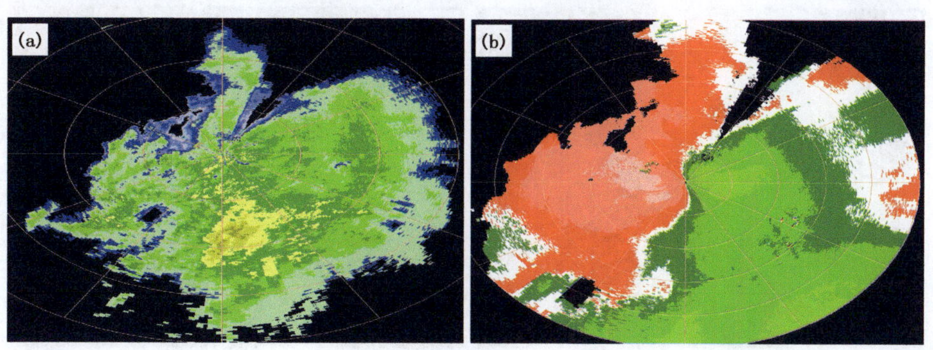

图 5.1 2016 年 7 月 19 日 19:30 大同雷达探测到第一型冷锋反射率因子(a)和平均径向速度(b)

属性及风垂直切变情况，第一型冷锋的中小尺度辐合辐散特征较弱（见图 5.1b）。

在第一型冷锋的多普勒雷达基本反射率因子图像中还能监测到一种现象叫作“0℃层亮带”。它的含义是在0℃层以上，较大水凝物多为冰晶和雪花，过冷却水滴因为尺度较小对反射率因子贡献不大。在下降过程中经过0℃层时开始融化而表面出现一层水膜，此时反射率因子会因为水膜的出现而迅速增加，在进一步下降过程中完全融化为水滴时其尺度会减小，同时大水滴的下降末速度增大，使单位体积内水滴个数减少，这两个因素会使反射率因子降低，这样在0℃层附近因为反射率因子回波突然增加形成“0℃层亮带”（俞小鼎 等，2006）。由于“0℃层亮带”形成的高度较高，通常在高仰角（2.4°）以上才能看到。

“0℃层亮带”的意义：

(1)表示层状云或层状-积云混合降水特征；

(2)有明显的冰水转换区域；

(3)表示没有强对流活动，降水为稳定性降水；

(4)可以判断0℃层高度。

个例分析：图 5.2 为 2016 年 7 月 19 日 09:52 大同多普勒天气雷达探测到的“零度层亮带”（见图 5.2a）及其径向速度图（见图 5.2b）。可以看到0℃层高度大概在 4 km 左右高度上，径向速度图上有明显的暖平流，而且有明显的南支气流输送，最大风速超过 20 $m \cdot s^{-1}$。

个例分析：图 5.3 为 2014 年 7 月 29 日 13:27 长治多普勒天气雷达探测到的第二型冷锋基本反射率（见图 5.3a）和平均径向速度（见图 5.3b）。可见第二型冷锋反射率因子呈带状分布，

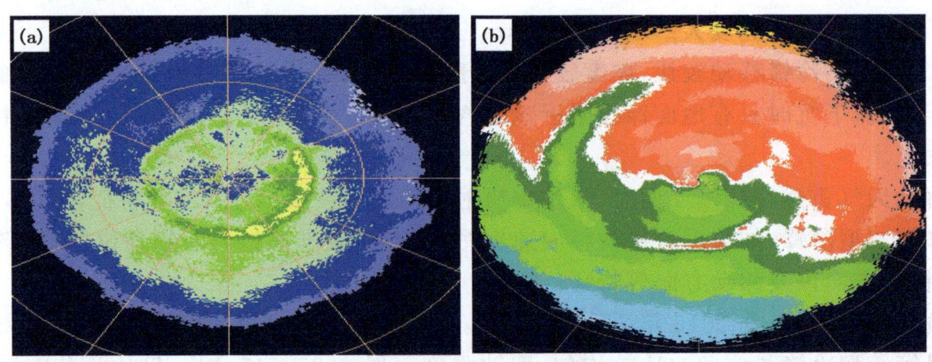

图 5.2　大同多普勒雷达 6.0°仰角“0℃层亮带”反射率因子(a)和平均径向速度(b)

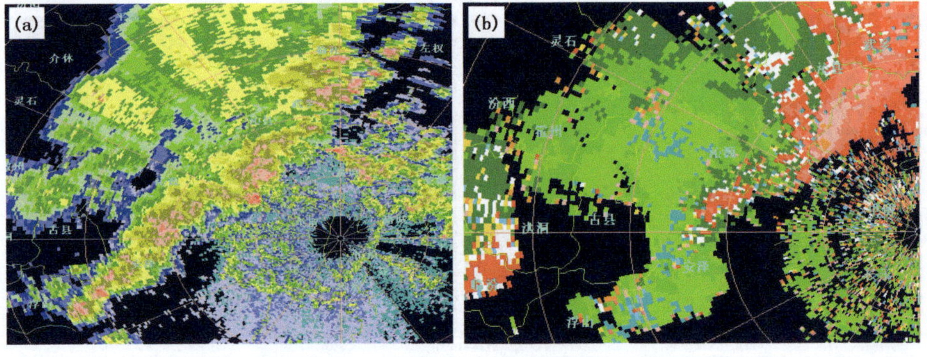

图 5.3　2014 年 7 月 29 日 13:27 长治雷达探测到第二型冷锋反射率因子(a)和平均径向速度(b)

回波中心强度在 50 dBZ 以上，回波整体移动较快。在第二型冷锋平均径向速度场上，冷锋特征明显，可以判断出冷锋具体位置。第二型冷锋一般具有较强的中小尺度的辐合辐散结构特征。

5.2　低空急流探测能力分析

低空急流位于对流层下部大约 900～600 hPa，是水平动量相对集中的气流带，中心风速一般大于等于 12 $m \cdot s^{-1}$，是产生强降水的必要条件。低空急流中西南风占的比例较大，其两侧有较强的风速水平切变。在垂直方向上具有风速极大值，急流轴上下均有明显的风速垂直切变。实际业务运行中当在天气图上已确定存在低空急流时，可通过多普勒天气雷达监测来获取低空急流的强度、走向、急流轴的高度以及急流演变等特征。

在判断低空急流时可以参照以下标准（刘洪恩，2001）：急流中心的水平距离≥80 km，高度在 3 km 以下，时间尺度≥ 2 h，风速≥ 10 $m \cdot s^{-1}$ 且风向一致的低空强风速区。

个例分析：在 2016 年 19 日 05 时 2.4°仰角的多普勒雷达径向速度 PPI 上（见图 5.4a），在雷达站 23 km 距离地面 2 km 左右高度上，出现 10 $m \cdot s^{-1}$ 对称速度大值区。在 100 km 距离圈内零速度线呈现清晰的“S”形，表征大同地区受暖平流影响。在方位角 120°～270°区域内出现负速度大值区，最大风速 15 $m \cdot s^{-1}$，表征有一支西南急流存在。沿 270°方位角作径向速度剖面图可以看到，零速度线距离地面高度为 2 km 左右，在零速度线一侧，低层为西北风高层为西南风，整层风向随高度顺转有暖平流，西南急流伸展高度在 5 km 以上（见图 5.4b）。通过连续观测剖面图可以判断雷达站上空存在一支正在向上伸展的低空西南急流，而且暖平流深厚。沿 180°方位角作径向速度剖面图可以看到（见图 5.4c），在垂直方向 2～5 km 高度上具有极大风速带，2 km 以下和 5 km 以上风速明显减弱，说明急流轴上下均有明显的风速垂直切变。

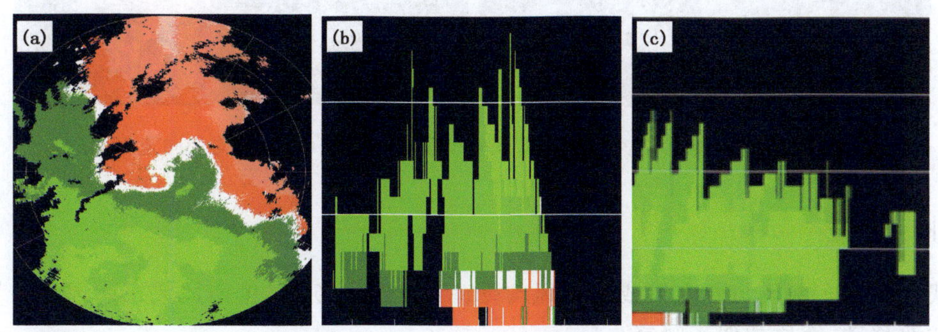

图 5.4　2016 年 7 月 19 日 05 时 2.4°仰角径向速度图(a)、沿 270°方位角剖面图(b) 和沿 180°方位角剖面图(c)

5.3　入流急流探测能力分析

入流急流大多是弓形回波后部下沉气流造成的，下沉气流越强则入流急流越强，是判断强对流天气造成的大风强度的重要预报指标。一般用 1.5°仰角（或 2.4°仰角）的平均径向速度产品，最大径向风速一般大于 20 m·s^{-1}。

5.4 大尺度切变线探测能力分析

利用多普勒天气雷达平均径向速度图不仅能够较准确判断大尺度切变线位置，而且还能够识别暖式切变还是冷式切变以及切变线的辐合辐散强度等信息。

5.4.1 冷式切变

冷式切变是偏北风与西南风之间的切变，偏北风占主导地位，风场自北向南移动，性质类似于冷锋。

个例分析：图 5.5 为 2013 年 8 月 4 日 17:36 大同多普勒雷达探测到的冷式切变基本反射率因子图和平均径向速度图。平均径向速度图上虚线的位置就是冷式切变线，切变线的东南向为西南风，西北向为西北风。对应在基本反射率图上，伴随西南急流能量和水汽的输送，触发出一条飑线，急流强的地区回波强度也强。在切变线的西北部由于干冷空气入侵，触发出新的回波群。从回波强度看冷式切变线比西南急流触发的回波强度弱并且持续时间短，这些地区常常是大风易发区。

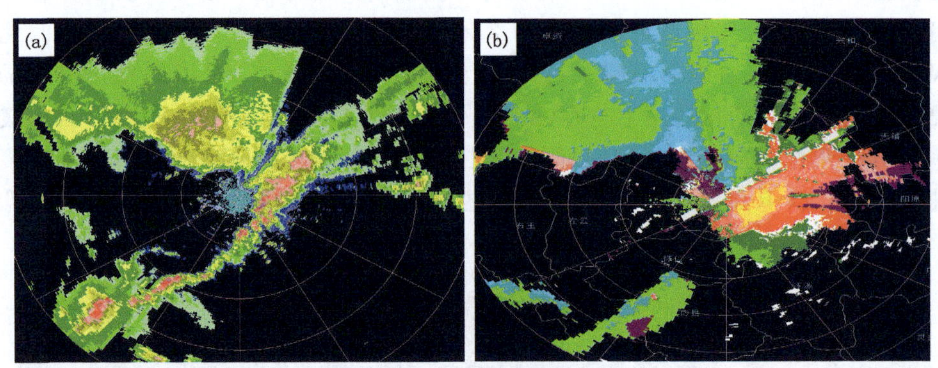

图 5.5 大同多普勒雷达探测到的冷式切变反射率因子(a)和平均径向速度图(b)

5.4.2 暖式切变

暖式切变是东南风与西南风或偏东风与偏南风之间的切变，偏南风或东南风占主导地位，常自南向北移动，性质类似于暖锋。

个例分析：图 5.6 为 2016 年 7 月 19 日 08:52 大同多普勒雷达探测到的暖式切变基本反射率因子和平均径向速度。可以看到平均径向速度图虚线的位置就是暖式切变线，切变线的东北向为东南风，西南向为西南风。对应在基本反射率图上，在西南急流输送能量和水汽的地区，回波强度大于低层东风急流的回波强度。暖式切变影响区域回波比较均匀，出现大风和短时强降水的概率不大。

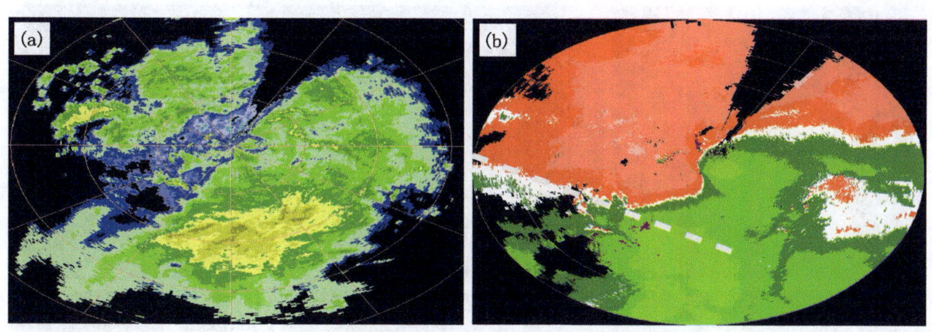

图 5.6　2016 年 7 月 19 日 08:52 大同雷达探测到的暖式切变基本反射率(a)和平均径向速度(b)

5.5　中小尺度天气系统探测能力分析

中小尺度天气系统由于水平尺度小、生命期短使其具有发生发展快、生命史短的特点，利用常规观测网难以捕捉，尤其是系统发生发展的全过程。C 波段多普勒天气雷达采用 5～6 min 的体扫描模式进行观测，可有效监测中小尺度天气系统发生、发展、成熟和消亡的全过程，揭示它们触发和演变规律，尤其是多普勒天气雷达能提供平均径向速度场，能够了解系统内部的流场结构，并以此判断它们未来生消或发展情况。

5.5.1　雹暴

(1)基本反射率因子特征

冰雹是中尺度天气系统造成的严重灾害天气之一，多普勒天气雷达也是监测冰雹生消的最有效探测工具。冰雹过程雷达反射率因子非常强，一般都能够达到 50 dBZ 以上，并常常出现显著特征，如："V"形回波缺口、钩状回波、弓形回波、弱回波区或有界弱回波区、三体散射和旁瓣回波等。

雷达探测强雷暴时，由于强中心和地面的多次反射使电磁波的传播距离变长，产生异常回波信号，回波返回所用的额外时间被雷达显示在更远处，表现为从云中延伸出去的钉子状回波，也称为长钉回波或耀斑回波，简称 TBSS，由于大多数情况下出现在冰雹云中，所以又叫作"冰雹尖峰"，PPI 中的三体散射回波，其延展方向与雷达径向方向一致。

个例分析：图 5.7 为 2014 年 7 月 29 日 12:00 长治多普勒雷达探测到的基本反射率因子，可以看到明显的三体散射特征，冰雹云在 PPI 回波中其延展方向与雷达的径向方向一致。三体散射对应的回波中心强度超过 65 dBZ。沿着雷达径向方向经过三体散射中心作剖面图可以看到，在垂直剖面图上三体散射在中层出现然后远端向高仰角伸展，三体散射区域整体回波强度较弱。受风暴影响，7 月 29 日 12 时 14 分沁源县出现强对流天气，雷电灾害造成花坡景区 8 户人家，27 头牛死亡，直接经济损失约 40 多万元。

个例分析：图 5.8 为 2016 年 6 月 13 日 17:20 大同多普勒雷达探测到的三体散射和旁瓣回波。

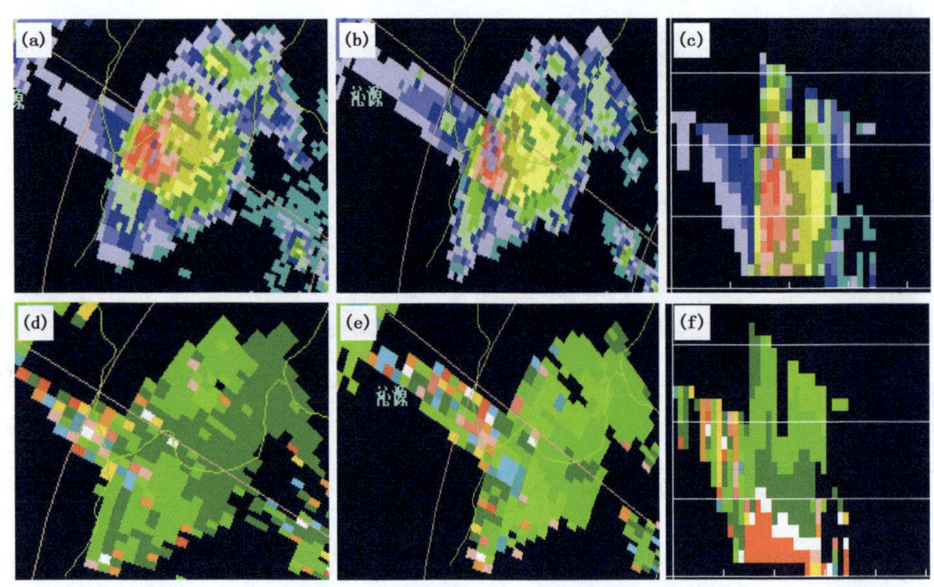

图 5.7　2014 年 7 月 29 日 12:00 长治多普勒雷达基本反射率因子

(a. 4.3°仰角强度图；b. 4.3°仰角速度图；c. 6.0°仰角强度图；d. 6.0°仰角速度图；e. 强度剖面图；f. 速度剖面图)

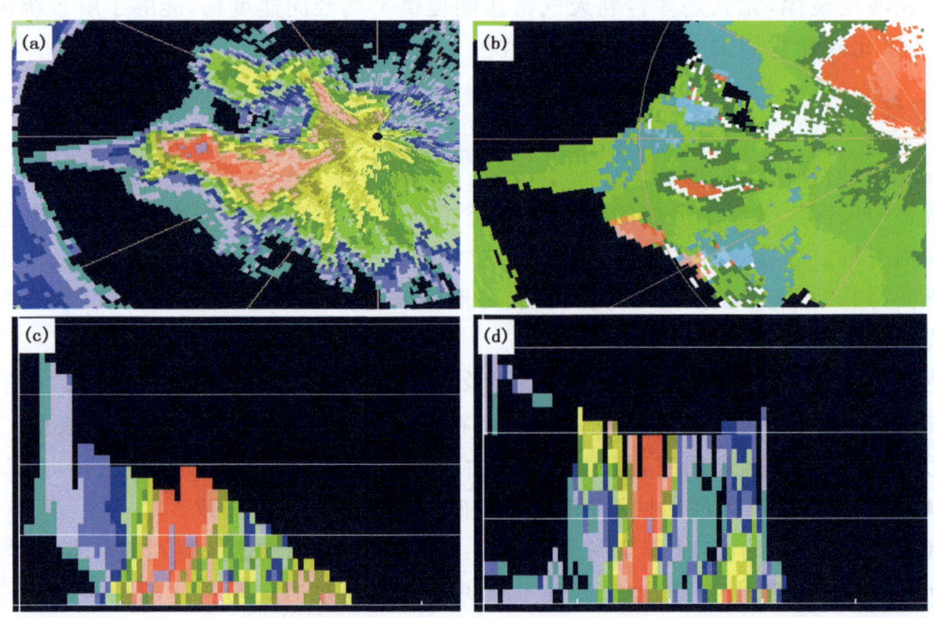

图 5.8　2016 年 6 月 13 日 17:20 大同多普勒雷达探测到的三体散射和旁瓣回波

(a. 9.9°仰角强度图；b. 9.9°仰角速度图；c. 沿径向通过三体散射剖面图；d. 沿距离圈过旁瓣回波剖面图)

可以看到在沿径向并通过三体散射剖面图上，三体散射在中层出现远端向高仰角伸展，回波强度较弱。在沿着距离圈经过旁瓣回波剖面图上，旁瓣回波与高反射率因子核区垂直，自风暴边缘向低仰角伸展的弱回波带，这个特征与 S 波段多普勒天气雷达特征一致（廖玉芳 等，2008）。对应在平均径向速度和平均径向速度剖面图上，这两种虚假回波的色调呈不连续斑点状，与气象回波有较大差别。

(2)平均径向速度图特征

在平均径向速度场上，雹暴云系的发生和发展阶段都伴有明显的辐合辐散，气旋一般呈辐合性旋转，根据平均径向风速场提供的动力场特征信息，来判断雹暴云的发生发展和消亡时间。

个例分析：图5.9为2010年7月10日15:01大同多普勒天气雷达探测到的中气旋，图5.9a为1.5°仰角基本反射率因子，可以看到回波呈现出钩状特点，钩状回波维持4个体扫共计24 min左右。图5.9b为2.4°仰角平均径向速度图，钩状回波对应中气旋，核区直径4.8 km旋转速度为18 m·s^{-1}，中气旋呈气旋性旋转。由于钩状回波并没有经过测站，所以没有降水和大风记录。

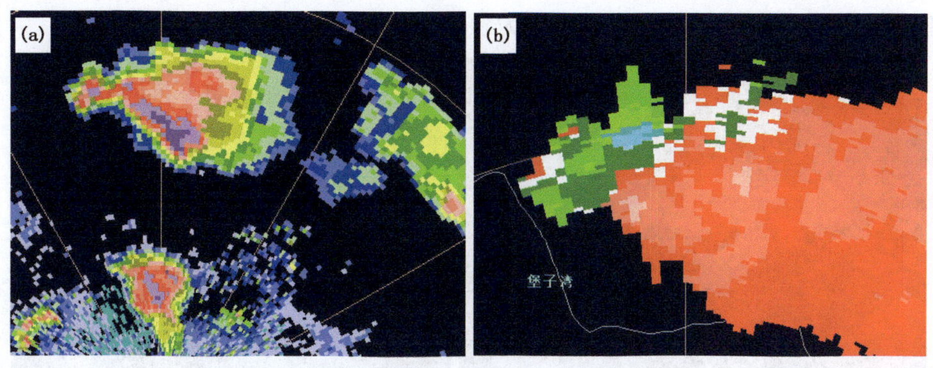

图5.9 2010年7月10日大同雷达探测到的中气旋反射率因子图像(a)和平均径向速度(b)

个例分析：图5.10为2010年6月16日14:32大同多普勒天气雷达探测到的中层径向速度辐合例子，图5.10a为基本反射率因子，可以看到回波呈现弓形。图5.10b为平均径向速度图，在距离雷达79 km距离地面3～8 km的区域上升气流与后部入流之间过渡区为集中的径向速度辐合区，速度差值达到30 m·s^{-1}，出现中层径向速度辐合MARC(俞小鼎 等，2006)，14:51广灵出现17.6 m·s^{-1}大风。MARC可以作为地面大风预警指标。

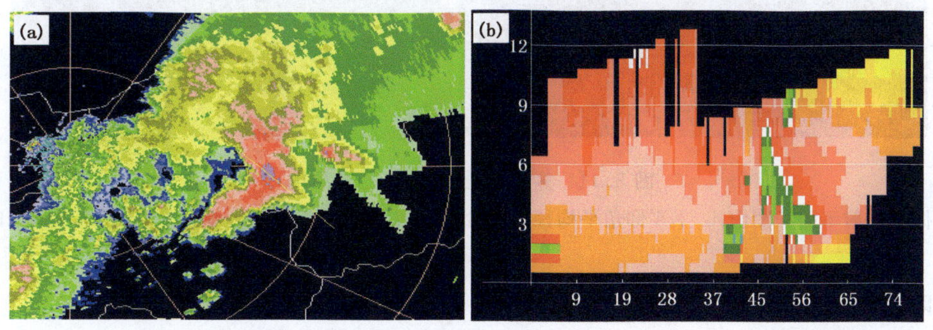

图5.10 2010年6月16日中层径向速度辐合反射率因子(直线为剖面方向)(a)平均径向速度剖面图(b)

5.5.2 逆风区

逆风区是在大片正(负)速度中包含负(正)速度区，中间有零速度线过渡的区域。张沛源等研究认为(1995)，在逆风区附近存在明显的水平风向垂直切变，反映了强对流内上升气流引起的水平动量交换过程。这种动量交换影响了水平辐合辐散的强弱分布，造成了中尺度垂直环流的形成，是一个很好的暴雨判据。在逆风区附近及其移动路径上将出现和正出现暴雨，只要逆风区存在回波和降雨强度都不会减弱。研究证实逆风区厚度与雨强有较好的相关性。

个例分析：图 5.11 是大同多普勒天气雷达 2014 年 6 月 22 日 10:28 观测到的降水回波，在 1.5°仰角基本反射率图上（见图 5.11a），在灵丘县史庄上游地区有一块状回波，对应在 1.5°仰角径向速度图上（见图 5.11b）出现逆风区，2.4°仰角径向速度图上（见图 5.11c）逆风区仍然存在，到 4.3°仰角径向速度图上逆风区消失但有 27 m·s^{-1}的大风区（见图 5.11d），逆风区的厚度大约 4.3 km。逆风区的出现表示此处的风向发生了剧烈变化，产生了强烈的风切变和辐合，当云团进入逆风区后加强且移速减慢。史庄上游出现逆风区后块状回波迅速发展，78 min 后在史庄产生短时强降水，最大小时雨强达 33 mm。在日常业务中当平均径向速度图上出现逆风区且逆风区厚度大于 1 km 时，可以作为预警信号发布指标。

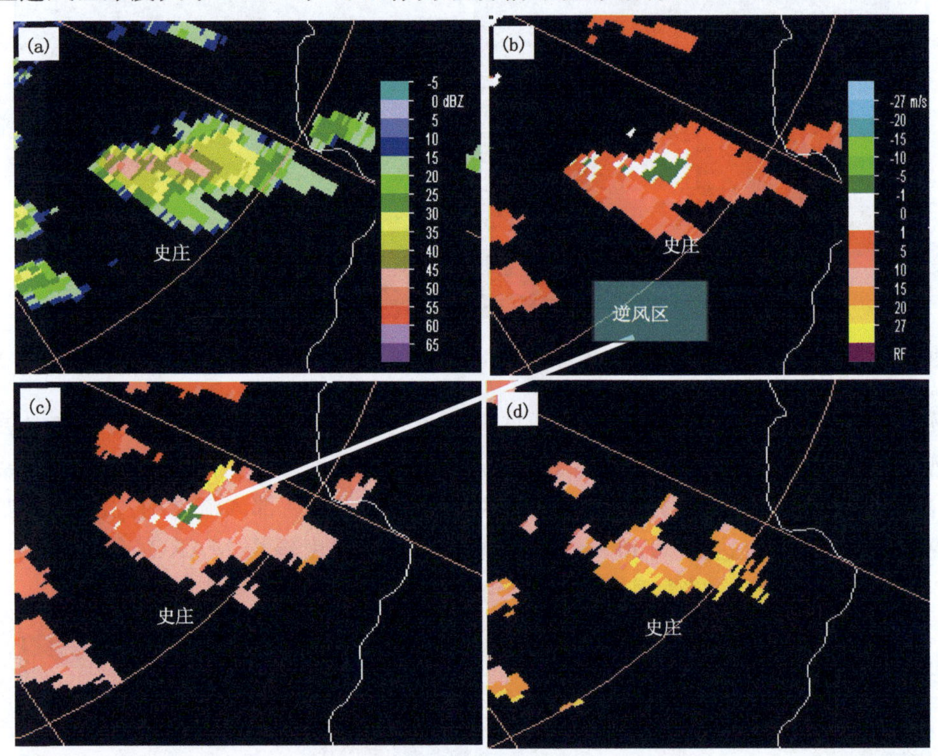

图 5.11　逆风区多普勒雷达产品图

（a. 1.5°仰角反射率因子图像；b. 1.5°仰角平均径向速度；c. 2.4°仰角平均径向速度；d. 4.3°仰角平均径向速度）

5.5.3　飑线

飑是我国常见的中尺度强对流天气系统，它呈现带状对流回波特征，由对流回波带和弱层状云降水回波组成，长宽比为 5∶1，强回波区强度一般可达 60 dBZ 以上，所经之地都会造成气压先是略有下降，然后迅速涌升，风向突变，气温骤降等天气现象。飑线的特征是对流回波带有多个强单体排列，其强度强、梯度大，常与冰雹、下击暴流、雷雨大风密切相关。

个例分析：图 5.12 为 2014 年 7 月 29 日 19:45 大同多普勒天气雷达 1.5°仰角监测到的飑线基本反射率图，飑线过境时最大小时雨强达 20.9 mm，瞬间极大风速 18.4 m·s^{-1}。图 5.13

为山西省五部C波段多普勒天气雷达2014年7月29日08:00监测到的飑线基本反射率拼图，受其影响全省除了西南地区外均出现强对流天气，其中长治地区受“人”形回波影响降水最强，全市小雨站点数37个，中雨站点数114个，大雨站点数31个，暴雨站点数9个，降水量最大值出现在虹梯关92.3 mm。7月29日12时14分沁源县出现强对流天气，雷电造成花坡景区8户人家，27头牛死亡，直接经济损失约40万元。

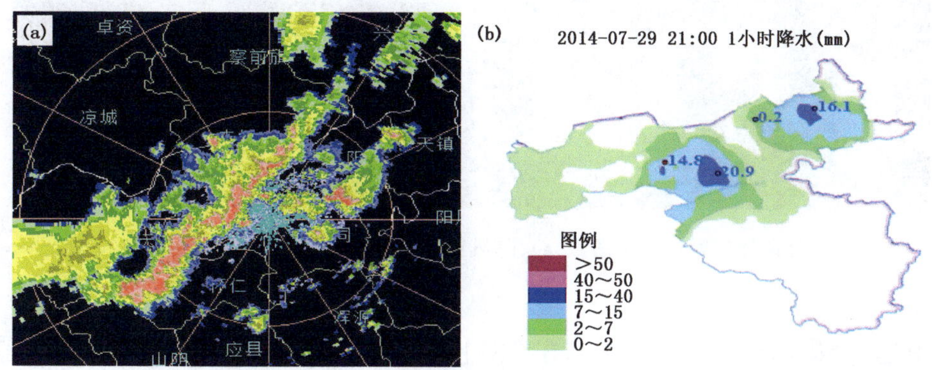

图5.12 飑线多普勒雷达反射率因子图像(a)和21:00降水量实况(b)

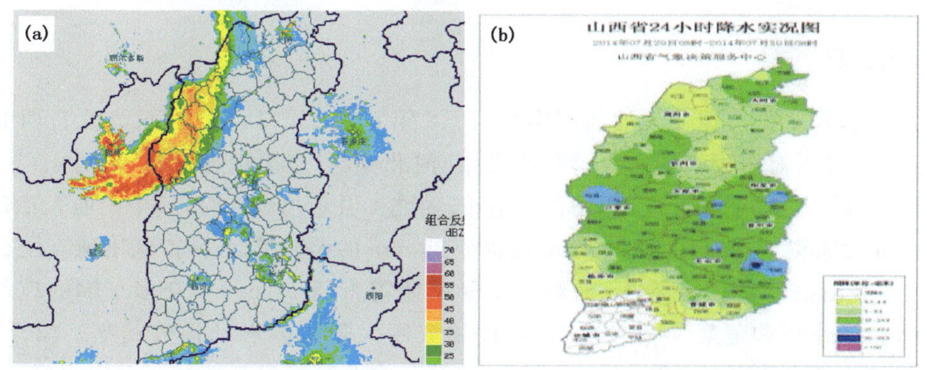

图5.13 山西雷达拼图监测到的飑线多普勒雷达反射率因子图像(a)和全省降水量实况(b)

5.5.4 阵风锋

阵风锋是冷池中的冷空气下沉到近地面后向外扩散，与运动前方的暖湿气流交汇而形成的辐合线。阵风锋回波在雷暴单体移动的前方或周围，呈弧状分布，回波强度一般在10～35 dBZ，远离雷暴一端移动。在日常业务中我们一般只能在风暴前方看到阵风锋，原因是后面的被回波遮挡看不到而不是没有。阵风锋往往与强对流相伴随，它是强天气发生时风暴形成的风暴高压与周围暖湿空气的交汇面，在雷达回波上形成窄带回波，常出现在晴空区。阵风锋过境时的特征与飑线基本相似，与老雷暴的衰亡、新雷暴的形成有密切关系。

个例分析：图5.14为2010年6月16日13:36在1.5°仰角基本反射率图上监测到的阵风锋，可以看到在距离测站27 km地方出现阵风锋，阵风锋在向东南移的过程中经过大同市区和大同县。由自动站分钟数据资料可知，以上2个测站极大风速与阵风锋影响时间相吻合，其中市区出现极大风速为18.4 m·s^{-1}的大风和能见度为600 m的沙尘暴。大同县出现极大风速为 25.5 $m \cdot s^{-1}$的大风和能见度为 50 m 的强沙尘暴。由此可见，阵风锋出现时说明有产生大风的潜势，是大风灾害的前兆，可以作为大风的预警指标。

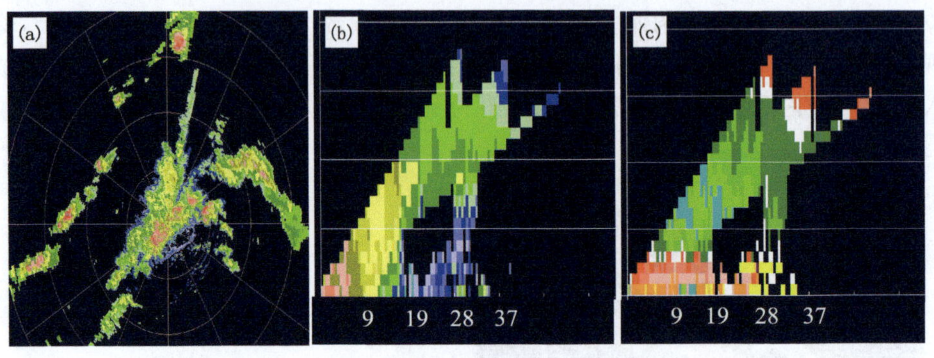

图 5.14　阵风锋反射率因子图像(a)、阵风锋基本反射率剖面图(b)和径向速度图(c)

5.6　典型个例分析——“2016-06-13”华北飑线过程的多普勒雷达回波特征

5.6.1　天气实况

受蒙古冷涡和中低层切变线的共同影响，2016 年 6 月 13—14 日山西、河北自西北向东南遭受大风、冰雹等强对流天气袭击，山西 69 县市、河北 80 县市出现强雷暴，山西 45 县市、河北 18 县市出现大风，最大风力达 11 级，山西 6 县市、河北 4 县市出现冰雹，其中山西长治市境内出现历史罕见的大冰雹（襄垣县西部乡镇出现直径 35 mm 的大冰雹，长治市区出现直径 60 mm 的大冰雹，壶关观测站冰雹直径 22 mm，沁县观测站冰雹直径 14 mm)，众多车辆的玻璃和车身被砸毁，果树、农作物和蔬菜大棚严重受损，楼顶家用太阳能热水设备被砸穿。“2016-06-13”强对流天气给山西和河北的航空、供电、商业、建筑及农业等部门都造成了巨大损失。

5.6.2　多普勒天气雷达回波特征

5.6.2.1　地面低压暖区超级单体风暴

(1)风暴的生成演变及移动路径

图 5.15 是 2016 年 6 月 13 日山西东南部超级单体风暴从初生到减弱的移动路径和自动站极大风速风场中尺度切变线及中尺度涡旋的生成和演变。从中可以看出，中尺度切变线和中尺度涡旋于 13 日 02:00—03:00 在山西长治地区生成(见图 5.15b)；09:00—10:00，位于长治市襄垣县的中尺度涡旋和新生于长治市区的中尺度涡旋相互作用(见图 5.15c)，增强了该区域的辐合上升运动，双涡旋在该区域维持 6 h 之久，于 15:00—16:00 演变成“人”形切变线(见图 5.15d)，切变线附近风速迅速增大到 12～16 $m \cdot s^{-1}$，风暴中心辐合上升运动进一步增强，为超级单体风暴的维持提供了有利条件。

结合长治 1.5°仰角的雷达回波(见图 5.16)可知，在高低空系统配置前倾、上干下湿的环境下，13 日 13:05，在自动站极大风速风场切变线附近的沁县(见图 5.15a)有 20 dBZ 的云泡

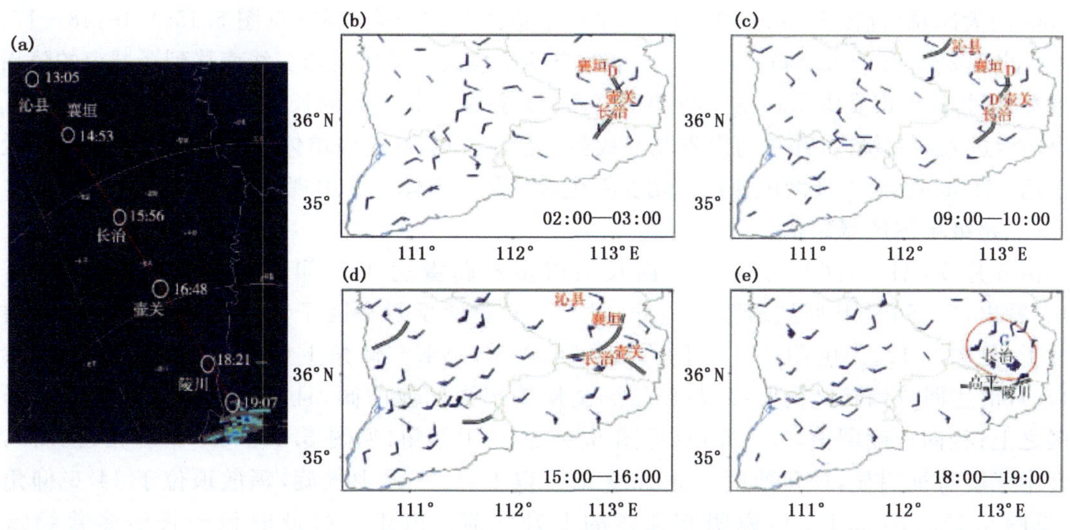

图 5.15　2016 年 6 月 13 日山西东南部超级单体风暴的移动路径(a)及自动站极大风速风场切变线和中尺度旋涡的演变(b～e)

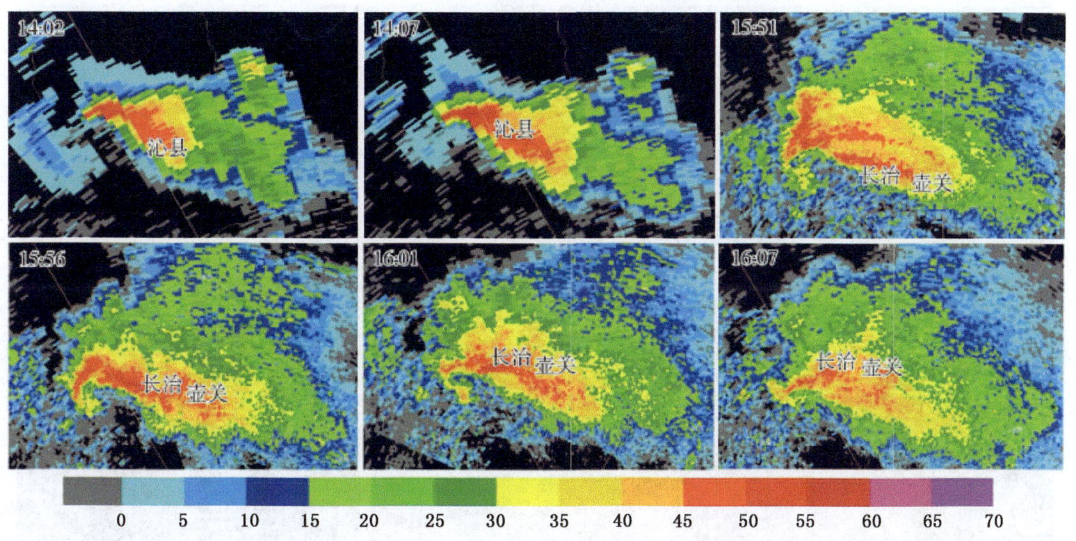

图 5.16　2016 年 6 月 13 日 14:02—16:07 长治多普勒雷达 1.5°仰角上飑线前部地面低压暖区超级单体风暴的反射率因子演变(单位:dBZ)(图像放大 1 倍)

生成,之后该对流云泡迅速发展,13:36 中心强度已达 50 dBZ(图略),14:02 形成钩状回波,35 dBZ 及以上的回波范围达 7.1 km×83 km,中心强度 60 dBZ,沁县站出现直径 14 mm 的冰雹;受蒙古冷涡底后部西北(NW)气流的引导,风暴向东南(SE)方向移动,14:53 风暴中心进入襄垣县(见图 5.15a),15:00—15:30,风暴范围发展到 8 km×27.7 km(图略),襄垣县的夏店、上马、侯堡、虎亭 4 乡镇 62 个行政村遭受大冰雹(直径 35 mm) 袭击;在继续向东南方向移动过程中,风暴进一步增强扩大,15:10 进入山西长治市区,钩状回波特征更明显,15:56 风暴中心位于长治市区“人”形中尺度切变线附近(见图 5.15d),中心强度达 65 dBZ,15:10—16:00,受自动站极大风速风场“人”形切变线的影响,风暴在长治市辖区内滞留近 1 h,导致辖区持续

50 min 的大冰雹(直径 60 mm);16:48,风暴中心进入长治市壶关县(见图 5.15a),16:48—17:17 壶关县出现 22 mm 的大冰雹;18:00—19:00,自动站极大风速风场切变线南移到晋城市的陵川与高平县之间,长治市受雷暴高压控制(见图 5.15e),持续 4 h 之久的长治大冰雹结束;19:07,风暴移出山西进入河南境内,并在河南省北部减弱消亡。可见,从超级单体风暴的生成到消亡其生命史长达 331 min。地面极大风速风场切变线生成较超级单体风暴出现提前了 10 h。

(2)超级单体风暴结构

由 6 月 13 日 14:02—16:07 山西长治市多普勒雷达 1.5°仰角反射率因子演变(见图 5.16)看出,15:56 钩状回波最强。因此,对 15:56 雷达反射率因子和径向速度的垂直结构进行分析(见图 5.17)。由图 5.17 可知,15: 56,0.5°～14.6°仰角上(见图 5.17a、图 5.17b、图 5.17c),雷达回波钩状结构明显,从低层到高层钩部强回波前倾,且高层强回波悬于低层弱回波区之上;径向速度图上,0.5°仰角(见图 5.17e)、2.4°仰角(见图 5.17f)、9. 9°仰角(图略),辐合性中气旋特征明显,径向速度达 30 m · s^{-1} 以上,属于强中气旋,辐散顶位于 14.6°仰角以上(见图 5.17g、图 5.17h),说明有强盛的上升气流。由于风暴此时位于长治多普勒雷达 25 km距离圈以内,沿低层入流方向的反射率因子垂直剖面 8 km 以上被遮挡,但仍可看到明显的有界弱回波区(见图 5.17i),超级单体风暴结构特征明显。

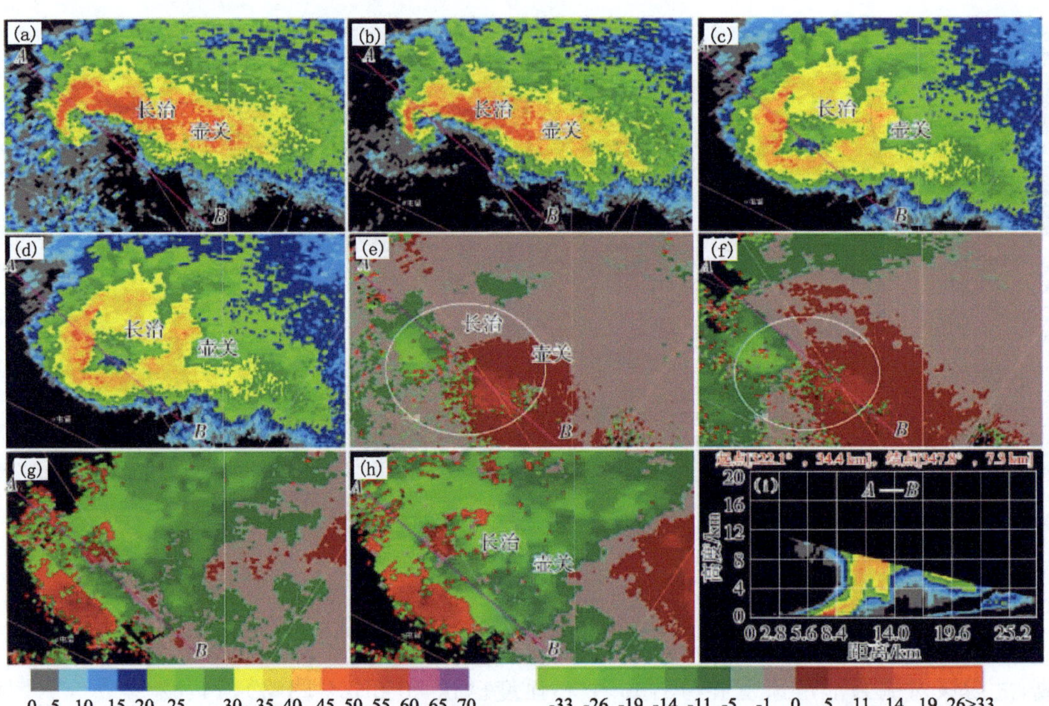

图 5.17　2016 年 6 月 13 日 15: 56 长治多普勒雷达 0.5°(a、e)、2.4(b、f)、14.6°(c、g)、19.5°(d、h)仰角反射率因子(a、b、c、d,单位: dBZ),径向速度(e、f、g、h,单位: m · s^{-1})及沿低层入流方向(AB)反射率因子垂直剖面(i,单位: dBZ)(图像放大 2 倍)

为了更详细地了解超级单体风暴的结构特征,对其成熟阶段 16:36 郑州多普勒雷达回波特征进行分析。由图 5.18 可知,13 日 16:36,超级单体风暴中心 1.5 °仰角反射率因子强度达 60 dBZ(见图 5.18a);0.5°、2.4°仰角径向速度图(见图 5.18b、图 5.18c)上,中气旋特征明显,径向速度达 30 m·s⁻¹以上，属于强中气旋，辐散顶位于 4.3°仰角以上(图略)，较 15:56 辐散顶高度明显降低，说明上升气流有所减弱(这是由于冰雹的出现，下沉气流的加强抑制了上升运动的发展)。值得注意的是，在中气旋正速度区的北侧有一明显的负速度区，并与正速度区形成一条明显的辐合线(见图 5.18b、图 5.18c)，其中心径向负速度达 33 $m \cdot s^{-1}$。过辐合中心做与这条辐合线垂直(即沿 AB 线)的径向速度垂直剖面(见图 5.18f)，可看到风暴前沿中低层有强辐合，高层 12～16 km 为强辐散，超级单体风暴后侧 4～6 km 高度有明显的中高层入流，径向速度超过 33 $m \cdot s^{-1}$，中气旋正速度区北侧负速度区上空 10～16 km 高度为辐散层，辐散中心附近辐散顶达 16 km，径向速度在 33 $m \cdot s^{-1}$ 及以上；超级单体风暴前沿 4 km 以下为暖空气入流，沿中低层负速度区倾斜上升。超级单体风暴后侧中高层入流将高动能的干冷空气向地面引导，促使地面出流增强，导致风暴前沿辐合抬升运动增强，有利于风暴生命的维持，这是长治大冰雹持续近 4 h 的主要原因。沿 AB 方向做反射率因子的垂直剖面(见图 5.18e)，可看到超级单体风暴的回波墙和有界弱回波区(boundary weak echo region，BWER)结构。结合图 5.18f 可知，回波墙位置的辐散顶最高达 16 km，有界弱回波区自下而上有斜升暖湿气流。

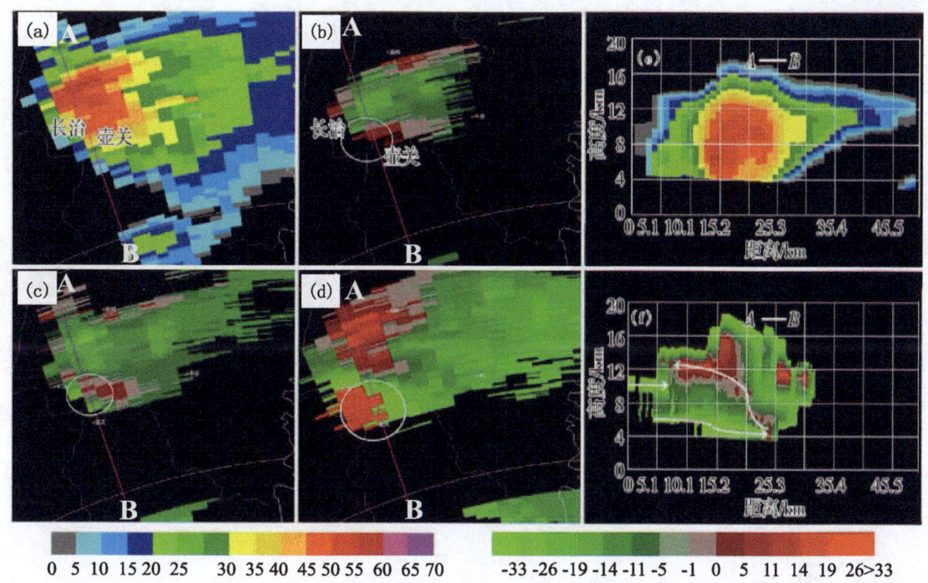

图 5.18 2016 年 6 月 13 日 16:36 郑州多普勒雷达 1.5°仰角反射率因子(a，单位：dBZ)，0.5°(b)、2.4°(c)、4.3°(d) 仰角径向速度(单位：$m \cdot s^{-1}$)、沿低层入流方向(AB)的反射率因子(e)和径向速度(f)垂直剖面

5.6.2.2 飑线系统多普勒雷达回波特征

(1)飑线形成发展阶段

2016 年 6 月 13 日 15:10，鄂尔多斯多普勒天气雷达 100 km 距离圈内观测到 4 个对流单体呈东北—西南向带状排列，且位于 700 hPa 与 850 hPa 前倾结构冷式切变线之间，其中 1 号和 4 号对流单体中心回波强度分别达 50 dBZ 和 55 dBZ(见图 5.19a)；垂直剖面图上，35 dBZ 及以上的回波高度均达到 8 km，回波顶高超过 10 km(图略)。在 500 hPa 蒙古冷涡底后部西西北(WNW)气流引导下对流单体向东东南(ESE)方向移动过程中，1 号和 2 号对流单体回

波强度逐渐增强、范围迅速增大，至15:39，1号和2号对流单体相接，同时在1号对流单体西南部有多个新单体生成(见图5.19b)；15:56，1号和2号对流单体合并，且在1号对流单体西南部新生成的多个单体迅速发展并入1+2号多单体对流风暴，多单体风暴中的各对流单体趋向于线状排列，对流风暴呈现出飑线结构，飑线较直，长270 km、宽30 km，前部与后部回波强度梯度差别不大(见图5.19c)。沿图5.19c中的AB线所做的垂直剖面显示，初生飑线的北段和南端表现为强盛的柱状回波，回波顶高均在12 km以上，强回波中心在8 km左右(见图5.19d)，垂直累积液态水含量达30 kg·m^{-2}(图略)，对流发展旺盛；沿CD线所做的垂直剖面显示，飑线北段呈指状回波，回波顶高16 km，35 dBZ及以上回波高度达12 km，强回波中心在8 km左右(见图5.19e)。16:34，山西西北部的保德县、河曲县分别出现9级西北风和7级西风。

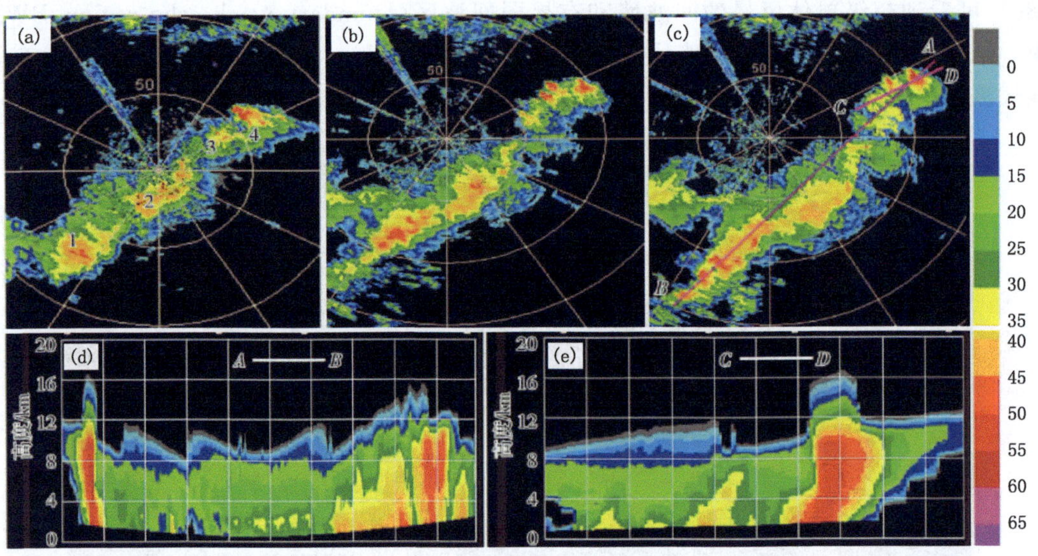

图5.19　2016年6月13日15:10(a)、15:39(b)、15:56(c)鄂尔多斯站多普勒雷达反射率因子及沿AB线(d)、CD线(e)做的垂直剖面

(2)飑线成熟期

飑线形成后，在500 hPa蒙古冷涡底后部WNW气流引导下继续向ESE方向移动，13日20:01，在山西中东部阳泉的盂县一带开始出现弓形回波，飑线的前沿距离石家庄雷达站100 km。此时飑线长360.9 km、宽20.3 km，飑线前沿低层反射率因子强度梯度较初生阶段明显增大。由图5.20a、图5.20b、图5.20c可看到，弓形回波后部存在弱回波通道(黑色箭头)，说明有强的下沉后侧入流。沿AB线做的垂直剖面(见图5.20d、图5.20e、图5.20f)上看到，回波悬垂逐渐增强，回波顶高12 km，对流发展较高，20:19强回波高度仍在增加，强回波中心在6 km高度，50 dBZ及以上的强回波高度超过8 km，倾斜上升气流、回波悬垂、弱回波区(WER)结构特征明显(见图5.20f)，飑线垂直累积液态水含量在10～30 kg·m^{-2}(图略)，低层水汽较好(相对湿度在60%～70%)，中高层干冷(500 hPa相对湿度只有10%)，大气湿层浅薄(图略)。因此，13日16:34～23:00，飑线自山西西北部向ESE方向移动过程中所经之地，山西、河北境内仅出现8站1 h降水量超过20 mm的短时强降水及6站小冰雹，主要天气现象为雷暴(149站)和大风(63

站)。这次雷暴大风冰雹天气过程,大冰雹是由飑线前部地面低压暖区超级单体风暴所致,并非飑线过境引发,但在飑线的弓形回波顶端则有雷暴大风、冰雹和短时强降水等多种强对流天气。如13日20:23,飑线弓形回波顶端造成山西阳泉的盂县出现19 m · s^{-1}(8级)的西风,20:27,盂县又出现直径为4 mm的冰雹,20:00—21:00,盂县1 h降水量达21.7 mm。

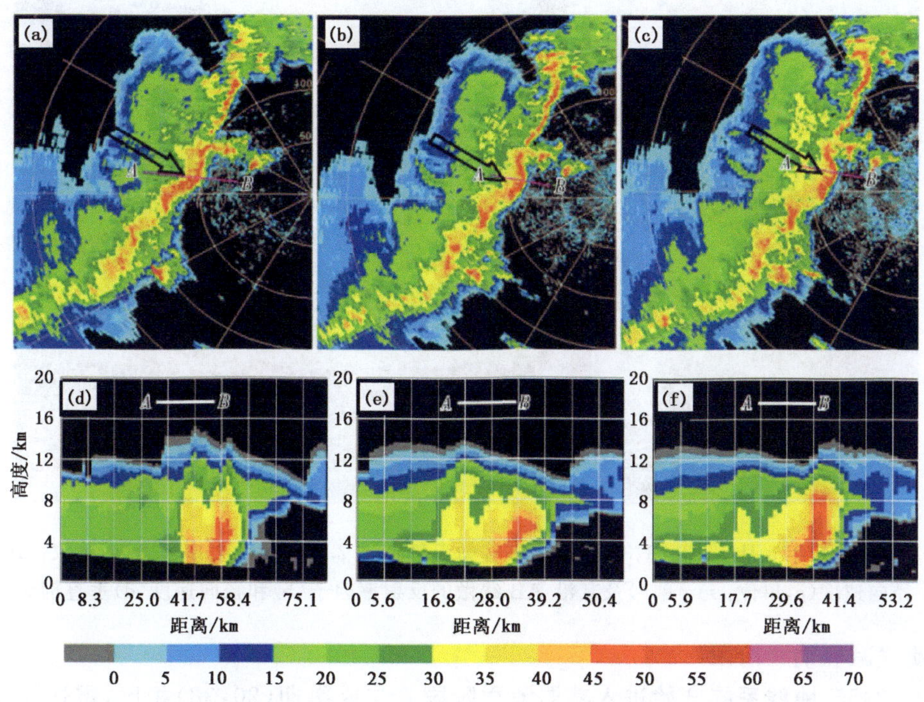

图5.20　2016年6月13日20:01(a、d)、20:13(b、e)、20:19(c、f)石家庄多普勒雷达1.5°仰角反射率因子(a、b、c)及沿AB线做的垂直剖面(d、e、f)(单位:dBZ)(黑色箭头表示弱回波通道)

由6月13日20:38石家庄多普勒天气雷达2.4°仰角反射率因子、径向速度及其沿AB线所做的反射率因子及径向速度垂直剖面(见图5.21)看出,飑线后部(西段)为强的偏西风与偏东风形成的气旋式切变,前部(东段)为强的反气旋式切变,沿着AB线靠近弓形回波顶点处既有风速辐合也有风向辐合(见图5.21c),且后部有明显的后侧入流急流RIJ(rear inflow jets)(见图5.21a中黑色箭头和图5.24b中白色箭头所指位置)、径向速度图(见图5.21c)上均出现速度模糊。沿AB线的径向速度垂直剖面(见图5.21d)上显示,弓形回波的前沿中低层有辐合,高层8 km左右有辐散,急流核(带状是速度模糊区即为RIJ核)的高度在4 km上下,RIJ是倾斜向下的一支冷空气入流(箭头线)。飑线前沿4 km高度以下为弱的暖湿空气入流,在弓形回波前顶端沿RIJ倾斜爬升。急流导致中层干冷空气快速进入对流体,促使飑线系统中心地带的对流单体加速向前移动,有利于弓形回波的形成和发展;同时,急流将中层高动能形回波的形成和发展的干冷空气向地面引导,加强了对流风暴的下沉运动,下沉气流一直伸展到地面,促使地面出流加动强,导致弓形回波前沿的辐合抬升运动增强,有助于对流系统生命史的延长。此次飑线系统从13日15:56形成到14日05:40减弱消亡,整个生命史长达13 h。雷暴内的下沉运动与飑线后侧倾斜向下的冷空气入流(RIJ)共同作用加强了风暴前侧的气压梯度，是地面大风形成的主要原因。

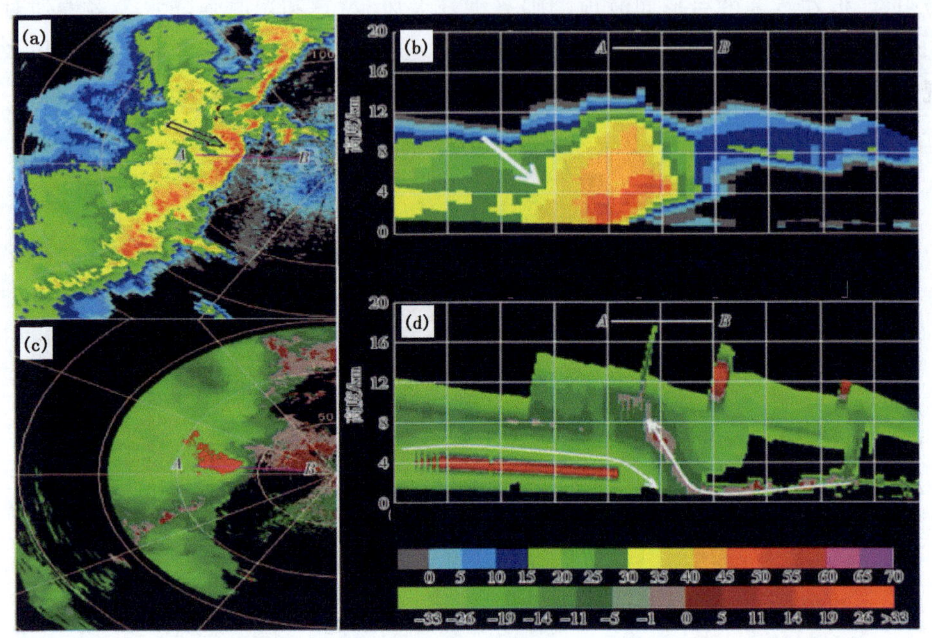

图 5.21　2016 年 6 月 13 日 20:38 石家庄多普勒天气雷达 2.4°仰角反射率因子(a,单位：dBZ)、径向速度(c,单位：$m \cdot s^{-1}$)及其沿 AB 线做的反射率因子(b)和径向速度(d)垂直剖面

(3)飑线减弱消亡阶段

13 日 22:55,飑线系统开始进入减弱消亡阶段。与成熟期(20:38)相比,雷达回波强度开始减弱,50 dBZ 以上的强回波范围明显减小(见图 5.22a),35 dBZ 以上的回波高度由 11 km(见图 5.21b)下降到 7 km(见图 5.22d)。23：55,飑线强度进一步减弱、范围进一步缩小(见图 5.22c),抬高仰角回波强度迅速减弱、范围迅速减小,也说明回波发展不高。从 13 日 22:55 的径向速度(见图 5.22b)及其垂直剖面(见图 5.22e)看到,急流核(带状是速度模糊区即为 RIJ 核)开始出现断裂,至 23:43 消失(图略)飑线系统进一步减弱。

在山西境内生成发展的飑线 (简称飑线 1)以 102 $km \cdot h^{-1}$ 的平均速度于 14 日 01:00 追上在山东境内生成发展且移速(52 $km \cdot h^{-1}$) 缓慢的飑线(简称飑线 2),01:20 两飑线合并(见图 5.23a 和图 5.23f),飑线 1 后侧入流急流再次建立(见图 5.23b、图 5.23c 、图 5.23d),飑线 1 再次发展,但移速较慢,其后侧入流急流在维持 3 h 后断裂消失(图略) ,而飑线 1 在维持 4 h 后,于 05:40 在山东南部断裂演变成降水云团(见图 5.23g)。以上分析可知,RIJ 的维持和重建是飑线生命史较长的原因,而 RIJ 的消失则意味着在 1～3 h 之内飑线系统的瓦解和消亡。

5.6.3　干、湿环境下飑线回波的差异

对比飑线 1 在干环境(见图 5.21d)和湿环境(见图 5.22d)条件下的径向速度剖面发现,在干环境下生成发展和维持的飑线 1,其后侧中层倾斜向下的冷空气入流急流很强,但前沿倾斜的上升暖湿空气入流很弱(见图 5.22d),且移速快,伴随的对流性天气以雷暴大风和冰雹为主；在干环境下生成的飑线 1 快速移动到湿环境时，其后侧中层倾斜向下的冷空气入流急流

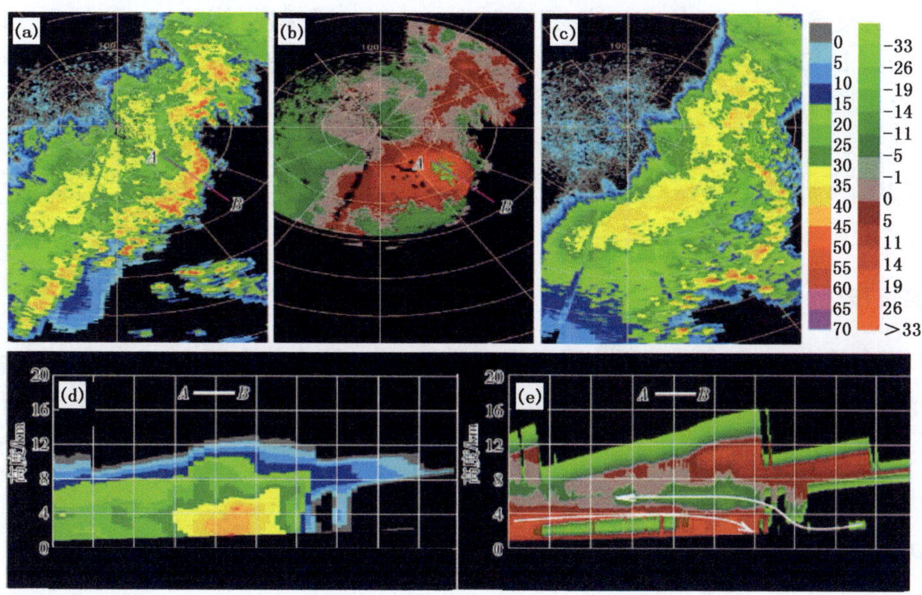

图5.22 2016年6月13日22:55(a、b、d、e)、23:55(c)石家庄多普勒雷达1.5°仰角反射率因子(a、c,单位:dBZ)和径向速度(b,单位:m·s^{-1})图及沿AB线的反射率因子(d)和径向速度(e)垂直剖面

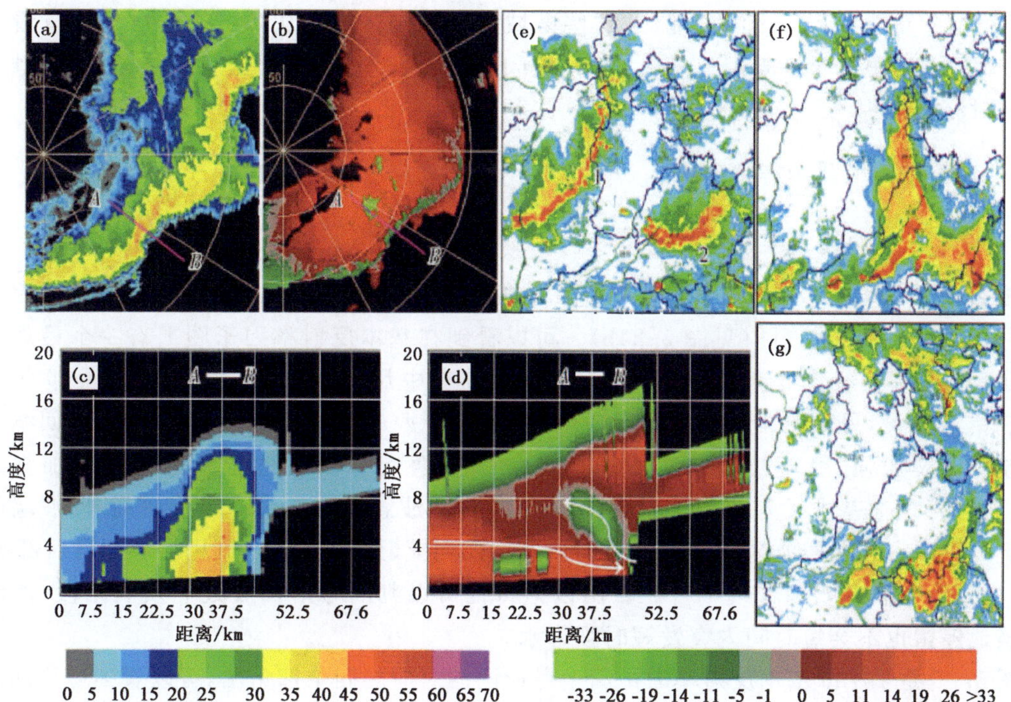

图5.23 2016年6月14日01:20濮阳多普勒雷达0.5°仰角反射率因子(a,单位:dBZ)、径向速度(b,单位:m·s^{-1}),沿AB线做的反射率因子(c)、径向速度(d)垂直剖面以及13日20:00(e)、14日01:20(f)和05:40(g)华北区域雷达拼图

与前沿斜升的暖湿空气入流势力相当,致使飑线1移速相对缓慢,伴随的对流性天气以短时强降水为主。如14日00:00—05:00飑线减弱期间,1 h降水量超过20 mm的站有27个,1 h最大降水量为41.5 mm。

5.7　典型个例分析——“2014-09-01”强对流中尺度机制分析及临近预警

5.7.1　实况概述

2014年9月1—2日山西北部出现强对流天气,测站降水量介于11.7～32.9 mm,降水量大于60 mm的区域站有2个,40～60 mm的有6个,40 mm以下的有103个。小时雨强在10～20 mm的有35个站,在20～30 mm的有6个站,最大小时雨强为28.4 mm,出现在天镇县。

5.7.2　环流形势分析

9月1日08:00 500 hPa环流形势图上(图略),河套上游地区有一个高空槽,河套以南地区中低层具有前倾结构,山西位于高空急流北侧辐散区内。地面图上贝加尔湖西部冷空气在向南伸展的过程中与向北伸展的黄河气旋相遇,从而在河套一带形成倒槽。这次过程就是高空槽和地面倒槽共同作用下造成的。从高低层温度场配置看,850 hPa>19 ℃温度脊和500 hPa温度槽的重叠区域位于河套地区,这些区域为不稳定区域。从高低空湿度场配置看,850 hPa $t-t_d$<4 ℃湿区与500 hPa $t-t_d$>20 ℃干区的重叠过程中由干区移到湿区,从而触发了这次强对流天气。

5.7.3　多普勒天气雷达产品分析

5.7.3.1　基本反射率因子和径向速度特征

图5.24是2014年9月1日10:36在1.5°仰角观测到的放大四倍后的基本反射率因子图(见图5.24a)和径向速度图(见图5.24b)。可以看到在基本反射率因子图上有一个弓形回波和块状回波,对应径向速度图可见块状回波对应有中尺度辐合区,弓形回波后部有>10 m·s^{-1}入流急流,弓形回波东南风向有一个10 m·s^{-1}西南急流,以上特征说明弓形回波和块状回波将发展加强,弓形回波东南方向的回波由于西南急流输送能量也将发展加强。图5.24c为弓形回波基本反射率因子剖面图,可以看到回波悬垂距离地面高度较高,回波墙面积小并且可以观察到弱回波区。对应在径向速度剖面图上(见图5.24d)可见弓形回波后部有15 m·s^{-1}入流急流,但没有出现辐合区。由以上特征可以判断弓形回波处于发展阶段,回波不会在当地停留也不会短时间内突发短时强降水。

图5.25是10:36基本反射率因子图上弓形回波对应的四个仰角图,可以看到弓形回波从低仰角到高仰角向入流一侧倾斜,说明低层有弱回波区中高层有回波悬垂,这时不用再做垂直剖面图寻找WER或BWER,即可判断为较强风暴。图5.26a和图5.26b是过了36 min后的11:12也就是短时强降水开始前一个小时的基本反射率因子图和径向速度图沿入流方向的剖面图,可见弓形回波和块状回波合并加强,回波墙面积增大回波顶高度升高,回波后部仍然有

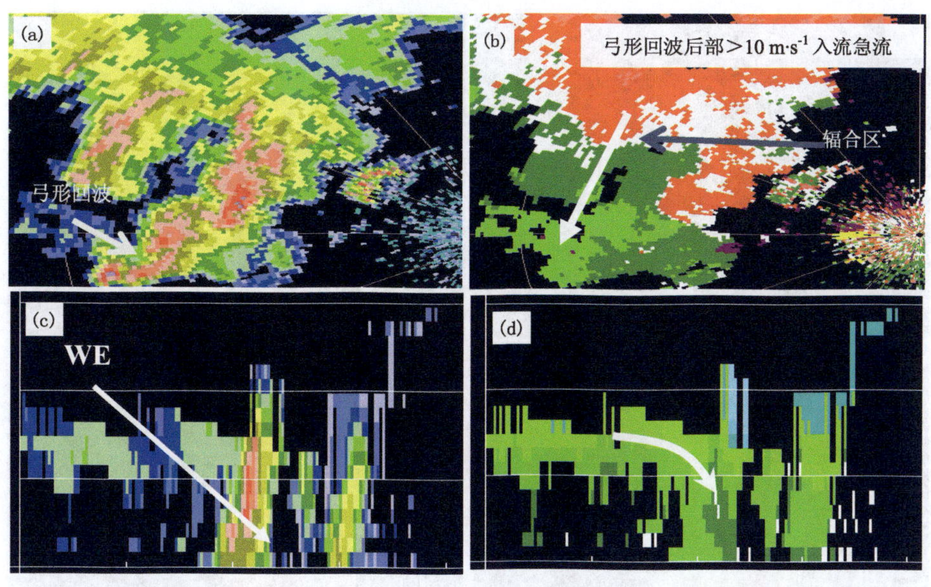

图 5.24 2014 年 9 月 1 日 10:36 雷达产品(1.5°仰角)(a. 基本反射率因子图;b. 径向速度;c. 弓形回波强度图沿入流剖面;d. 弓形回波径向速度沿入流剖面)

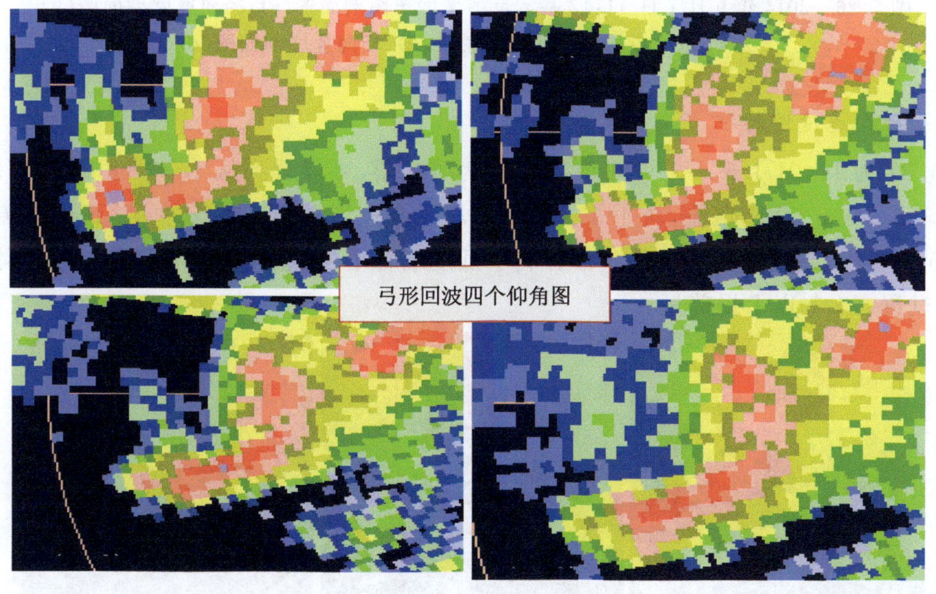

图 5.25 2014 年 9 月 1 日 10:36 基本反射率因子图上弓形回波对应的四个仰角图

20 $m \cdot s^{-1}$的入流急流输送能量,表征回波仍然会继续发展加强。图 5.26c 和图 5.26d 是过了 65 min 后的 12:41 也就是短时强降水开始时沿入流方向的基本反射率因子和径向速度剖面图,可见回波墙面积显著增加中心强度超过 65 dBZ,回波顶高伸展到 10 km 以上,弱回波区面积增大表征上升气流加强。对应在径向速度剖面图上可以看到中低层出现径向速度辐合区,高层出现较强的风暴顶辐散。这些都是较强风暴的典型特征。

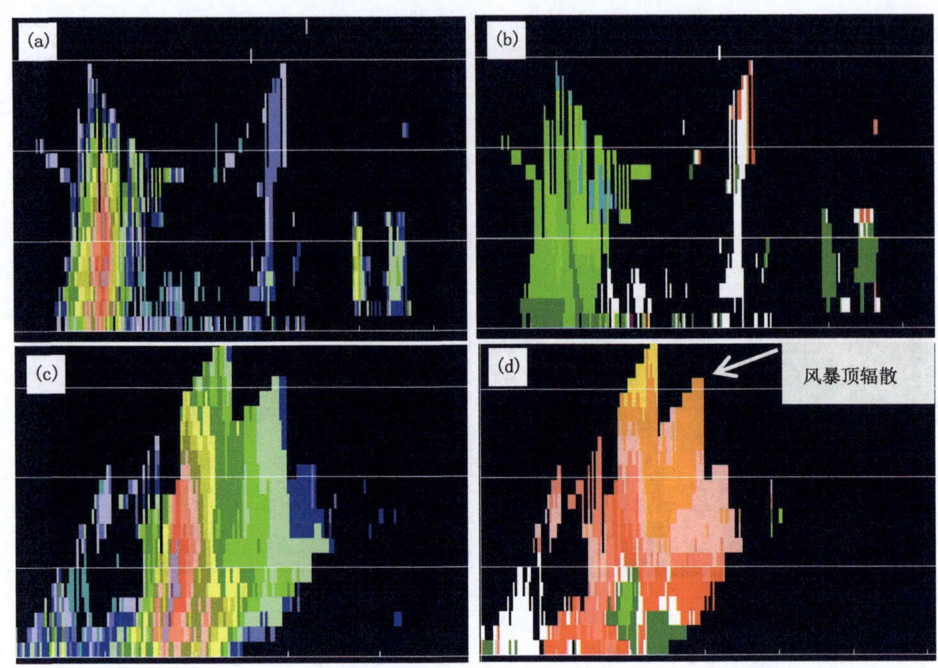

图 5.26　2014 年 9 月 1 日 11:12 基本反射率因子图剖面图(a)、径向速度剖面图(b)、12:41 基本反射率因子图剖面图(c)、径向速度剖面图(d)

5.7.3.2　径向速度图特征

图 5.27 为 10:01 1.5°～9.9°仰角径向速度演变图，可以看到从 1.5°仰角到 9.9°仰角，低空都有>10 m·s^{-1}西南急流，从 4.3°～9.9°仰角径向速度图上>20 m·s^{-1}西南急流并且出现中尺度切变线，高层强辐散区是非常有利于低层辐合增强，这种配置有利于风暴单体发展加强，本次过程有 2 h 以上提前量。

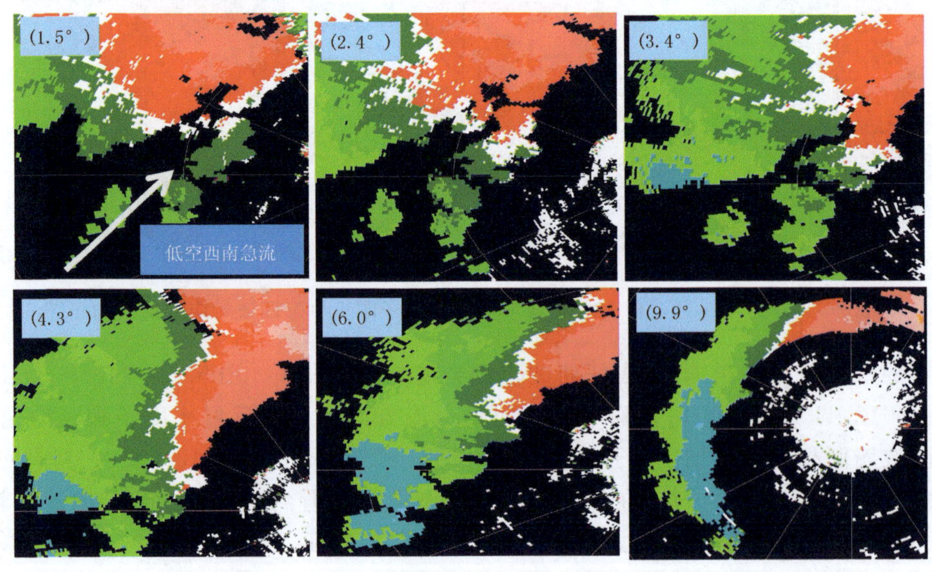

图 5.27　2014 年 9 月 1 日 10:01 1.5°～9.9°仰角径向速度演变图

从2014年9月1日10:31开始出现辐合区(见图5.28),辐合区的出现对于短时强降水有90 min提前量。到11:12辐合区面积增大并且有>15 m·s^{-1}东北气流入侵,对于短时强降水有60 min提前量。11:54低层出现牛眼结构,对于短时强降水有58 min提前量。12:12出现逆风区,到12:18逆风区面积增大,12:41强降水开始时逆风区厚度达到本次过程最大值。

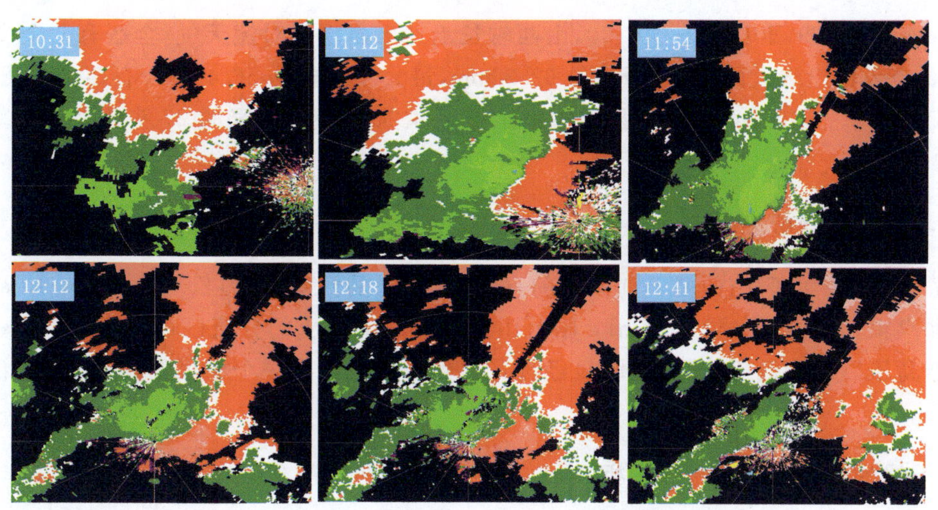

图5.28　2014年9月1日10:31—12:41径向速度演变图

5.7.3.3　垂直液态含水量特征

从10:25开始垂直液态含水量VIL大值中心>30 kg·m^{-2}(见图5.29),根据以往的总结,若持续2个体扫垂直液态含水量VIL大值中心>25 kg·m^{-2}可作为短时强降水的起报条件之一,本次过程VIL具有76 min提前量。

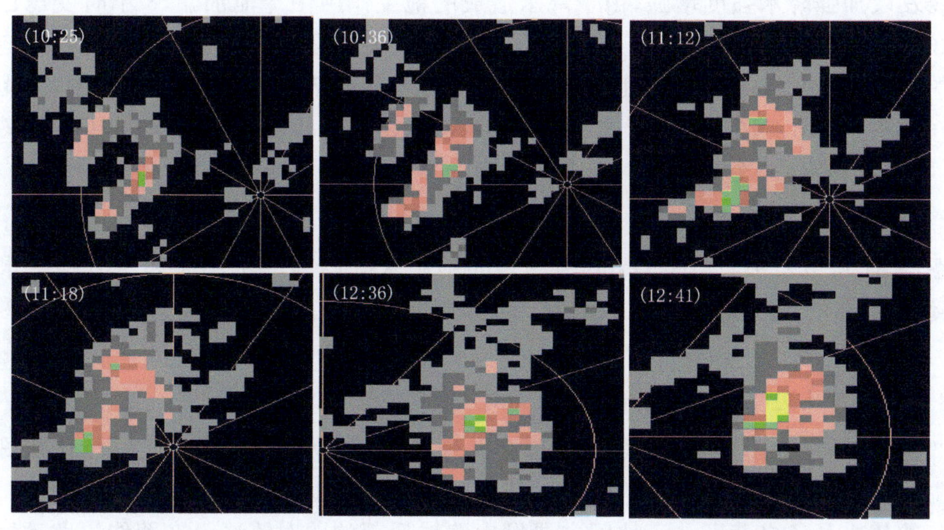

图5.29　2014年9月1日10:25—12:41垂直液态含水量演变图

5.8 典型个例分析——"2014-07-29"山西南部致灾飑线机制分析

5.8.1 实况概述

2014 年 7 月 29 日 12:00—16:00，山西省长治地区出现强对流天气，全区有七个乡镇出现暴雨，112 个乡镇出现大雨，最大降水量 92.3 mm，最大小时雨强 56.4 mm，有四个县出现 18～24 $m \cdot s^{-1}$大风。12 时 14 分沁源县强雷电造成花坡景区 8 户人家的 27 头牛死亡，直接经济损失约 40 万元。

5.8.2 环流形势分析

在 7 月 29 日 08 时山西处于前倾槽前，低层有明显的西南急流，长治处于 850 hPa 急流的左前方水汽辐合区内(图略)，200 hPa 图上山西处于高空急流的分流区(图略)；地面图上长治地区处于高压后部和低压前部，在阳泉经过晋中到吕梁一带有一个中尺度切变线，长治位于切变线前部。

5.8.3 飑线的多普勒雷达特征分析

5.8.3.1 飑线与冷池相关性分析

飑线影响时气温骤降，降温幅度最大的地区是长治县，最大 1 小时降温幅度 10.3 ℃，在 7 月 29 日 08 时飑线开始进入山西境内，飑线中的雷暴下沉气流将干冷空气卷入使水汽蒸发从而出现下沉气流，下沉气流获得较大冲力后以较大速度冲到地面，在地面形成冷堆，快速移动的冷堆造成地面急剧降温和大风外，还在其后部形成了明显的雷暴高压，由图 5.30a 和图 5.30b 可见，在 7 月 29 日 08 初步形成的飑线系统后部低层已经开始形成冷池结构。到 11:00 伴随飑线发展加强降水强度增强，由于降水造成的拖曳作用使冷池加强，3 小时变压已经达到 4.0 hPa(见图 5.30c 和图 5.30d)。12:12 飑线继续发展加强，雷暴单体数量增加，对应在 3 小时变压图上可以看到冷池数量随之增加，有三个较强冷池与雷暴群对应，中心最大强度 2.5 hPa(见图 5.30e 和图 5.30f)。总之，在飑线初始发展阶段冷池偏弱，飑线发展成熟冷池迅速加强，飑线减弱以后，冷池逐渐消失。

5.8.3.2 飑线环境风场特征

由图 5.31 可以看出，29 日 11:00 距离短时强降水开始前一个小时和短时强降水开始的 12:00，飑线后部的低层是明显的西北风，前部则是偏南气流，在飑线的前沿均存在明显的辐合。

5.8.3.3 飑线与地闪空间分布特征

由 2014 年 9 月 1 日 14:00 山西省四部多普勒雷达拼图和地闪资料可以看到(见图 5.32)，负地闪主要发生在飑线前部反射率因子大的区域，这就说明，负地闪对应着云中的上升气流，上升气流的核心是负电荷区。正地闪主要发生飑线后部的弱对流区。在飑线以北地区负地闪频数低，在飑线南端负地闪频数高，而且在回波呈现"人"形区域以南地区负地闪频数最高。这是因为在飑线北端由于西北冷空气首先侵入到低层造成风的垂直切变减小使老单体不断衰

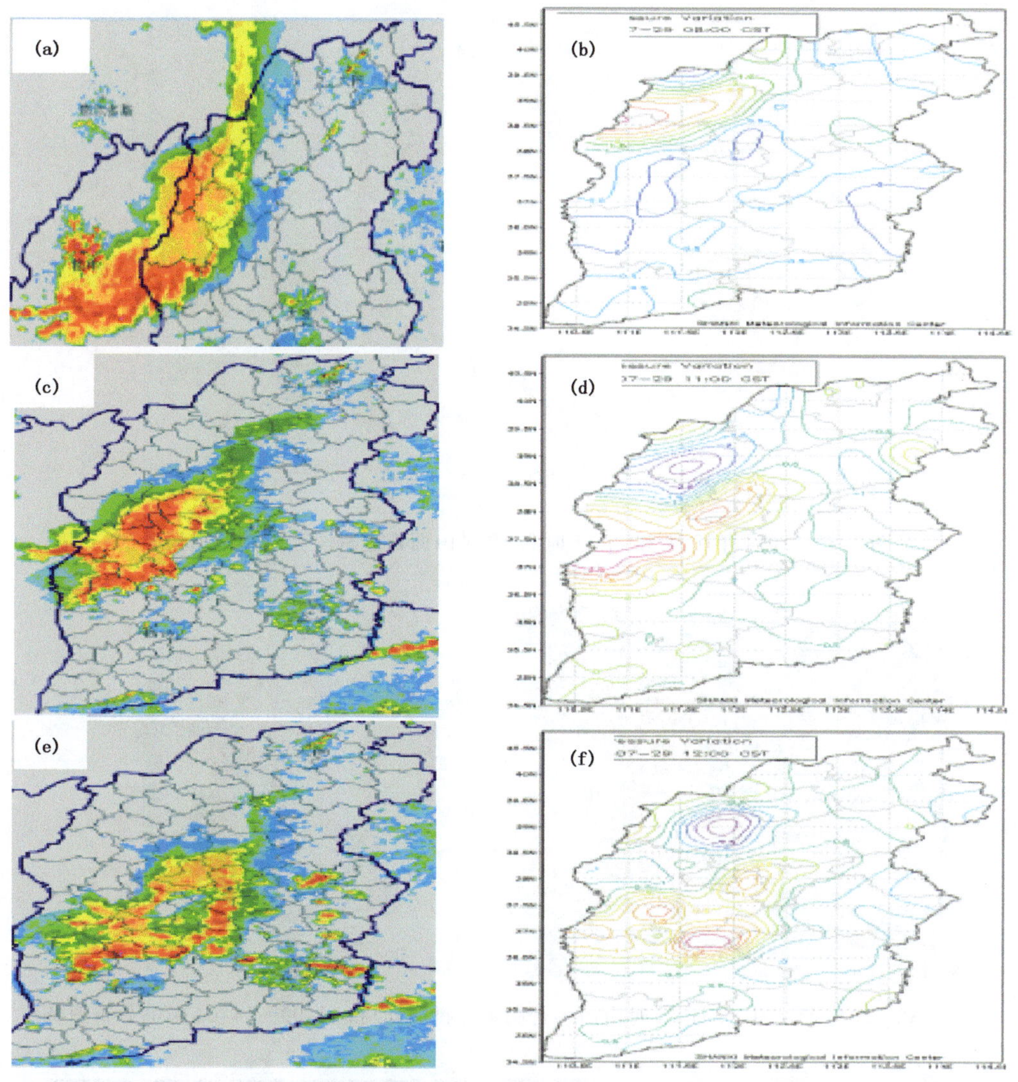

图 5.30　2014 年 9 月 1 日山西雷达拼图(a. 08:00; b. 11:00; c. 12:00)、
2014 年 9 月 1 日 3 小时变压场(d. 08:00; e. 11:00; f. 12:00)

亡，而飑线南端由于风的垂直切变依然存在有利于新的对流不断发展造成的，这也是飑线在发展过程中不断向南伸展的主要原因。

5.8.4　飑线前沿径向速度场特征

在飑线前沿径向速度场上常伴有辐合和中尺度气旋。由图 5.33 可见，7 月 29 日 11:55 在 0.5°仰角径向速度图上(放大 4 倍)，在飑线前沿有中尺度辐合线和中尺度气旋，在 1.5°仰角径向速度图上可以看到有较强的辐合区，该辐合区距离地面的高度为 4.5～7.1 km，属于对流层中层，说明在飑线前部径向速度出现较强的中层径向速度辐合(MARC)，速度差值在 25 $m \cdot s^{-1}$以上，认为 MARC 的特征是显著的(俞小鼎 等，2006)。MARC 的出现意味着将要出现较强的下沉气流，是地面大风的主要原因。

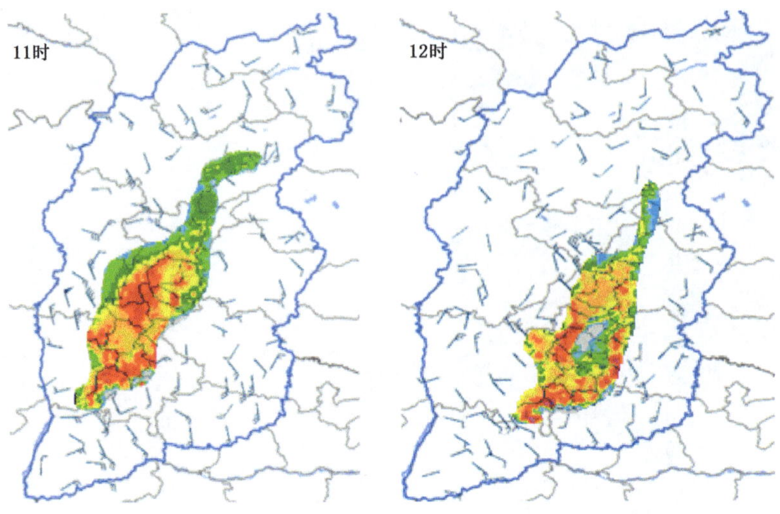

图 5.31　2014 年 7 月 29 日 11 时和 12 时山西雷达拼图和自动站风场叠加

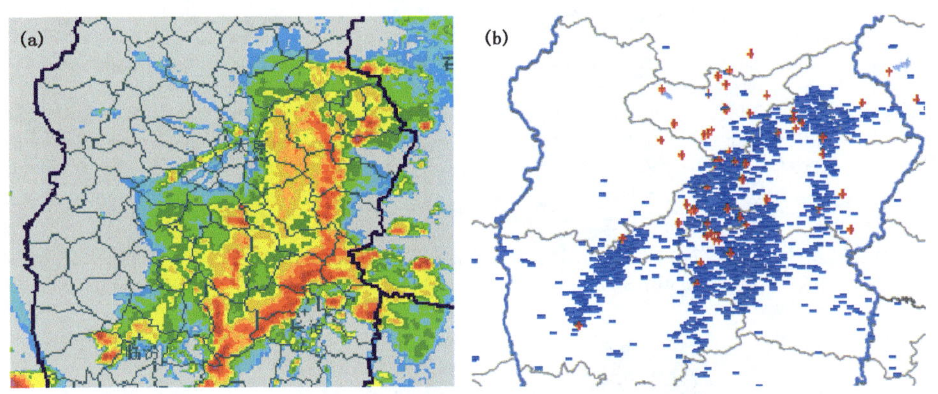

图 5.32　2014 年 7 月 29 日 14 时山西多普勒雷达拼图(a)和 11:00—14:00 闪电分布图(b)

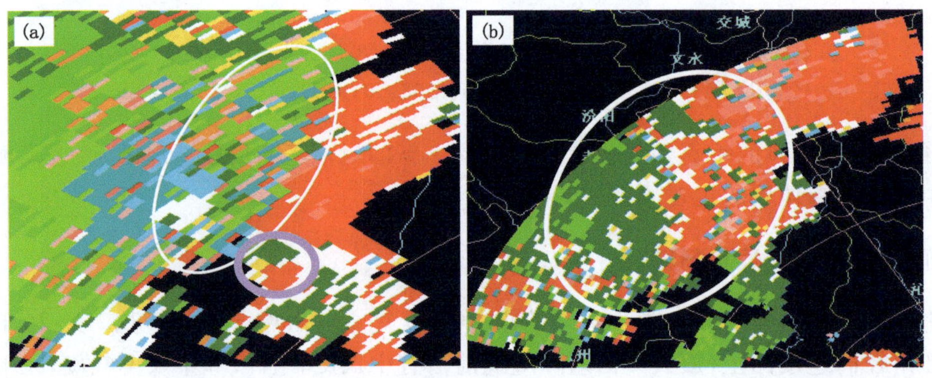

图 5.33　2014 年 7 月 29 日 11:55 0.5°仰角(a)、1.5°仰角(b)径向速度图

5.8.5　飑线与边界层辐合线演变特征

边界层辐合线是指多普勒雷达强度场上的一条细线或速度场上的辐合线，宽度为1～3 km长度>10 km，持续时间至少15 min。包括雷暴阵风锋、天气尺度锋面、地形引起的环流和加热不同引起的环流等。

如图5.34，在0.5°仰角径向速度图上，从12:10到12:56在飑线北端一直在有辐合线维持，辐合线是飑线北端的雷暴强度一直维持在45～55 dBZ，没有出现衰减。飑线南端由于西南急流的输送和西北气流的加强，有新的单体陆续生成并和飑线合并加强，强度在55 dBZ以上，所以飑线整体是加强的并且向南伸展。12:56大于20 m·s^{-1}西北气流开始入侵，导致下沉气流加速，在飑线低层前沿形成辐散风，14时前后开始影响长治地区，造成大风天气。16:30由于出流的加强使暖湿入流被切断，雷暴逐渐减弱。

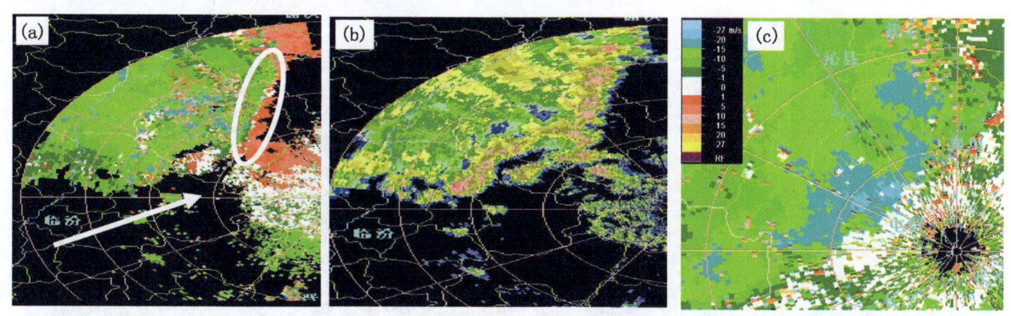

图5.34　2014年7月29日12:41 0.5°仰角径向速度图(a)、0.5°仰角强度图(b)、0.5°仰角13:57径向速度图(c)(圆圈辐合线，箭头西南急流)

5.8.6　飑线形态特征分析

由2014年7月29日山西省四部雷达拼图可见(见图5.35)，08:24飑线初始发展阶段，由于下沉气流较弱导致地面冷池偏弱，所以冷池的出流对于前侧的暖湿空气的抬升力就弱，致使大气的垂直抬升力不强，所以飑线的形态是前倾的。到了13:12飑线发展成熟，由于雷暴降水的拖曳作用使冷空气不断下沉且强度加强，从而导致冷池迅速加强，冷池的出流对于前侧的暖湿空气的抬升力随之加强，致使低层大气处于最强的垂直抬升状态飑线发展最为强盛，飑线回波直立，而且可以看到在飑线南端有两个明显的“人”形回波，及“V”形槽口，“V”形槽口的尖端就是入流急流最强的地方，此处最易产生地面大风。15:42强降水的累计拖曳作用导致冷

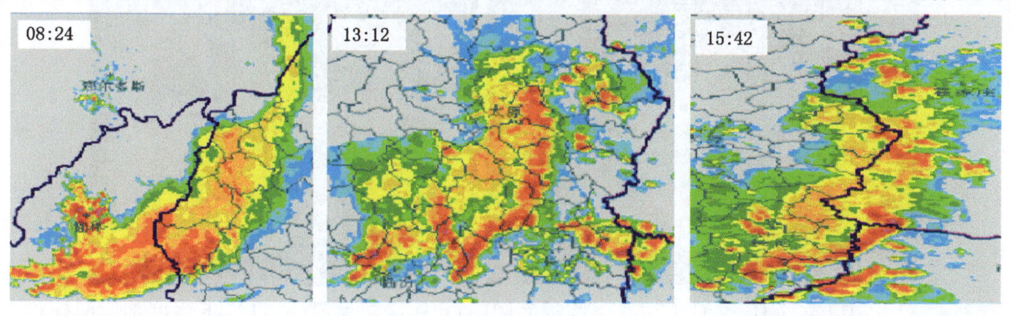

图5.35　2014年7月29日山西省四部雷达拼图

池强度继续加大，促使飑线前侧的阵风锋加速远离飑线主体，导致低层西南暖湿空气逐渐减弱，这种不利的形式使飑线逐渐趋于消散，飑线回波明显变宽并且后倾。

5.8.7　飑线多普勒雷达回波垂直结构特征

图5.36是飑线上选取一个较强雷暴单体沿入流方向做的剖面图。由图5.36b可见，大于50 dBZ的回波已经伸展到将近9 km的高度上，大于60 dBZ的回波悬垂超过6 km，从底层到4 km高度上可见明显的有界弱回波区。对应在速度剖面图上(5.36c)，在5～8 km高度上有较强的正速度，其后侧有大的负速度中心，即此时出现了中层径向辐合(MARC)，4 km高度上还出现20 km长度辐合区。在MARC出现后14 min在沁源县花坡景区出现强雷电天气，造成8户人家的27头牛死亡。由图5.37b可见回波悬垂高度降低到6 km以下，有界弱回波区仍然存在，表示强上升气流仍然存在并且降水即将开始。从速度剖面图可以看到后侧入流急流强度加强并且即将接地。

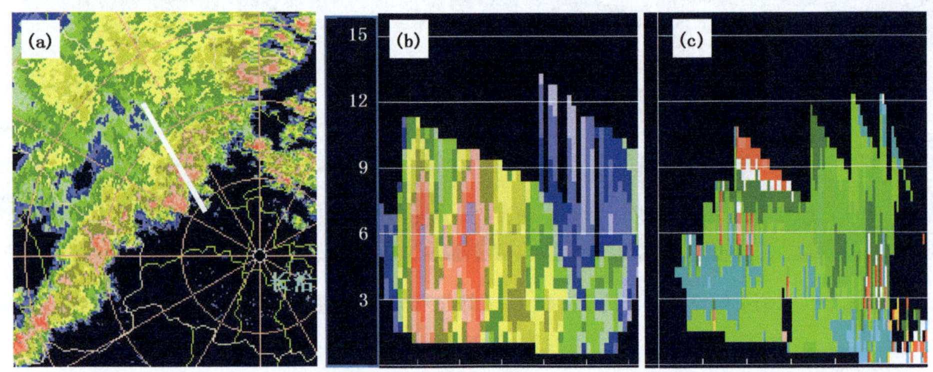

图5.36　2014年7月29日13:37基本反射率(a)、飑线雷暴强度剖面图(b)和径向速度剖面图(c)

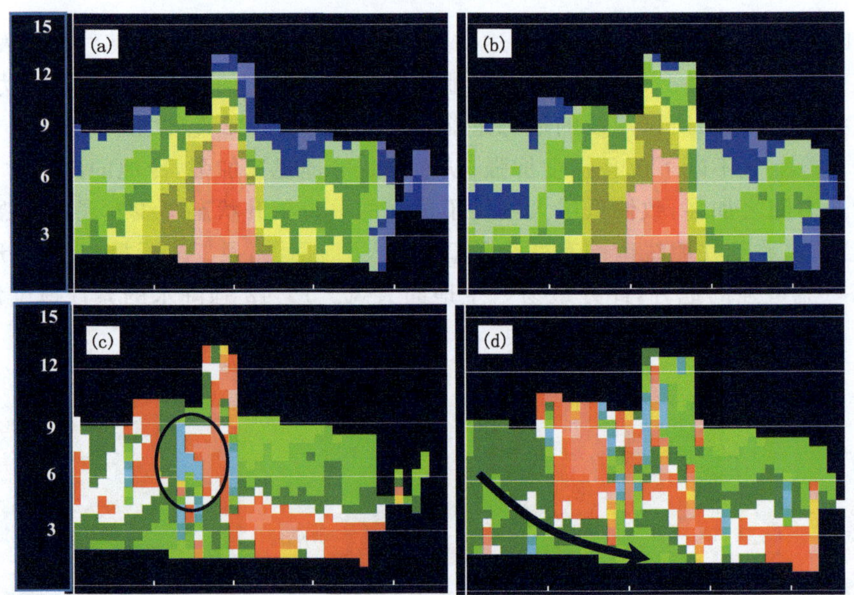

图5.37　2014年7月29日12:00强度剖面图(a)和速度剖面图(b)，12:05强度剖面图(c)和速度剖面图(d)(圆圈表示MARC，箭头表示后侧入流)

沿着飑线运动方向对飑线中多个雷暴单体做剖面后发现(见图 5.37b),它们的结构基本上是一致的。在强度剖面图上,飑线前沿的底层存在一个有界弱回波区,中高层有回波悬垂,表明飑线中的上升气流很强,有利于强降水形成。对应在速度剖面图上,飑线后侧西北入流急流已经接地,是产生大风的主要原因,高层 9 km 以上是辐散区,风向由低层的北风到中层西北风再到高层偏南风,表示中低层风向随高度顺转有暖平流,到高层风向逆转有冷平流,这种低层辐合高层辐散加上下暖上冷的配置非常有利于飑线的维持和发展。

第 6 章　C 波段天气雷达冰雹特征分析

6.1　雹云的基本反射率特征与回波顶特征

在收集到的 44 个冰雹个例中有 2 例发生在 4 月份，特征是雹云初始回波中心强度在 30 dBZ 左右，高度在 6 km 左右；均无弓形回波或钩状回波等典型特征出现。有 42 例发生在夏季，特征是冰雹云初始回波中心强度在 45 dBZ 以上，伸展高度一般在 8 km 以上。有 25 例出现弓形回波或钩状回波特征，与降雹时间间隔为 8～36 min。在业务运行中，如果出现弓形回波或钩状回波特征，同时大于 45 dBZ 回波强度超过≥0℃层高度时，应立即启动冰雹预警，以提高短时临近预报时间提前量。

6.2　雹云低层平均径向速度特征

在 44 例冰雹个例中(见表 6.1，表 6.2)，当春季初始回波大于等于 30 dBZ，夏季初始回波大于等于 45 dBZ 时，雹云对应的低层 0.5°仰角径向速度全部出现大于等于 10 $m \cdot s^{-1}$ 的大风区。从径向速度变化看，春季的 2 例平均径向速度均无明显增加；夏季的 42 例平均径向速度增加到 15～20 $m \cdot s^{-1}$ 的有 28 次。速度增加与降雹时间间隔为 13～64 min。所以低层速度增加到 15 $m \cdot s^{-1}$ 左右可以作为冰雹的预报预警指标。多普勒天气雷达基本速度场出现辐合、逆风区、中气旋、大风区或切变等特征时对冰雹预警有 30 min 以上提前量，可以作为大冰雹的预警指标。

表 6.1　冰雹云初始回波、顶高、最大反射率及回波特征(春季降雹)

(单位：冰雹直径 mm，回波顶 km，反射率 dBZ)

日期	地点/初始回波强度/时间	冰雹直径	回波顶高度	最大反射率	形状/出现弓形、钩状回波时间	弓形、钩状回波与降雹间隔
2008-04-12 14:46—14:58	阳高 /30 dBZ/14:20	7	6	45	块状/无	无
2011-04-25 15:10—15:12	天镇 /30dBZ/14:32	6	6	55	块状/无	无

表6.2 冰雹云初始回波、顶高、最大反射率及回波特征(夏季降雹)
(单位:冰雹直径 mm,回波顶 km,反射率 dBZ)

日期	地点/初始回波强度/时间	冰雹直径	回波顶高度	最大反射率	形状/出现弓形、钩状回波时间	弓形、钩状回波与降雹间隔
2006-06-24 16:39—16:42	灵丘/48/13:01	6	8	60	块状/16:31(钩状)	8
2006-08-02 15:43—15:49	浑源/53/15:22	4	6	63	带状/15:34(弓形)	9
2007-08-07 19:01—19:07	灵丘/58/17:40	6	9	63	带状/18:42(弓形)	19
2008-06-01 14:13—14:16	大同县 58/13:52	5	8	60	带状/14:04(弓形)	9
2008-06-27 15:14—15:19	大同县 48/14:28	7	8	65	带状/14:52(弓形)	22
2008-06-27 15:36	广灵/45/15:05	6	11	65	带状/15:23(弓形)	13
2008-06-27 16:14—16:15	浑源/40/14:58	6	9	60	块状/15:43(弓形)	31
2008-06-27 17:25—17:27	天镇/40/17:14	7	9	60	块状/无	无
2008-08-25 17:22	广灵/40/16:25	5	8	60	块状/无	无
2008-09-04 14:11	天镇/40/13:32	5	9	55	带状/无	无
2008-08-27 15:40	灵丘/45/14:31	8	12	60	带状/无	无
2009-06-06 17:04—17:10	天镇/45/16:12	8	11	60	带状/16:49(弓形)	15
2009-06-07 16:59—17:01	阳高/40/16:25	9	11	60	块状/16:43(弓形)	16
2010-06-19 18:08—18:11	浑源/45/16:51	7	8	60	块状/17:53(弓形)	15
2010-07-10 17:52—18:07	浑源/40/15:38	6	9	65	带状/17:17(弓形)	35
2010-07-10 18:42—18:44	天镇/45/17:29	7	11	60	块状/18:06(弓形)	36
2010-06-13 18:24—18:31	灵丘/45/15:44	7	11	55	带状/无	无

续表

日期	地点/初始回波强度/时间	冰雹直径	回波顶高度	最大反射率	形状/出现弓形、钩状回波时间	弓形、钩状回波与降雹间隔
2011-06-07 22:45—22:47	天镇/45/21:09	6	9	55	带状/无	无
2012.07.05 16:06—16:08	天镇/33/15:09	6	10	63	块状/无	无
2012-07-05 19:41—19:50	广灵/48/17:06	10	11	63	块状/无	无
2013-06-04 17:40—18:20	阳高/42/17:08	25	14	65	带状/17:21(弓形)	19
2013-06-24 15:06	大同县 48/13:59	5	10	65	带状/14:34(弓形)	32
2015-07-04 18:01—18:04	浑源/43/17:40	5	9	63	带状/14:39(钩状)	5
2014-06-16 20:20	阳高/43/14:40	10	7(静锥内)	63	带状/14:39(钩状)	5
2014-07-16 16:52—16:57	大同县 53/15:05	11	13	65	带状/16:22(弓形)	30
2014-07-03 15:07	大同县 28/14:54	5	13	65	块状/15:00(钩状)	7
2015-07-04 16:40—17:00	阳高/41/13:36	15	13	64	块状/16:11(弓形)	29
2016-06-17 17:20—17:35	阳高/50/15:35	15	15	68	带状/16:29(弓形)	51
2016-06-13 18:39—18:43	浑源/43/17:20	6	13	65	带状/18:19(弓形)	20

6.3　三体散射特征

有研究证明(俞小鼎 等,2006),“三体散射”是降大冰雹的充分条件。在收集到的 44 例冰雹中,春季 2 例均出现三体散射现象,其与回波强度的对应关系为:一次为 48 dBZ,另一次为 58 dBZ。夏季 42 例有 29 例出现三体散射现象,其对应的回波强度为 53～68 dBZ。春季的 2 例降雹提前 40 min 均出现三体散射现象。夏季的 29 次降雹提前 40～60 min 出现三体散射。所以说,三体散射现象对冰雹的预报具有大约 40 min 左右提前量,且“雹钉”长度越长、降大冰雹概率愈大,是大冰雹预警的一个重要指标。部分冰雹出现时的三体散射特征见表 6.3,表 6.4。

无论春季还是夏季,三体散射现象一般出现在 4.3°～9.8°仰角高度上,由研究可知 2.4°～

4.3°仰角上，仰角越大三体散射出现时间越早。6.0°仰角高度上三体散射出现的区域和时间均不如 4.3°仰角好，可以把 4.3°仰角作为三体散射现象的监视角度。

Lemon(1998)对美国 S 波段雷达出现三体散射研究指出，对于 5 dBZ 的反射率因子显示阈值，要产生一个能分辨出的三体散射长钉(TBSS)，风暴核的反射率因子必须大于 63 dBZ。大同地区统计结果显示出现三体散射现象时强度的平均值为 62.3 dBZ，与 Lemon 的研究结果基本相同。考虑到雷达波段之间存在差异，因此可以认为大同地区的 C 波段雷达与美国 S 波段雷达出现三体散射时的最大反射率因子差别不大，都在 60 dBZ 左右。

表 6.3 三体散射、径向速度图像特征(春季降雹)

时间	三体散射时间	降雹时间	三体散射与降雹间隔/min	0.5°仰角速度是否达到 10 m·s⁻	大速度与降雹时间间隔/min	径向速度特征/时间/出现冰雹时间间隔
2008-04-12 14:46—14:58	14:27	14:46	19	是	无	切变辐合/14:39/7
2011-04-25 15:10—15:12	14:32	15:10	38	是	无	逆风区/14:57/13

表 6.4 三体散射、径向速度特征(夏季降雹)

时间	三体散射时间	降雹时间	三体散射与降雹间隔/mm	0.5°仰角速度达到 $10\ m\cdot s^{-1}$	大速度与降雹时间间隔/min	径向速度特征/时间/出现冰雹间隔/min
2006-06-24 16:39—16:42	15:10	16:39	89	是	26	大风区、风速辐合/15:54/45
2006-08-02 15:43—15:49	15:04	15:43	39	是	无	逆风区、风速辐合/15:23/20
2007-08-07 19:01—19:07	18:24	19:01	37	是	13	弱切变、风速辐合/18:30/31
2008-06-01 14:13—14:16	云团遮挡	14:13		是	无	辐合/14:04/9
2008-06-27 15:14—15:19	云团遮挡	15:14		是	无	辐合/13:38/36
2008-06-27 15:36	15:05	15:36	31	是	13	逆风区辐合/15:17/19
2008-06-27 16:14—16:15	15:17	16:14	57	是	无	辐合/15:29/45
2008-06-27 17:25—17:27	16:43	17:25	42	是	无	中气旋/17:08/17
2008-08-25 17:22	16:00	17:22	85	是	无	辐合/16:43/39
2008-09-04 14:11	13:07	14:11	64	是	21	逆风区/13:38/33

续表

时间	三体散射时间	降雹时间	三体散射与降雹间隔/min	0.5°仰角速度达到10 m·s^{-1}	大速度与降雹时间间隔/min	径向速度特征/时间/出现冰雹间隔
2008-08-27 15:40	14:31	15:40	69	是	63	大风区/14:43/57
2009-06-06 17:04—17:10	15:41	17:04	83	是	52	大风区、辐合 15:41/83
2009-06-07 16:59—17:01	16:25	16:59	34	是	22	辐合/16:12/47
2010-06-19 18:08—18:11	17:04	18:08	64	是	64	辐合/17:22/46
2010-07-10 17:52—18:07	16:27	17:52	85	是	无	辐合/16:40/72
2010-07-10 18:42—18:44	17:29	18:42	73	是	60	气旋、辐合/17:23/79
2010-06-13 18:24—18:31	17:29	18:24	55	是	55	辐合/16:46/98
2011-06-07 22:45—22:47	21:58	22:45	47	是	47	大风区、风速辐合/22:10/35
2012-07-05 16:06—16:08	无	16:06	无	是	20	大风区/15:46/20
2012-07-05 19:41—9:50	无	19:41	50	是	44	大风区、风速辐合/18:57/44
2013-06-04 17:40—18:20	遮挡看不清	17:40—18:20	无	是	47	大风区、风速辐合/16:02/42
2013-06-24 15:06	14:44	15:06	22	是	52	大风区、风速辐合/14:14/52
2015-07-04 18:01—18:04	无	17:44	无	是	64	大风区/17:40/64
2014-06-16 20:20	20:07	20:20	13	是	59	风速辐合/19:21
2014-07-16 16:52—16:57	16:28	16:52	24	是	60	大风区、风速辐合/15:52/60
2014-07-03 15:07	14:54	15:07	13	是	19	大风区、风速辐合/14:48/25
2015-07-04 16:40—17:00	遮挡看不清	16:40—17:00	无	是	58	大风区、风速辐合/16:22/58
2016-06-17 17:20—17:35	17:00	17:20 —17:35	20	是	34	大风区、风速辐合/18:46/34
2016-06-13 18:39—18:43	18:13	18:39	26	是	26	大风区、风速辐合/18:13/26

6.4　雹云垂直液态含水量(VIL)特征

垂直液态含水量产品是判断强降水、强对流天气造成的暴雨、冰雹等灾害性天气的有效工具之一。

从统计来看,2 次春季降雹与夏季显著不同的是从降雹开始到结束垂直液态含水量均无显著跃增,且液态含水量值较小,没有超过 25 $kg \cdot m^{-2}$。42 次夏季冰雹中,从降雹开始到结束,液态含水量跃增量 25～35 $kg \cdot m^{-2}$的有 15 次,冰雹持续时间 8～40 min,跃增量 10～20 $kg \cdot m^{-2}$的有 20 次,冰雹持续时间 1～15 min,跃增量 5 $kg \cdot m^{-2}$以下或跃增量不增反而减小的有 7 次,冰雹持续时间 1～4 min。可以看出初始液态含水量较小的情况下,跃增量越大冰雹持续时间较长。垂直积分液态含水量对冰雹特别敏感,是判断雹云的重要指标之一它往往在降雹前跃增,可作为临近预报的一个依据。

根据美国 Oklahoma 统计,5 月出现大冰雹的垂直液态含水量阈值为 55 $kg \cdot m^{-2}$,6～8 月对应阈值为 65 $kg \cdot m^{-2}$。本节统计 4 月冰雹过程垂直液态含水量平均值为 12.5～15.5 $kg \cdot m^{-2}$,最大值为 20～23 $kg \cdot m^{-2}$;6～8 月冰雹过程的平均值为 40～43 $kg \cdot m^{-2}$,最大值为 60～63 $kg \cdot m^{-2}$。本次收集的个例垂直液态含水量比美国 Oklahoma 的统计值要小很多,说明 S 波段雷达和 C 波段雷达在降雹时垂直液态含水量值上有较大区别。

6.5　风廓线产品(VWP)特征

强对流天气发生、发展和一定厚度的湿层结构状况、不稳定层结和环境垂直风切变密切相关。多普勒雷达通过云和云液态水粒子运动反演风的垂直时间剖面图,风廓线(VWP)产品基本可代表测站四周 30 km 范围内风的垂直分布及其变化,同时也反应雷达所在地附近的湿层情况。

在收集到 44 例中符合风廓线要求的有 15 例,其中 11 例风场的垂直特征表现为低层为南、西南、东北等暖性特征,中层顺转为西风,到了高层顺转为西北风。低层风向有南风转为西风使得低层风垂直切变加强,扰动就加强,高层西北风说明有冷空气入侵,有利于对流天气发生;有 4 例风场的垂直特征表现为低层为南、西南、东北等暖性特征,然后顺转为西风,到中层后开始逆转为西南风,高层顺转为西北风。垂直风廓线低层为南风,高层为西北风,风向随高度顺时针旋转,可以判断该站附近存在未定的暖平流,随着时间的推移中层风随高度逆时针旋转,表明中高层有冷空气侵入。这种前期中低层暖湿,而后中高层干冷的垂直结构是发生对流天气的重要特征。

可见,VWP 产品可以反映风场的时空分布和冷暖平流的发展演变,对下游的短时临近预报有重要作用。由以上统计可知,春季雹云初始回波大于等于 30 dBZ,整层风场为顺时针旋转时,可以作为冰雹出现的预警指标,夏季雹云初始回波大于等于 45 dBZ,整层风场为顺时针旋转或先顺转再逆转再顺转时,可以作为冰雹预报预警指标。

6.6　中气旋产品(M)特征

中气旋是超级单体风暴的重要特征,有研究可知,观测到的中气旋,90%以上出现强烈天气，其中20%以上出现龙卷。中气旋是与对流风暴的上升气流紧密相联的小尺度涡旋（朱君鉴 等，2005，邵玲玲 等，2005）。根据定义，中气旋只出现在超级单体中。因此只要观测到中气旋就可以发布强天气警报（俞小鼎 等，2006）。中气旋产品是用来显示与3种方位切变类型识别有关的信息，因而有一定的误报率。对于识别中气旋，最好使用风暴相对径向速度产品，而不是基速度图（应冬梅 等，2007）。根据成熟中气旋概念模型，在靠近地面附近的大气边界层内，中气旋的径向速度特征为辐合式气旋性旋转，再往上是纯粹的气旋性旋转，在中上层为气旋式旋转辐散，最上层为纯粹辐散。

在收集到的44次个例中有9例在中气旋产品图上有中气旋生成，占总数的20%。在春季的2次个例中，均没有观测到中气旋；夏季的9次个例中有一例中气旋与降雹时间间隔为8 min外，其他8次时间间隔为15～30 min，因而中气旋的出现对冰雹的预警具有大约10 min以上的提前量，可以作为冰雹预警的一个重要指标。

使用中气旋产品时注意两点，一是应配合风暴相对径向速度场产品，从而有效减少中气旋产品虚警率高的情况，二是注意订正中气旋位置，减少中气旋产品位置偏差问题。

6.7 冰雹指数（HI）产品特征

冰雹指数（HI）的算法主要是根据风暴顶高度、风暴最大反射率、风暴中层最大反射率、风暴的倾斜方向和风暴的悬垂伸展尺度等特征判断有无大冰雹生成，WSR－88D的HI算法误报率较高，准确率较低。

从收集到44例强对流天气过程可以看出，每次降雹在HI图上都有冰雹指示，对冰雹预警有指导作用。但是在回波发展阶段和降雹后也仍指示有冰雹预警，即存在较高的虚警率。春季2例冰雹指数时间与冰雹出现时间间隔较短为13 min和38 min；夏季时间间隔较长，在40 min以下的有30例，40 min以上的有14例，因而冰雹指数对预报冰雹有一定的指示意义，但需要和其他产品结合使用。

6.8 雹云的基本反射率垂直剖面图特征

本节的剖面图均沿风暴低层入流方向并穿过风暴反射率因子核心。

对44例基本反射率作垂直剖面发现，2次春季冰雹回波顶高在4～5 km左右；42次夏季冰雹回波顶高在8～13 km左右。利用上游内蒙古地区东胜的探空资料统计发现，0℃层高度在4 km左右，－20℃层高度在7 km左右。说明春季雹云只伸展到0℃层以上，而夏季雹云伸展到－20℃层以上就可以产生冰雹。所以说回波顶高伸展到0℃层高度以上是预报冰雹出现的一个必要条件。可以将夏季回波强度大于等于45 dBZ，回波顶高达到7 km作为判断冰雹云的指标之一。一般情况下，夏季回波强度垂直剖面图上，最大强度大于等于50 dBZ是产生冰雹的充分条件，有最少17 min以上的提前量，可以作为冰雹的一个一般指标。

6.9 雹云的径向速度垂直剖面图特征

作剖面图时沿风暴低层入流方向并穿过风暴反射率因子核心。

对 44 例雹云的径向速度作垂直剖面图可以看到，2 次春季降雹过程均出现了风暴顶辐散，速度为 5～15 $m \cdot s^{-1}$；当回波强度的垂直剖面最大强度≥50 dBZ 时，一般经过 1～2 个体扫后在径向速度垂直剖面图上即可出现辐合和大风速区。42 次夏季降雹过程中，在径向速度垂直剖面图上均出现风暴顶辐散现象，速度为 5～27 $m \cdot s^{-1}$，有 14 例出现强的风暴顶辐散，速度为大于 15 $m \cdot s^{-1}$，另外，有 10 例出现了 MRAC，有 33 出现中低层辐合，有 10 例出现后部入流急流。

6.10　本章小结

结合以上特征总结出预报冰雹的步骤：

第 1 步：结合 1.5°仰角上反射率因子产品，叠加冰雹指数，可以确定雷达监测区域内对流风暴影响区域。

第 2 步：找到每一个潜在的强对流风暴（强度核心≥45 dBZ）位置，将其置于画面中心，在同一幅画面上显示 4 张该风暴单体的回波图，选择分别代表 0.5°、1.5°、2.4°和 4.3°仰角共四幅反射率因子图。若反射率因子垂直结构出现向入流一侧倾斜或悬垂结构，且在 0℃或 −20℃层高度附近（春季在 4～5 km、夏季在 7 km 以上）有≥45 dBZ 强回波区，对应 VIL 有大值区，则可识别为冰雹云。若在 4.3°仰角上出现三体散射现象，则可判断该风暴为雹暴，“雹钉”长度越长，降大冰雹概率越大。

第 3 步：作垂直剖面图，反射率因子垂直剖面用来判断风暴的垂直结构，依据 −20℃层高度以上是否有≥45 dBZ 强回波区，判断大冰雹的可能性。若垂直剖面显示在 −20℃层高度以上有≥45 dBZ 的强回波区，且有有界弱回波区或弱回波区出现，则该雹暴降大冰雹的可能性极大，径向速度垂直剖面图上若有 MARC 或风暴顶有辐散则立即发布预警信号。

第 4 步：风廓线产品图上，低层为暖湿气流，风向随高度顺转，到了高层为西北风，或低层为暖湿气流，风向随高度顺转，中层转为西风然后风向随高度逆转为西南风，到了高层又顺转为西北风，这种情况说明环境风场已经达到降雹条件，应密切关注。

第 5 步：若判断出有降雹可能，则利用风暴追踪信息产品判断雹云的移动方向，发布冰雹落区预警。

另外，根据中气旋特征，结合风暴相对速度图，只要观测到中气旋就可以发布强天气预警。

第7章　雷达径向速度在短时临近预报预警中应用分析

强对流天气是在大尺度环流背景下由中小尺度系统造成的，具有发生突然、灾害严重、损失巨大等特点，在短期天气预报中预报准确率低，出现具体时间较难确定。多普勒天气雷达的工作原理以多普勒效应为基础，可以测定散射体相对于雷达的速度，在一定条件下反演出大气风场、气流垂直速度的分布以及湍流情况等，体扫时间5～6 min一次，对于强对流天气预报具有非常重要意义。

本章选取山西大同C波段多普勒天气雷达2014年探测到的小时雨强大于10 mm的32次强对流天气为研究对象，目的是通过高时间分辨率的多普勒雷达径向速度产品识别中小尺度系统，以期提高强对流天气预报时间提前量。

7.1　应用多普勒天气雷达平均径向速度注意事项

(1) 描述：多普勒天气雷达虽然只能测到雷达沿着径向的速度分量，但这些径向速度依然可以揭示出很重要的风暴尺度流场特征，包括辐合、辐散、旋转及其组合。而通过识别这些特征就可以判断风暴的强弱、发展趋势和可能产生的灾害天气剧烈程度。

(2)特别注意：中小尺度系统的多普勒天气雷达平均径向速度特征不是在整个PUP显示屏范围内识别，而是在显示屏上选择一小区域，原则是这个区域包含整个对流风暴系统，然后将其放大来识别。在日常业务中这一点应特别注意。

(3)约定：在识别中小尺度系统的平均径向速度时，首先应该确定所选择的小区域在雷达有效探测范围内的方位及距离雷达站距离，并近似认为该小区域在同一高度上。

7.2　中小尺度系统种类

多普勒天气雷达径向速度图上能判断强对流天气的中小尺度系统主要有八类：中小尺度辐合线、中低空西南急流、牛眼结构、中尺度气旋、逆风区、气旋性辐合线、西北气流、高空大风速核。

7.3　逆风区型

张沛源等(1995)在1990年提出逆风区概念：在低仰角PPI没有速度模糊的径向速度图

上，凡在同一方向的速度区中出现了另一种方向的速度为逆风区，且逆风区不能跨越测站原点。在逆风区附近存在明显的水平风向垂直切变，反映了强对流内的上升气流引起的水平动量交换过程。这种动量交换影响了水平辐合辐散的强弱分布，形成中尺度垂直环流，是一个很好的暴雨判据。在逆风区附近及其移动路径上将出现和正出现暴雨，只要逆风区存在回波和降雨强度都不会减弱，并且逆风区厚度与雨强有较好的相关性。蔡晓云等(2001)在逆风区识别研究中又加入了"无论是正区包围负区，还是负区包围正区，正负区之间要有零线分割，这块被包围的速度区称为逆风区。逆风区成熟时区中颜色应由浅到深、风速从小到大按色彩层次逐渐过渡"。

出现逆风区表明此处风向发生了剧烈变化，产生了强烈的风切变和辐合。当云团进入逆风区时发展更加强盛，回波往往加强。逆风区有两个特点：①逆风区是低层入流和出流在高层的反映。逆风区具有前方辐合上升、后方下沉的涡管结构特征；②逆风区的伸展高度往往很高，在一些雷暴中逆风区在低层不清楚但在高层可以很好地表现出来。这也是强对流风暴发展成熟的一个重要特征。

在业务工作中使用逆风区时应该尽量用逆风区的厚度来判断风暴强弱，这会比单存利用逆风区更有说服力。

在选取的 32 例强对流天气中出现逆风区的有 8 例，逆风区对于短时临近预报的时间提前量为 38～78 min。

7.3.1　出现逆风区且降水增强个例分析

图 7.1 是大同多普勒雷达 2014 年 6 月 22 日 10:28 观测到的降水回波。在 1.5°仰角基本反射率图上(见图 7.1a)，灵丘县史庄上游地区有一块状回波，对应在 1.5°仰角径向速度图上(见图 7.1b)出现逆风区。2.4°径向速度图上(见图 7.1c)逆风区仍然存在，到 4.3°仰角径向速度图上逆风区消失但有 27 $m \cdot s^{-1}$的大风区(见图 7.1d)，逆风区厚度 2.4 km。出现逆风区表示此处风向发生了剧烈变化，产生了强烈的风切变和辐合，当云团进入逆风区后迅速发展增强且移速减慢。本例史庄上游出现逆风区后块状回波迅速发展，78 min 后在史庄产生短时强降水，最大小时雨强达 33 mm，而同时次没有出现逆风区的地区降水均没有超过 7 mm。所以对于强对流而言，当径向速度图上出现逆风区且逆风区厚度超过 1 km 时，可以作为预警信号发布指标之一。

7.3.2　出现逆风区但对降水无明显影响个例分析

7.3.2.1　降水实况概述

2016 年 7 月 18—19 日山西出现罕见强降水天气过程，过程降水量在 8.5～228.1 mm，20 个县(市、区)过程降水量在 100 mm 以上，52 个县(市)过程降水量在 50～100 mm 之间，其余 37 个县(市、区)降水量在 50 mm 以下。小时雨强超过 30 mm 的有 9 个市县，有 7 个县(区)日降水量突破历史极大值。

7.3.2.2　环流背景场分析

由 7 月 18 日 08 时天气尺度的环流背景场可知(图略)，在对流层中层 500 hPa 贝加尔湖地区有一中心强度 554 gpm 冷涡，山西受冷涡低槽前部影响，冷空气从冷涡底部由北向南扩

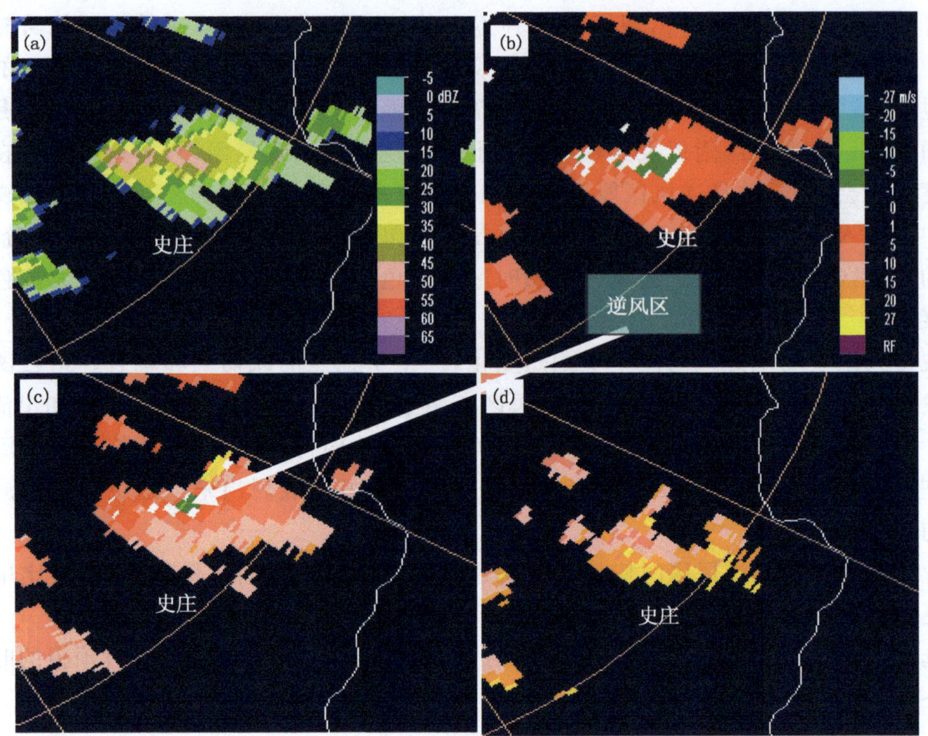

图 7.1　2014 年 6 月 22 日大同 10:28 多普勒雷达产品图

(a. 1.5°仰角基本反射率；b. 1.5°仰角径向速度；c. 2.4°仰角径向速度；d. 4.3°仰角径向速度)

散，进入河套西部的低压槽内，槽前的正涡度平流为强对流的发生发展提供了有利条件。到 19 日 20 时(图略)伴随冷空气的不断入侵，低压槽发展加强成新的冷涡控制整个山西地区，中心强度 578 gpm。伴随副热带高压西伸北抬，东北地区的高压坝加强并且稳定维持，使低涡系统移动缓慢，从 19 日 20 时到 21 日 08 时该冷涡系统一直影响山西。当冷涡系统带来的冷空气与副热带高压西侧的西南暖湿气流在华北地区交汇时，强降水天气产生，降水最强地区在冷涡的东北和东南象限。

18 日 08 时地面图上(图略) 气旋位于四川一带，山西受低压带前高后南风气流影响；19 日 08 时(图略)气旋东移且呈纬向分布，由于气旋旋转致使山西西部地区水汽通道被切断，是西部降水量值不大的主要原因。

7.3.3　多普勒雷达产品特征分析

(1)“列车效应”与地面中尺度辐合线

地面中尺度辐合线的长时间维持，是非飑线持续加强的有利条件之一(支树林 等，2015)。由 18 日 23:55 地面风场与 23:56 多普勒雷达反射率因子叠加看(见图 7.2)，在朔州一带风场辐合区内有大于 35 dBZ 回波产生，在浑源、广灵和灵丘一带有中尺度低压涡旋，大同县到天镇一带有 β 中尺度切变线。在未来的 1 h 以后回波快速东移到辐合线所在地区，且随着辐合线维持回波不断增长、加强，因此中尺度辐合线是此次暴雨过程的触发机制。地面中尺度辐合线的存在对下游地区起到提前预警的作用。

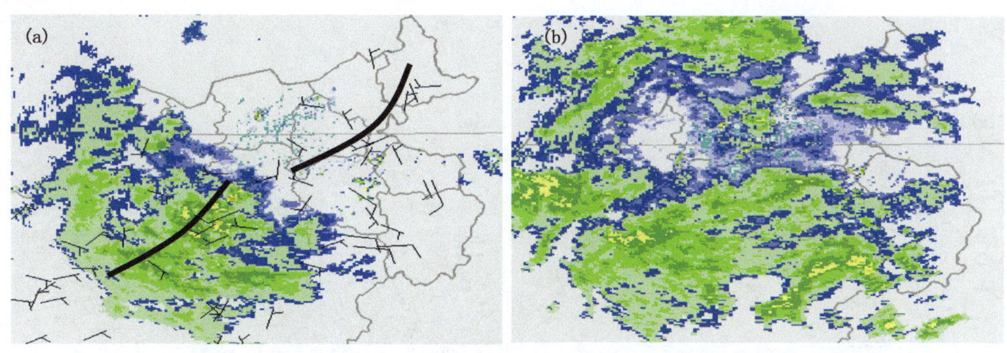

图 7.2　2016 年 7 月 18 日 23:55 自动站风场 23:56 1.5°仰角基本反射率叠加(a)、19 日 1.5°仰角基本反射率(b)

由图 7.3 和图 7.4 可以看到从 19 日 7 时一直到 19 时辐合线与雷达强回波系统配合较好，带状回波的走向、移向与辐合线以及锋面云系一致。由于辐合线的持续出现“列车效应”，“列车效应”的长时间维持是造成山西出现大暴雨的主要原因。

(2)“列车效应”反射率因子特征分析

19 日 05:00 多普勒雷达基本反射率图 PPI 上(见图 7.5)，大同东南地区有大于 35 dBZ 块状混合云系生成，从 19 日 05:00 到 20:00 大约 15 h 内，不断有大于 35 dBZ 回波在东南部生成发展并在承载层引导气流的作用下向东北方向移动从而出现“列车效应”，“列车效应”长时间维持是东南部地区出现暴雨和大暴雨的主要原因。从雷达反射率因子形态可以看：这次过程“列车效应”的最强回波强度在 30～40 dBZ；回波顶高在 7～8 km 左右、最强时段回波顶高不超过9 km，基本属于混合性降水。

(3)“列车效应”短时强降水空间结构特征

2016 年 7 月 19 日 06 到 07 时，灵丘县落水河乡出现小时雨强为 23.6 mm 的短时强降水。由 06:29 多普勒雷达 1.5°仰角基本反射图上，位于灵丘的回波呈现片状，在落水河地区有中心强度大于 50 dBZ 块状回波，并一直维持到 06:47。分别对 06:29、06:35、06:47 三个体扫沿入流方向做剖面可以看到(图 7.6)，大于 50 dBZ 回波悬垂伸展高度在 3 km 左右，对流回波顶高较低，强回波集中在对流层中下层而且上升气流的高度也集中在中下层，属于降水效率很高的低质心降水。由当天探空图可知，0℃层高度在 5 km 左右，强回波没有达到 0℃层高度，是此次过程没有出现冰雹的主要原因。对应在速度剖面图上，东南气流的厚度已经超过 5 km，而且都有大于 15 m · s^{-1}低空急流配合，是出现短时强降水的原因。

(4)“列车效应”径向速度场特征分析

(a)“列车效应”暖切变和大风区特征

风速辐合区及中层大风速区发展有利于带状回波内部中小尺度对流单体及其次级垂直环流的维持发展，最终形成“列车效应”(耿建军 等，2016)。在多普勒雷达速度产品应用中，大尺度运动是冷暖平流、辐合辐散等各种运动的集中反映，暖平流与大尺度辐合相结合就是一种典型的产生灾害性天气的速度特征(白仕刚 等，2015)。

2016 年 7 月 19 日 05 时在 1.5°仰角多普勒雷达径向速度图 PPI 上(见图 7.7)，方位角 90°～240°之间为暖湿气流控制，中心最大风速达 15 m · s^{-1}，持续时间达 15 小时之久，为暴雨提供了充足的动力和热力条件，也是回波不断生成发展的主要原因。另外，在副热带高压的作

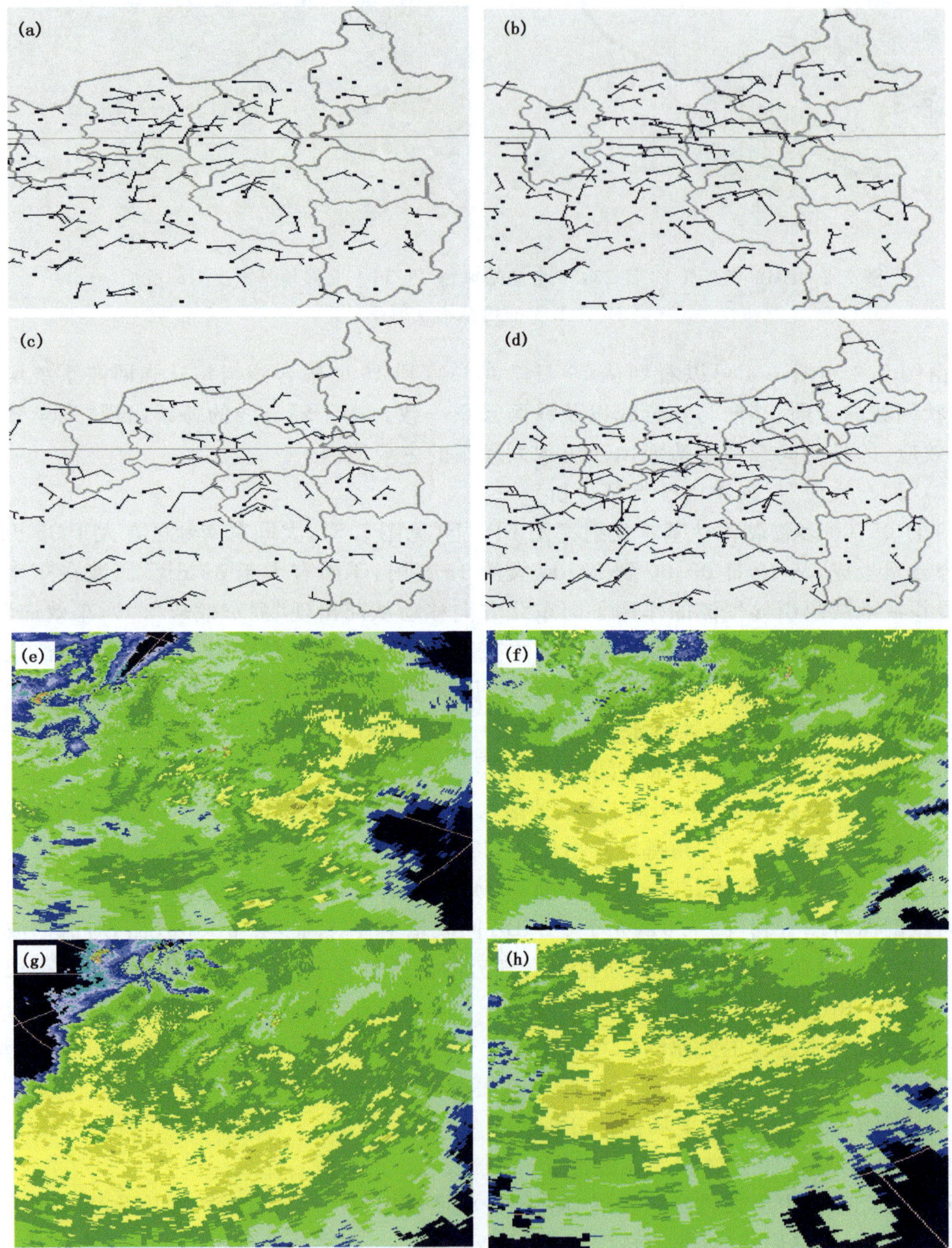

图 7.3　2016 年 7 月 19 日 07:00(a)、10:05(b)、13:55(c)、19:00(d)自动站图与 07:00(e)、10:05(f)、13:55(g)、19:00(h) 1.5°仰角基本反射率

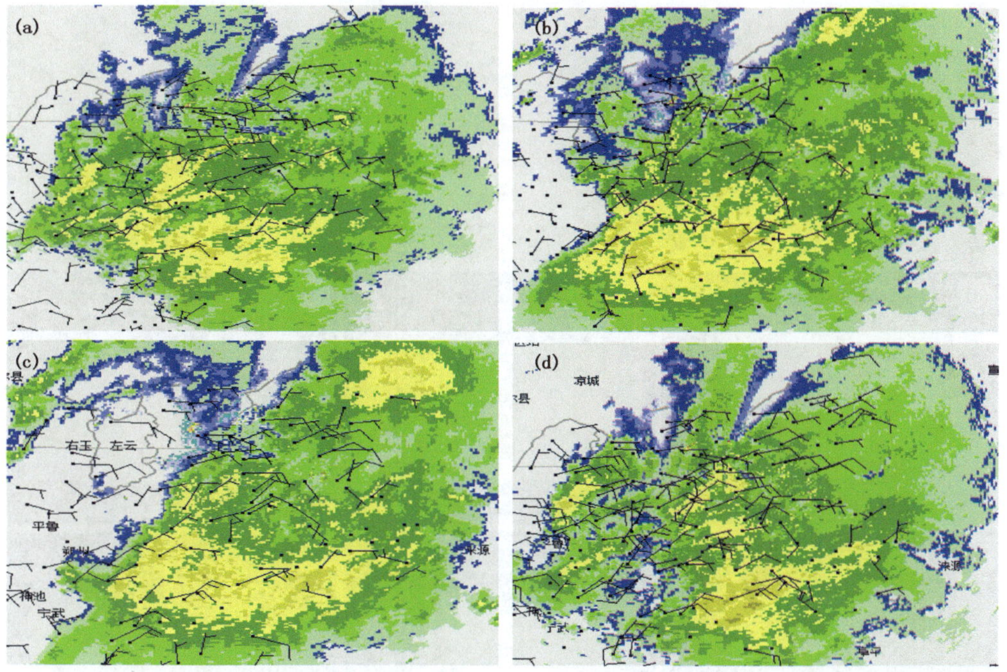

图 7.4　7 月 19 日 07:00(a)、10:05(b)、13:55(c)、19:00(d)自动站和 1.5°仰角基本反射率叠加图

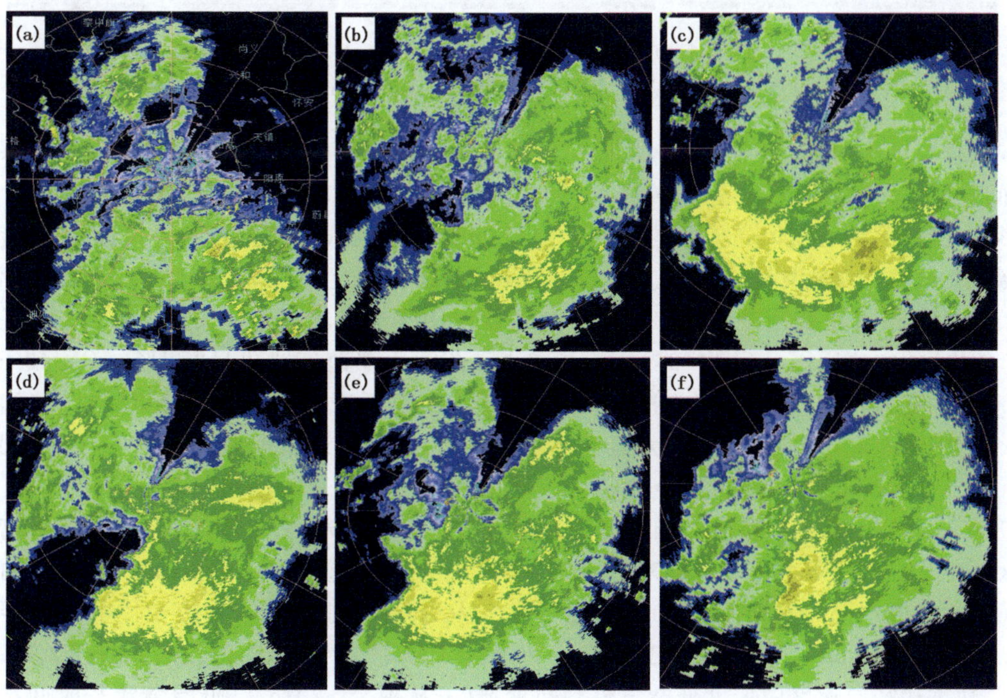

图 7.5　2016 年 7 月 19 日 05:00(a)、07:58(b)、10:27(c)、12:27(d)、14:56(e)、17:36(f)
1.5°仰角基本反射率

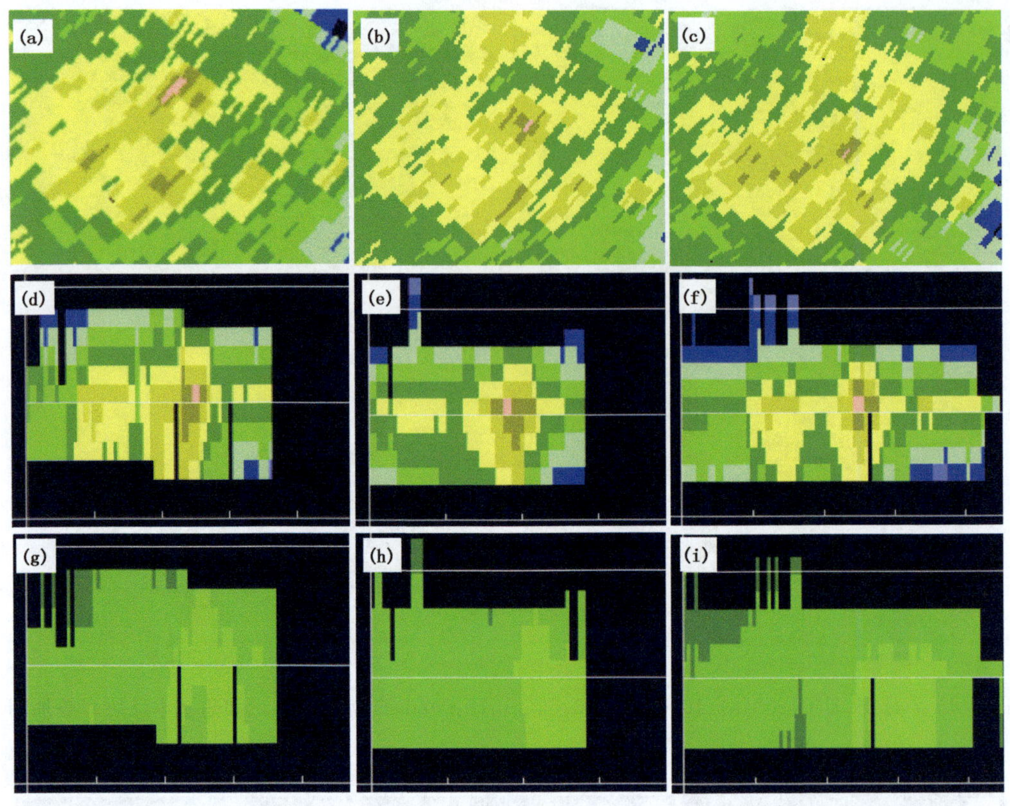

图 7.6　2016 年 7 月 19 日 6:29(a)、6:35(b)、6:47(c) 1.5°仰角基本反射率，6:29(d)、6:35(e)、6:47(f)基本反射率剖面图，(g)6:29、(h)6:35、(i)6:47 速度剖面

用下，承载层风平均风向为西南风，从而引导回波整体向从西南向东北移动，造成东南部地区长时间受回波影响，出现了“列车效应”。2016 年 7 月 19 日 05 时径向速度图上，零速度线呈“S”形，在测站附近有东风和南风的辐合区，此后 5 h 暖切变线一直维持并且风速由 5 $m \cdot s^{-1}$ 增加到 12 $m \cdot s^{-1}$，暖湿气流强盛。从 12:27 开始低层出现“牛眼”结构，“牛眼”结构持续时间在 12 h 左右，最大正负速度都在 12 $m \cdot s^{-1}$，说明东南气流发展强盛且长时间稳定维持是形成“列车效应”的主要原因。到 14:56 在测站 40 km 范围内零速度线仍呈“S”形，但在 40 km 以外零速度线变为直线，表示已经有冷空气开始入侵，出现下暖上冷的弱不稳定结构，持续时间为两个半小时左右，这段时间的降水具有不稳定特点，也是局地出现大暴雨的又一个原因。

(b)“列车效应”中尺度低空急流特征

从 7:23 开始在 3.4°仰角上低层零速度线呈“S”形，15:08 在 50 km 距离圈内，距离地面 2.8 km 高度上出现最大正负速度对(牛眼结构)，最大正负速度均达到 15 $m \cdot s^{-1}$，风向为东风，强劲的东风急流一直维持到 20:00(图 7.8)。从 16:08 到 20:00，急流中心的水平距离≥80 km，高度在 3 km 以下，时间尺度≥ 2 h，风速≥ 10 $m \cdot s^{-1}$ 且风向一致的低空强风速区，符合多普勒雷达径向速度中尺度低空急流判断标准(王丛梅 等，2015)。低空急流长时间维持为列车效应提供了充足的热力和动力条件。

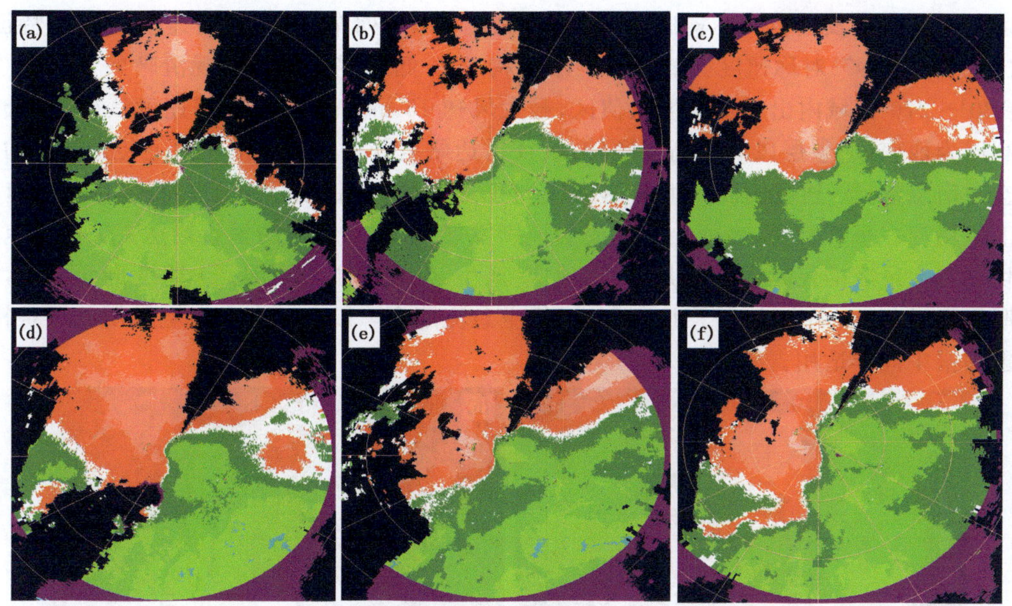

图 7.7　2016 年 7 月 19 日 1.5°仰角径向速度图
(a. 05:00;b. 07:58;c. 10:27;d. 12:27;e. 14:56;f. 17:36)

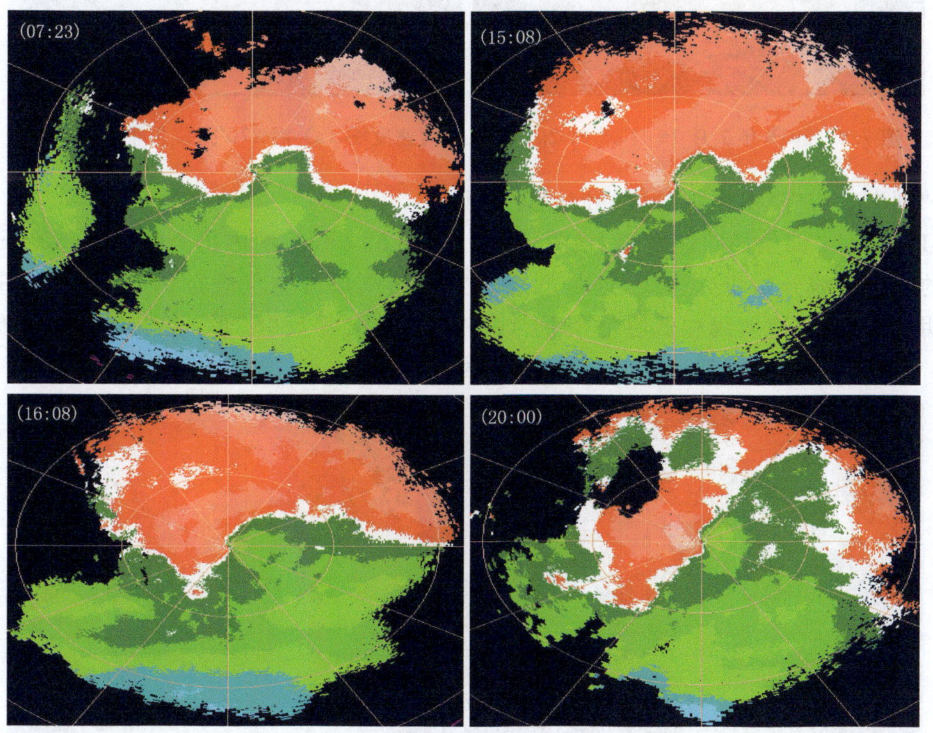

图 7.8　2016 年 7 月 19 日 1.5°仰角径向速度图

(5)"列车效应"径向速度场及其空间结构特征

由径向速度场及其空间结构图可以看到(见图 7.9)"列车效应"径向速度有 8 个特征:① 低层出现 10 m · s^{-1}对称速度大值区即牛眼结构 ;② 低层零速度线呈现清晰的"S"形;③ 方位角 120°～270°区域内出现负速度大值区,最大风速 15 m · s^{-1};④ 在零速度线一侧,低层为东风高层为西南风,整层风向随高度顺转,表征雷达站上空存在一支正在向上传递能量的中尺度低空西南急流;⑤ 速度剖面图上零速度线向正速度区倾斜,表示低层有辐合区;⑥ 速度剖面图上风场存在垂直切变,表征上升气流会连续发展,有利于水汽的垂直输送;⑦ 径向速度场上暖切变和大风区的长时间维持是"列车效应"产生、发展的主要原因;⑧ 速度剖面图上,东南气流厚度超过 5 km 且都有大于 15 m · s^{-1}低空急流配合。以上 8 点是产生暴雨的显著特征,在暴雪预报中同样适用。

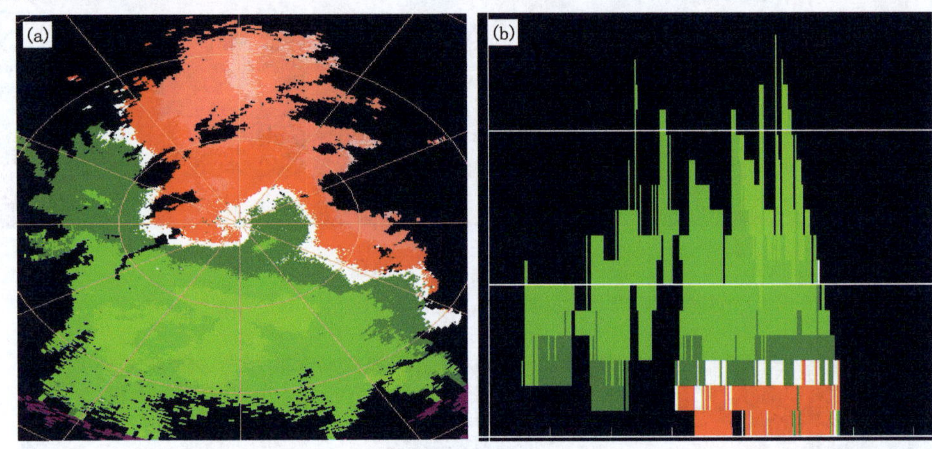

图 7.9 2016 年 7 月 19 日 05 时 2.4°仰角径向速度图 (a) 沿 270°方位角平面图 (b)

(6)"列车效应"降水增强阶段径向速度特征

06:11 在 2.4°仰角径向速度图上(图 7.10),低层 50 km 范围内仍为暖平流,50 km 以外东部地区的零速度线开始变成直线,这是低层暖空气与高层冷空气叠加的结果。在 19.5°仰角上可以明显看到,零速度线在低层呈"S"形,高层 7 km 处呈反"S"形,表明高层已经有干冷空气入侵。此后一个小时出现雨强 23.6 mm 短时强降水。

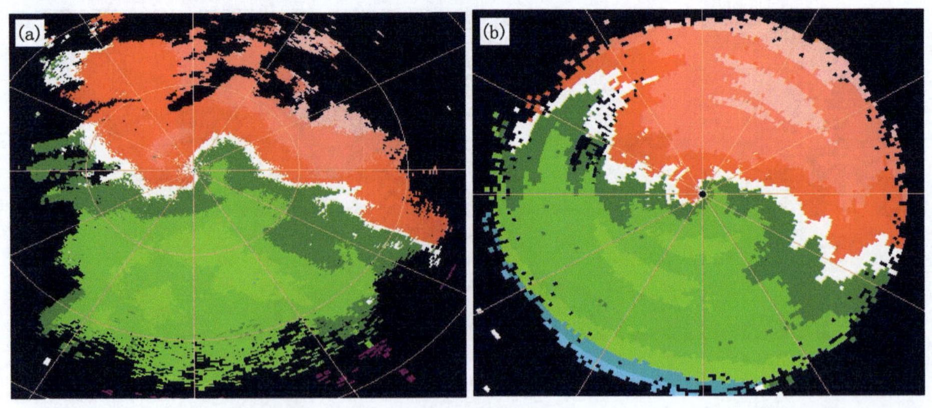

图 7.10 2016 年 7 月 19 日 06:11 径向速度图 (a)2.4°仰角(b) 19.5°仰角

（7）"列车效应"强降水持续阶段径向速度特征

从 12:51 开始 6.0°仰角上低层零速度线呈"S"形，但在 4.5 km 高空开始有冷空气入侵，到 14:38 在 50 km 距离圈附近零速度线呈反"S"形，冷空气位于 6 km 高空，这是低层暖湿气流随着上升气流向上输送的能量的结果。这种情况一直持续到 16:14，这段时间产生的降水具有释放不稳定能量作用，以不稳定性降水为主（图 7.11）。对比区域站雨量看 11:00—20:00 小时雨强呈现单峰特征，13:00—16:00 雨量明显增强（图 7.12）。

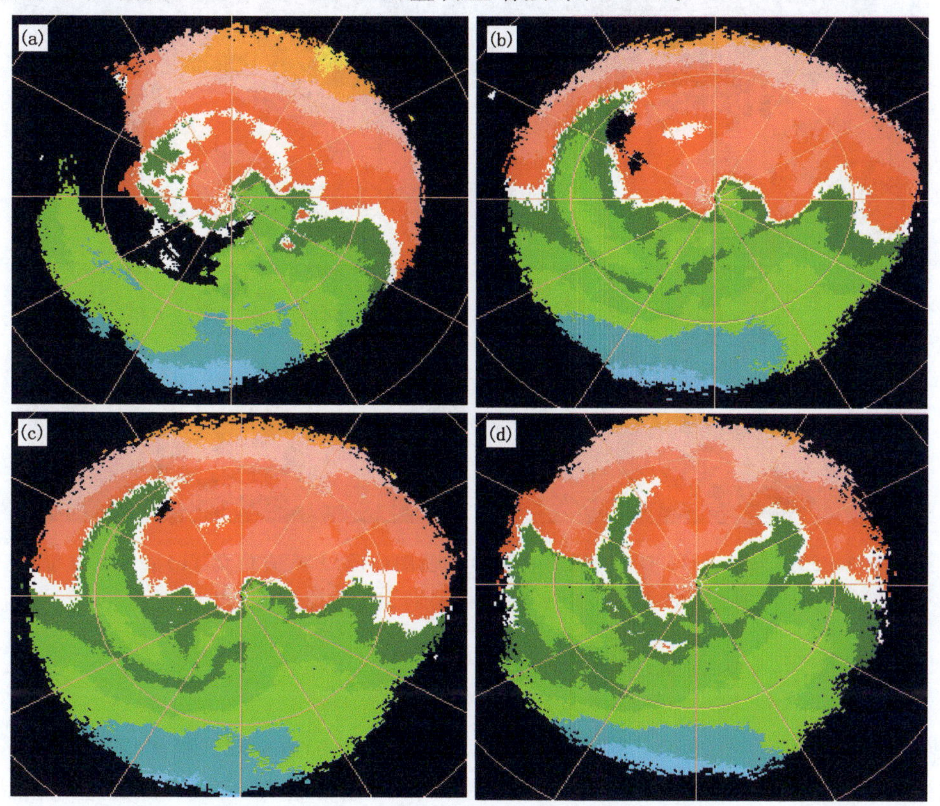

图 7.11　2016 年 7 月 19 日 6.0°仰角径向速度图

（a. 12:51；b. 14:38；c. 14:50；d. 16:14

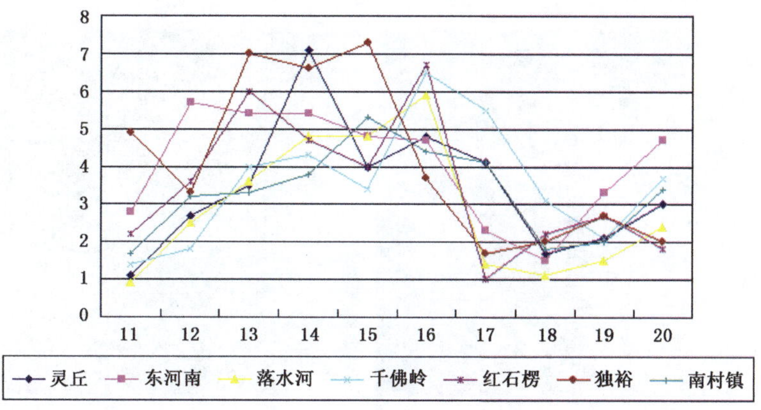

图 7.12　2016 年 7 月 19 日出现暴雨区域站 13:00—16:00 小时雨强

由 2016 年 7 月 19 日 12:51 径向速度沿方位角 300°剖面可知，东南急流的高度在 3 km 以下，西北冷空气的高度在 6 km 左右并且已经伸展到 3 km 以下与东南急流相遇辐合产生降水。沿方位角 175°剖面可知，东南急流的厚度接近 8 km，这个区域的降水是由暖湿切变造成的(图 7.13)。由两者对应的基本反射率剖面可知西北地区的回波要远远弱于东南部回波，这也是东南部出现暴雨而西北部只出现大雨的原因之一。

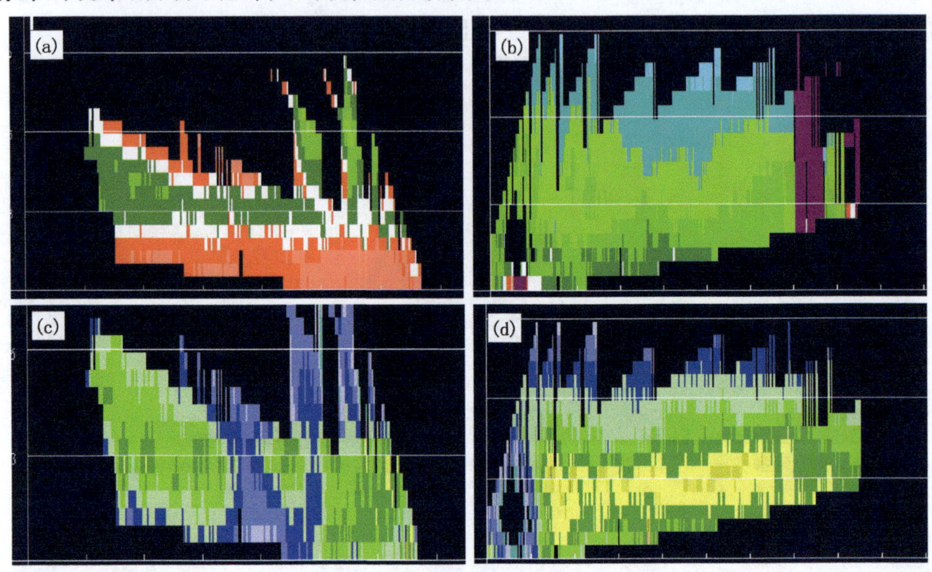

图 7.13　2016 年 7 月 19 日 12:51 径向速度剖面图(a)沿 300°方位角 (b)沿 175°方位角 19 日 12:51 基本反射率剖面图(c)沿 300°方位角 (d)沿 175°

(8)"列车效应"预报失误雷达产品分析

(a) 逆风区

由图 7.14 可见，7 月 19 日 08:52—09:34，在方位角 109°～126°距离雷达 71 km 处出现逆风区，逆风区厚度 3.6 km；7 月 20 日 01:46—03:33，在方位角 134°～142°距离雷达 75 km 处出现逆风区，逆风区厚度 1.5 km；逆风区表明存在着明显的风切变，是局部整层抬升或强对流内的上升气流引起的水平动量交换过程，这种交换影响了水平辐散、辐合的强弱和分布，形

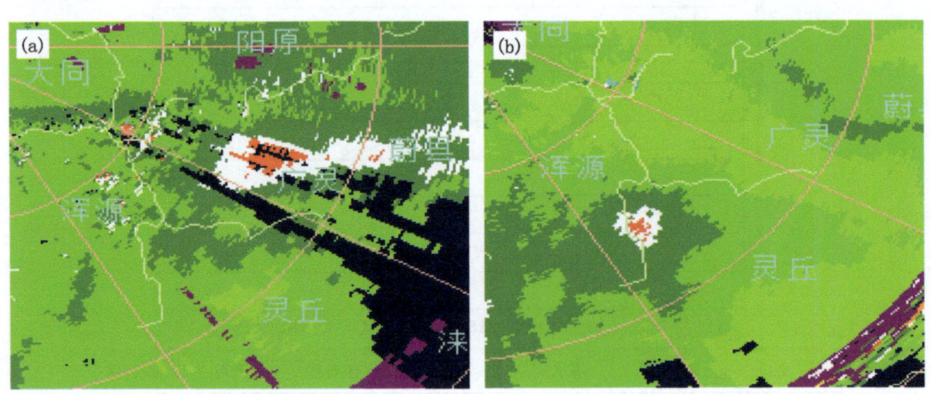

图 7.14　7 月 19 日 08:52 径向速度图(a)和 7 月 20 日 01:46 径向速度图(b)

成中尺度垂直环流(张沛源等,1995)。但从区域站降水实况看,并没有出现降水明显增强站点。这是因为这次“列车效应”主要以稳定性降水为主,虽然出现逆风区但风的垂直切变较小,对降水的贡献不大。

(b) 垂直液态含水量

这次过程降水区的垂直液态含水量最大只有 10 kg·m^{-2},出现短时强降水时也没有增大,所以说垂直液态含水量对于“列车效应”中的短时强降水预报指示性不好。

7.4 中尺度气旋型

中尺度气旋是与强对流风暴的上升气流和后侧下沉气流紧密相联系的小尺度涡旋。它的出现表示气流旋转性很强产生强烈的风切变和辐合,出现中尺度气旋时云团回波加强且移速减慢很容易产生强降水。32 例强对流天气中出现中尺度气旋的有 6 例,对于短时临近预报的时间提前量为 8～34 min。

实例分析:2014 年 7 月 3 日 16:24 在 1.5°仰角基本反射率图上,在灵丘县下关镇的上游地区有一块状回波(图 7.15a),对应在 1.5°仰角径向速度图上有一个中尺度气旋(图 7.15b),2.4°径向速度图上为辐散区(图 7.15c),4.3°径向速度图上为明显的中尺度辐散(图 7.15d)。本例下关上游出现中尺度气旋后块状回波迅速发展,47 min 后在下关产生短时强降水,小时雨强达 22.5 mm。

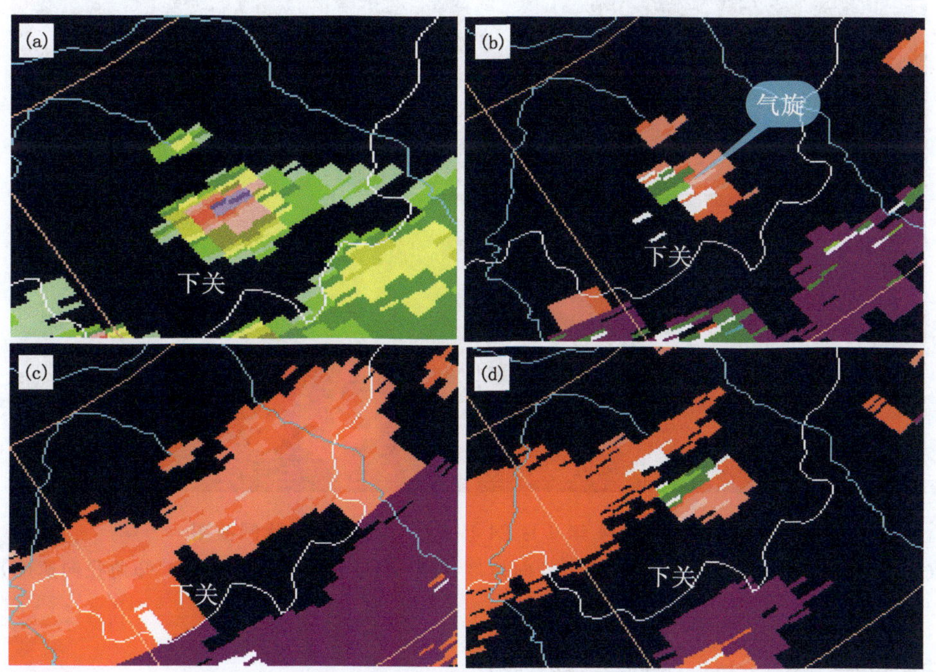

图 7.15　2014 年 7 月 3 日 16:24 多普勒雷达回波图

(a. 0.5°仰角基本反射率;b. 1.5°仰角径向速度;c. 2.4°仰角径向速度;d. 4.3°仰角径向速度)

7.5　中小尺度西南急流型

西南急流是与强降水相联系的水平动量相对集中的气流带，具有风速极大值，急流轴上下均有明显的风速垂直切变，常与夏季暴雨相联系。多普勒雷达径向速度虽然不是大气真实速度，但沿着雷达径向速度仍能间接反映大气运动情况。

个例分析 1：2014 年 6 月 24 日 13:40 在 1.5°仰角基本反射率图上(图 7.16a)，在浑源县北紫峰西南方向有一块状回波，对应在 1.5°仰角径向速度图上(图 7.16b)有一个风速为 10 m·s^{-1}西南急流并且延伸到 2.4°仰角高度上(大约 6 km)，3.4°径向速度图上为明显的辐散区。急流的维持时间为 75 min，并在西南急流引导下将向东北方向移动加强，14:55 在北紫峰产生短时强降水，小时雨强达 19.4 mm。

个例分析 2:2014 年 7 月 15 日 17:14 在 1.5°仰角基本反射率图上(图 7.17a)，左云上游地区 80 km 处有一块状回波，对应在 1.5°仰角径向速度图上(图 7.17b)有一个风速为 15 m·s^{-1}西南急流，西南急流伸展高度达到 4.3°仰角上(大约 5.5 km)(图 7.17c、图 7.17d)。深厚的西南急流为强降水的产生提供了水汽和热力条件。2 个小时以后该回波发展为具有强天气性质的弓形回波，给左云带来小时雨强 17.6 mm 的短时强降水。

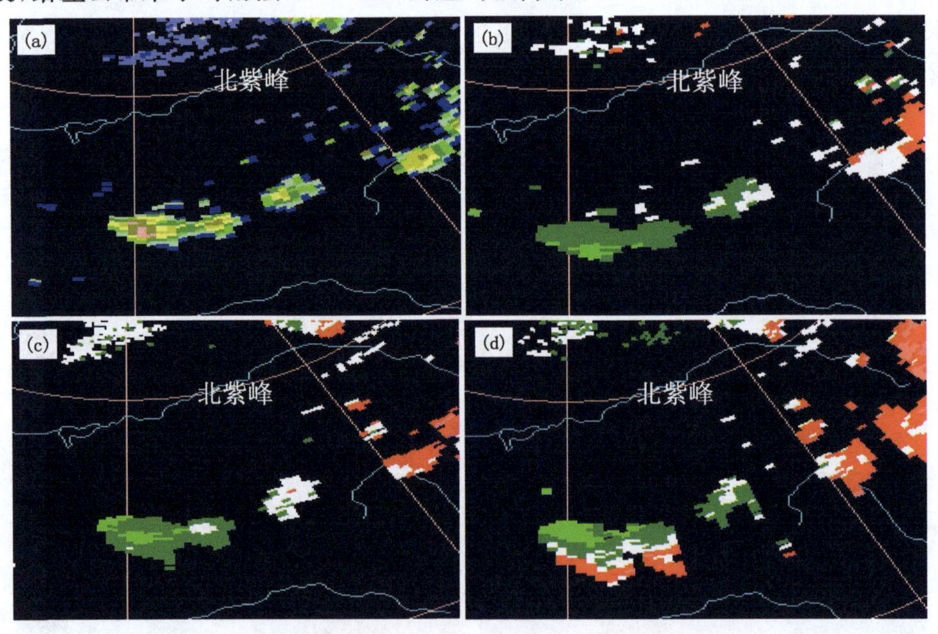

图 7.16　2014 年 6 月 24 日 13:40 多普勒雷达回波图

(a. 1.5°仰角基本反射率；b. 1.5°仰角径向速度；c. 2.4°仰角径向速度；d. 3.4°仰角径向速度)

7.6　西北气流＋中尺度辐合线型

实例：2014 年 7 月 29 日 18:58 在 1.5°仰角基本反射率图上(见图 7.18a)有 A、B、C 三个回波群，下面根据径向速度场判断它们的发展情况：在 1.5°仰角径向速度图上(见图 7.18b)，

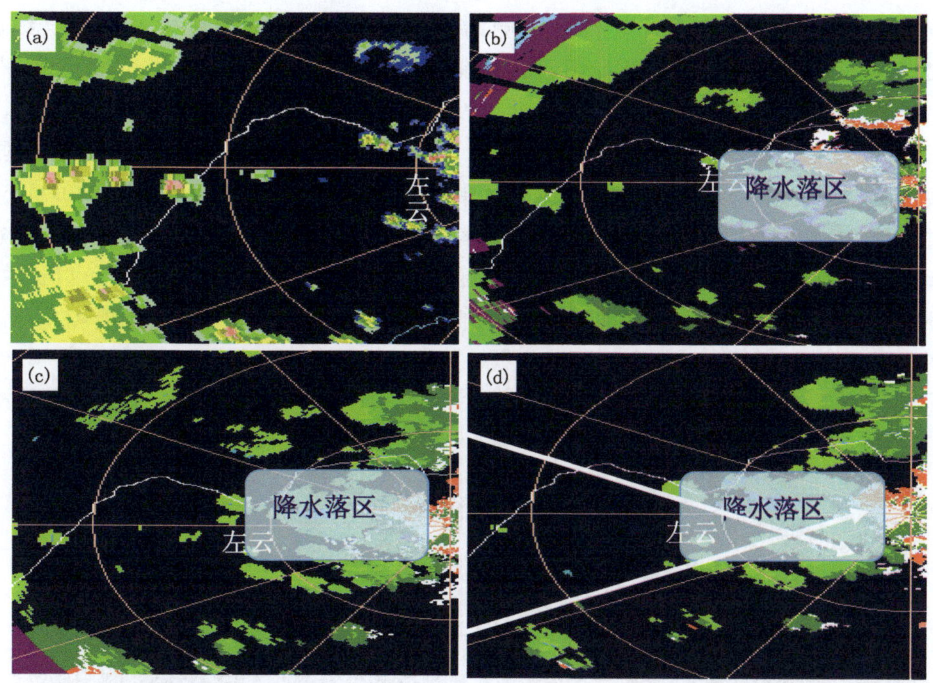

图 7.17　2014 年 7 月 15 日 17:14 多普勒雷达回波图
（a. 1.5°仰角基本反射率；b. 1.5°仰角径向速度；c. 3.4°仰角径向速度；d. 4.3°仰角径向速度）

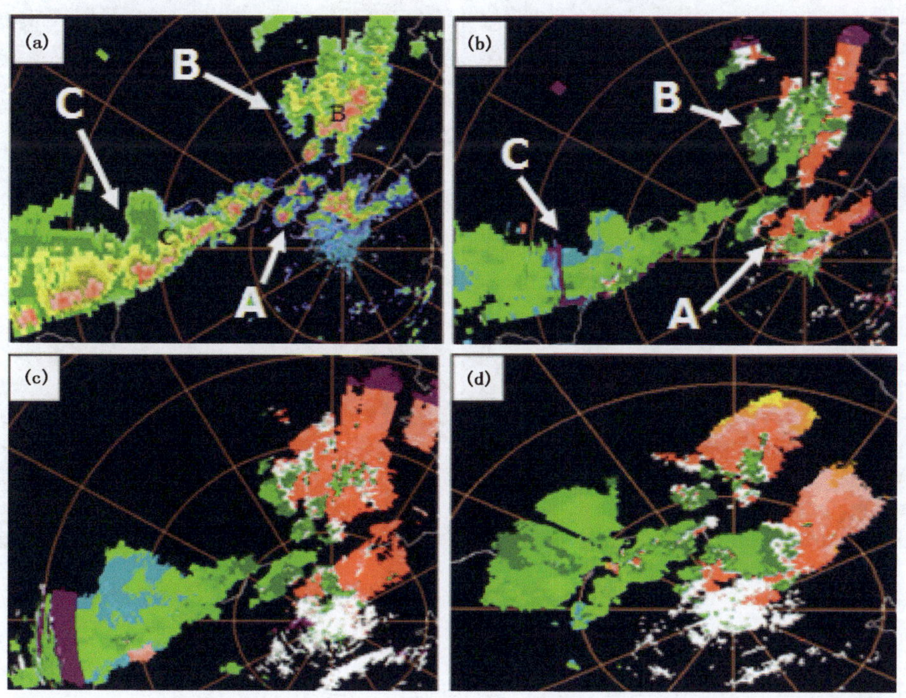

图 7.18　2014 年 7 月 29 日 18:58 多普勒雷达回波图
（a. 1.5°仰角基本反射率；b. 1.5°仰角径向速度；c. 2.4°仰角径向速度；d. 6.0°仰角径向速度）

在距离测站 48～80 km 处有西北气流移向测站，在西北气流东南侧有中尺度辐合线，到 6.0°仰角径向速度图上（图 7.18d）可以看到西北气流伸展到 10 km 高度，可以判断 A 回波群一定会发展增强；B 回波由于没有能量和水汽输送发展潜力不大，C 回波虽然有西南气流输送能量，但由于缺乏冷空气仍然是逐渐减弱的趋势。所以说 A、B、C 三块回波将发展加强的是 A 回波。实况是 A 回波在 65 min 后给所经地区带来强降水天气，最大小时雨强 20.9 mm。

通过对比 18:58—20:03 径向速度图和基本反射率图（图 7.19）可知，伴随西北气流的加强和东南移，产生强降水的是 A 回波，B 和 C 回波逐渐减弱无强降水产生。所以说在发布短时临近预报预警时，应该根据径向速度场特征判断回波的发展趋势，避免漏报和空报，提高预报准确率。

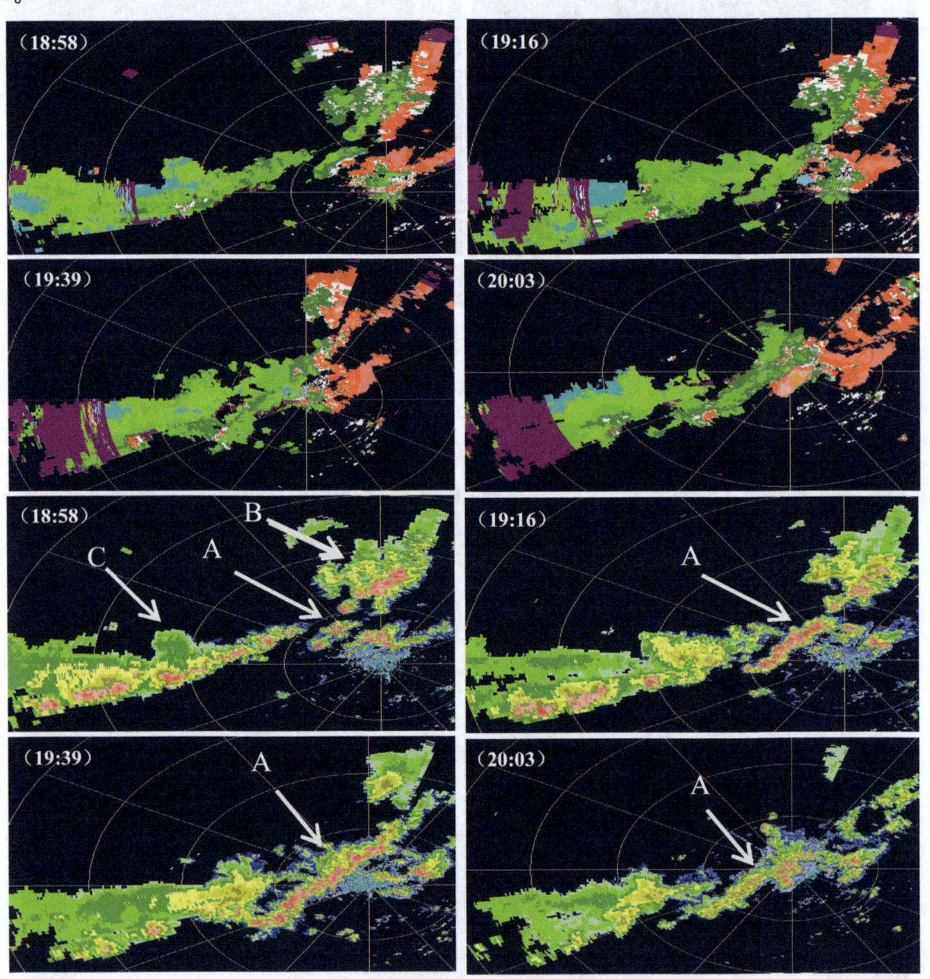

图 7.19 2014 年 7 月 29 日 18:58—20:03 径向速度图和基本反射率演变图

7.7 西南气流＋西北气流＋中尺度辐合线型

图 7.20 是 2014 年 8 月 2 日 17:09—18:09 大同观测到的降水回波，在 17:09 1.5°仰角基本反射率图上，左云上游地区有五个中心强度较强的回波群，到 17:33 这 5 个回波群发展成

片,到 18:09 可以看到回波强度开始减弱。

下面通过径向速度图分析减弱原因:在 17:09 径向速度图上西南和西北气流沿径向运动的延长线相交区域在左云地区,北部回波没有足够水汽供应,南部回波没有干冷空气侵入,因而说在回波体在到达运动延长线相交区域前强度一般发展较慢。若只根据回波强度来发布预警信号容易造成空报和漏报。

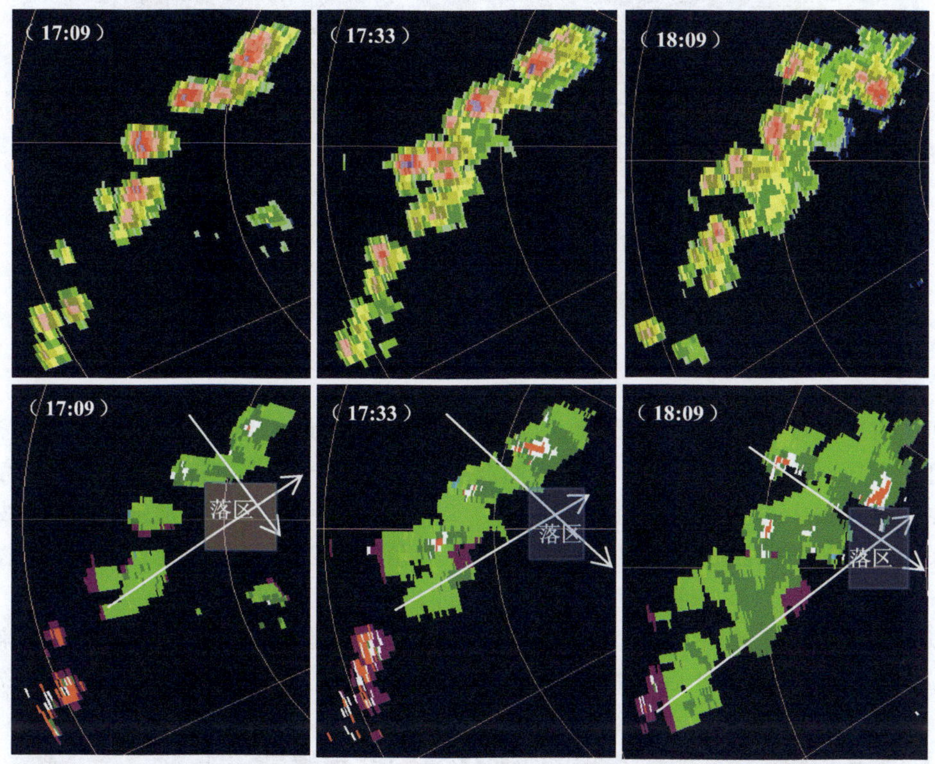

图 7.20 2014 年 8 月 2 日 17:09—18:09 1.5°仰角基本反射率和径向速度

从图 7.21 可以看到,到 19:14 回波群继续减弱但在东南方向有新的回波发展增强,新回波就是由西北和西南气流相遇造成的,到 19:50 回波群继续减弱消散的同时该新回波体发展增强。径向速度图上可以看到 19:14 出现小尺度辐合线,19:50 辐合区发展东移,给左云带来小时雨强 13.2 mm 短时强降水。

7.8 中尺度辐合线持续型

中尺度辐合是触发对流和加强对流的主要系统。低层中尺度辐合场和高层中尺度辐散场的发展与耦合对中尺度系统发展有很好的预示作用。回波单体间的低层辐合高层辐散促使新的回波单体生成和发展。强风暴一般发生在中尺度辐合线、辐合中心及中尺度气旋与反气旋之间,有较强的辐合上升运动。

在 32 次强对流天气中,由中尺度辐合线造成短时强降水的有 13 例,当多普勒雷达径向速度图上出现中尺度辐合线时,加强了辐合上升运动,在它们的移动路径上将有强降水发生。

实例:2014 年 8 月 3 日 18:33 在浑源和灵丘有两个带状回波,对应在径向速度图上可见

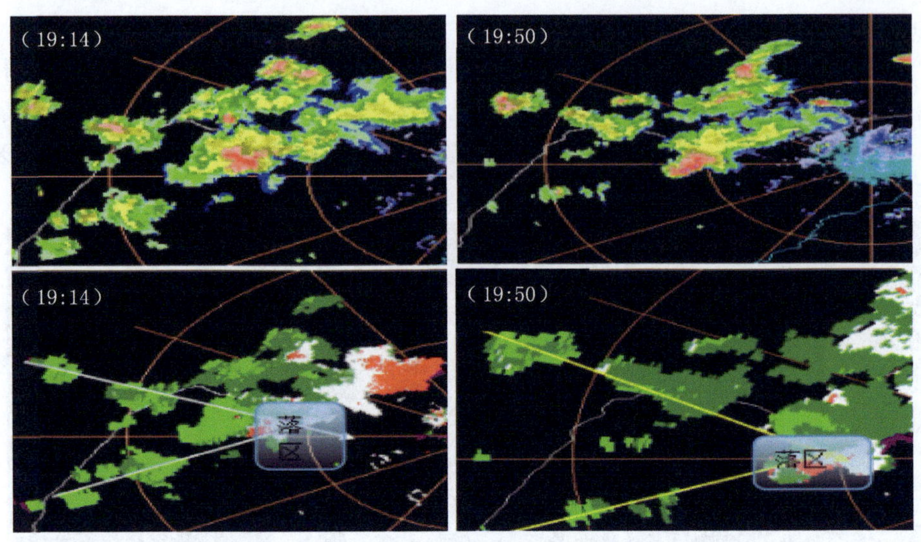

图 7.21　2014 年 8 月 2 日 19:14—19:50 1.5°仰角基本反射率和径向速度图

灵丘的回波有中尺度辐合线配合(图 7.22),所以判断该回波将会继续发展加强且移速减慢,此时即可发布短时临近预报预警。浑源的回波虽然有东南气流供应能量,但由于没有冷空气配合会在东移过程中强度减弱。到 19:09(图 7.23)灵丘中尺度辐合线加强,对应回波强度有所加强。而浑源处的回波强度明显减弱。在 0.5°仰角上可以看到灵丘地区有东南气流辐合,1.5°～2.4°仰角为辐合,3.4°仰角上对应辐散区,即出现了中低层辐合高层辐散配置。由以上特征可以判断灵丘地区的回波强度会继续发展增强。实况是 20:00 该回波给灵丘带来最大小时雨强 17.7 mm 强降水。此后回波移动缓慢,21:00 又给灵丘带来最大小时雨强 17.7 mm 强降水。

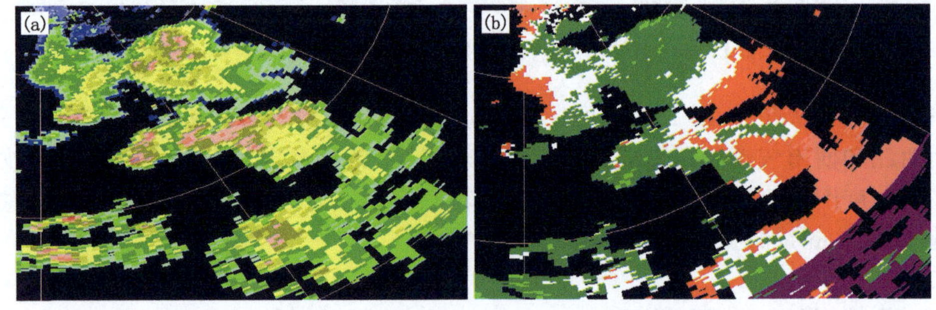

图 7.22　2014 年 8 月 3 日 18:33 1.5°仰角雷达基本反射率图(a)、径向速度图(b)

7.9　西北气流后部＋西南急流型

在 32 例强对流天气中,由西北气流后部配合西南急流造成短时强降水的有 5 例,当多普勒雷达径向速度图上出现西北和西南急流时,在加强了辐合上升运动的同时有冷空气入侵,冷暖空气相遇是降水效率较高的一种配置。

实例:2014 年 8 月 4 日 05:34 在 1.5°仰角径向速度图上(图 7.24),冷空气已经到达雷达

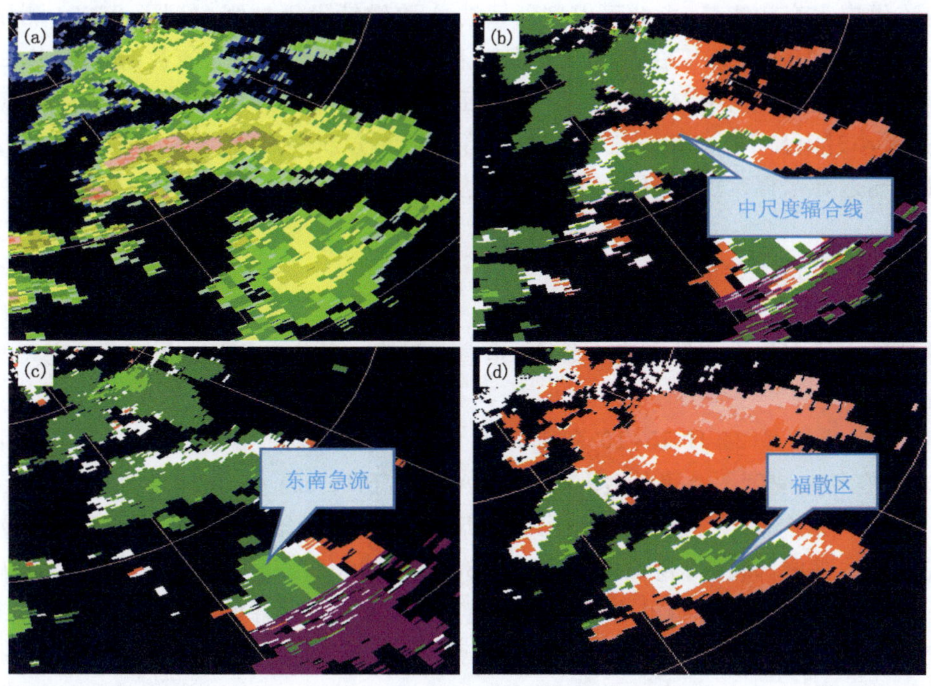

图 7.23　2014 年 8 月 3 日 19:09 雷达图
（a. 1.5°仰角基本反射率图；b. 1.5°仰角径向速度图；c. 0.5°仰角径向速度图；d. 3.4°仰角径向速度图）

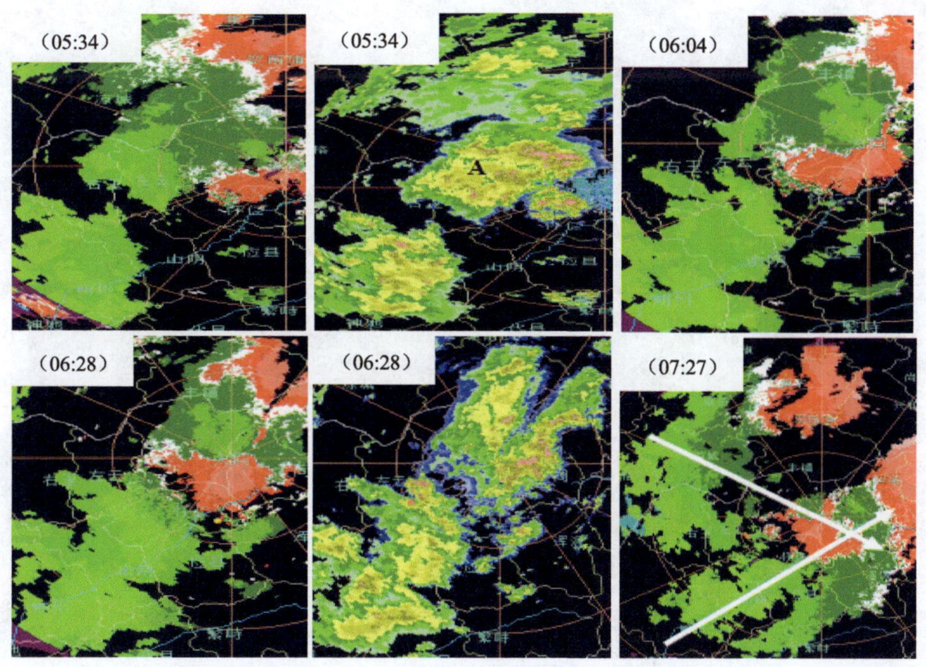

图 7.24　2014 年 8 月 4 日 05:34—07:27 1.5°仰角基本反射率图和 1.5°仰角径向速度图

测站，与之对应的回波 A 出现小时雨强为 10.3 mm 强降水，在回波的西南侧有 15 m·s^{-1}以上西南急流供应水汽和能量，由此可以判断回波 A 将继续发展加强。到了 06:04 测站出现牛眼结构，中心风速 15 m·s^{-1}，在偏北急流作用下 3 km 左右的西南急流被抬升凝结，回波强度增强。伴随东北急流和西南急流的持续交汇，回波群发展加强面积增大。到 06:28 短时强降水开始，最大小时雨强 15.8 mm；从 07:27 开始由于北方新一轮冷空气的入侵和南方源源不断暖湿气流输送降水再次加强，最大小时雨强达 14.8 mm。

7.10　气旋性辐合线型

气旋性辐合线不仅有旋转而且有辐合，是造成强降水的直接原因，也是强对流天气的主要触发系统。

实例：2014 年 6 月 24 日 15:10 在 1.5°仰角基本反射率图上有 A、B 、C 三块回波（图 7.25a），对应在径向速度图上可见（图 7.25b），A 有大于 15 m·s^{-1}东南急流供应水汽个能量，C 处有 5 m·s^{-1}东南风供应水汽，B 处出现中尺度气旋式辐合线，A 和 B 由于有东南急流和辐合线配合回波强度都较强；到 15:27（图 7.25c、图 7.25d）由于东南急流和中尺度辐合线减弱，A 和 B 强度减弱，C 处开始出现中尺度气旋式辐合线，强度开始增强；到 15:39（图 7.25e、图 7.25f），由于 C 处的中尺度气旋式辐合线增强，强度开始进一步增强；到 15:51（图 7.25g、图 7.25h），C 处的中尺度气旋式辐合线持续，强度开始进一步增强增强，中心强度超过 55 dBZ。

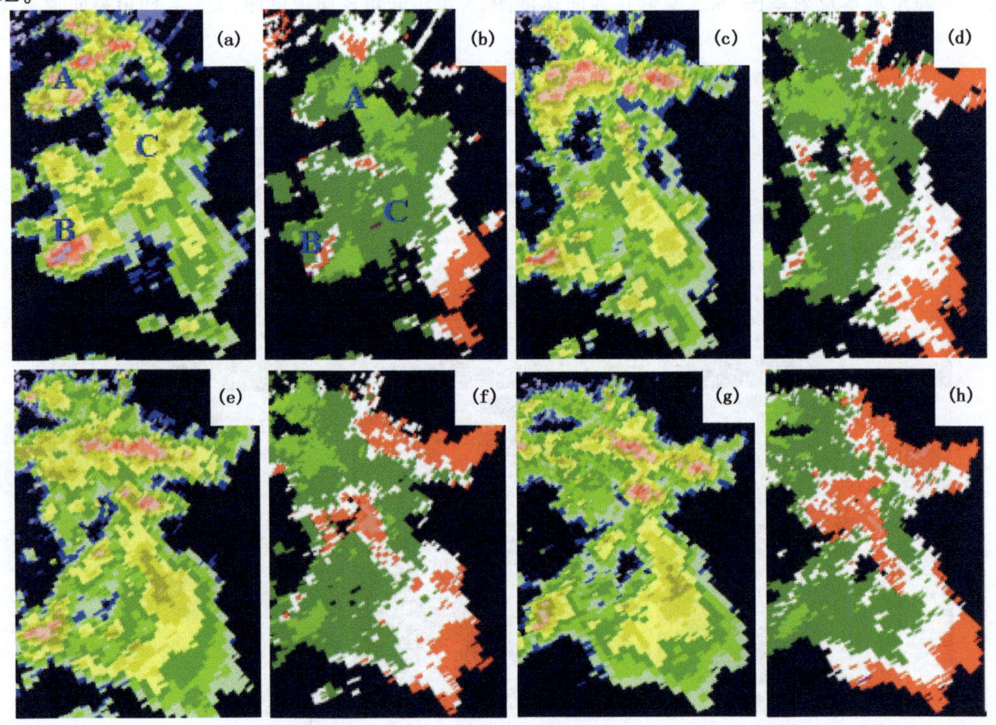

图 7.25　2014 年 6 月 24 日 1.5°仰角基本反射率图

（a. 15:10；c. 15:27；e. 15:39；g. 15:51）和 1.5°仰角径向速度图（b. 15:10；d. 15:27；f. 15:39；h. 15:51）

7.11　本章小结

(1) 通过对 2014 年 32 个短时强降水个例进行分析,在多普勒雷达径向速度图上产生短时强降水的中小尺度系统有:中小尺度辐合线、中低层西南急流、低层牛眼结构、中尺度气旋、逆风区、气旋性辐合线、西北气流、高空大风速核等。大部分短时强降水是多种中小尺度系统相互作用的结果。

(2)多普勒雷达径向速度图上西南急流和西北气流沿径向延长线相交的区域常常是强降水落区。

(3)多普勒雷达径向速度图上冷锋过境后,如果依然有西南急流输送,仍可以产生短时强降水,落区在冷锋控制地区。

(4)多普勒雷达径向速度图上对于孤立的回波体,如果有西南急流配合,回波体会发展加强,当有西北气流侵入时即可断定会有强降水产生。

(5)多普勒雷达径向速度图上高空大风速核和低层西南急流是绝大多数短时强降水具有的特征。

第8章　强降雪天气多普勒雷达特征分析

暴雪是北方地区冬季主要降水形式，常给工农业生产、畜牧业、交通运输和人民生活带来严重影响。山西的降雪天气一般出现在10月下旬到次年4月下旬。这段时间温度低，水汽条件差，又由于冰晶和雪花对电磁波散射能力差，导致多普勒天气雷达回波弱，表现在多普勒天气雷达产品上其特征远没有夏季强对流天气明显。下面通过对2009年到2015年八次强降雪过程进行分析，总结冬季强降雪天气多普勒天气雷达产品特征。

8.1　反射率因子特征

强降雪一般具有持续时间长，降雪量分布不均的特点。在降雪开始阶段常常以对流性降雪为主，反映在基本反射率图上表现为强度分布不均，强降雪中心强度可达40 dBZ以上，回波呈现结构密实的絮状，以积云-层状云混合降水回波为主。对流性降雪结束后转为稳定性降雪，反映在基本反射率图上表现为强度分布较均匀，强降雪中心强度一般在35 dBZ以下，回波呈现纹理均匀的片状结构，以层状云降水回波为主。

层状云或积云-层状云混合降水回波的一个特征是存在“0℃层亮带”(俞小鼎，2006)。它是指在0℃层以上较大的水凝物多为冰晶和雪花，在下降的过程中经过0℃层开始融化时表面出现一层水膜，但尺度变化不大，反射率因子会因为水膜的出现而迅速增加。当冰晶和雪花在进一步下降中完全融化为水滴时尺度缩小，再加上大水滴下降末速度的增大使得单位体积内水滴个数减小，从而使反射率因子降低。“0℃层亮带”在0℃层附近形成，在PPI图上通常在2.4°以上仰角才能看到。从大同CB波段多普勒雷达2007—2017年统计结果看，强降雪持续期间0℃层亮带较强，0℃层亮带减弱时降雪强度随之减弱，对于中等强度以下的降雪天气，出现0℃层亮带的概率较低。0℃层亮带可以作为强暴雪的一个预报指标。

个例分析：2009年11月9—12日山西迎来入冬以来首场强降雪天气，降雪过程持续时间长、强度大、范围广，实属历史罕见。过程降雪量介于5.1～21.9 mm，最大积雪深度达到16 cm，市区、大同县、阳高、左云、灵丘突破了历史同期极值。山西中部积雪深度普遍达到20～30 cm，这次暴雪事件为60年一遇，局部达百年一遇。

图8.1为2009年11月9日山西大同C波段多普勒雷达探测到的大同罕见强降雪1.5°仰角基本反射率图，可以看到18:28—次日02:00回波均呈现结构密实的絮状，以积云-层状云混合降水回波为主，最强回波达到48 dBZ，最强回波所在的位置基本与暴雪中心基本重合。积云-层状云混合降水回波维持时间超过7 h是造成大范围强降雪的主要原因。

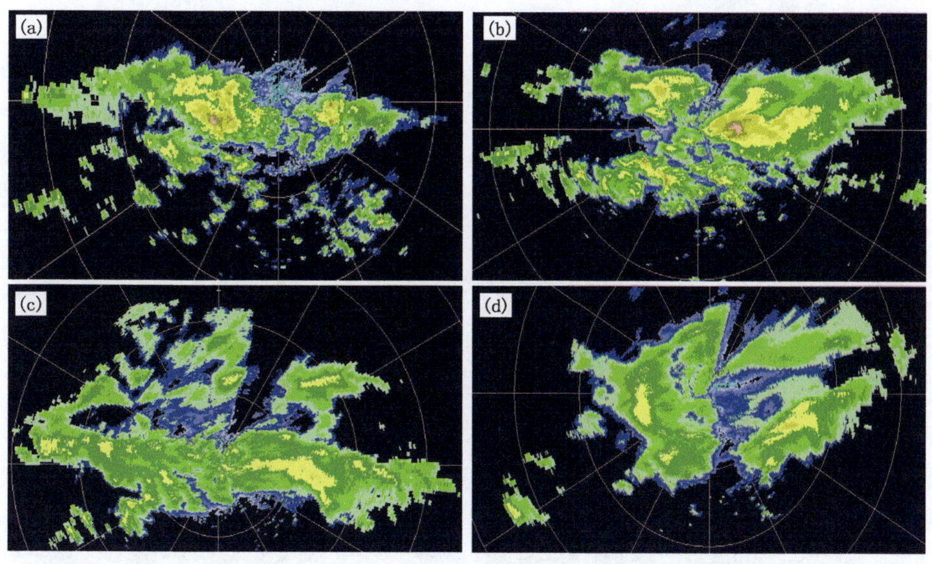

图 8.1　2009 年 11 月 9 日大同罕见暴雪基本反射率 1.5°仰角图
(a. 18:28;b. 20:32;c. 23:13;d. 02:00)

个例分析:2015 年 11 月 5—8 日大同市出现下半年首场雨雪天气,8 县区累计降水量 11.2～47.6 mm,平均为 30.4 mm,最大积雪深度 5～32 cm,最大出现在左云县;5—6 日为降水集中时段,阳高、天镇、左云出现暴雪。北部 5 区县 6 日降水量突破 11 月日最大降水量极值。

这次雨夹雪转雪天气过程回波呈现结构密实的絮状,以积云-层状云混合降水回波为主(见图 8.2),到 11:35 在 2.4°～6.0°仰角上出现 0℃层亮带(见图 8.3),0℃层亮带持续到 14:27,反射率因子强度迅速增大,到 15:33 中心强度达到 50 dBZ 以上(见图 8.4)。这个阶段的降水是比较强的,相态以雨夹雪为主。从 18:19 开始 0℃层亮带间歇性出现并不再长时间持续,此后相态为雪。到 11 月 6 日伴随冷空气入侵相态依然为雪,回波呈现纹理均匀的片状结构,以层状云降水回波为主,6 日的这次过程没有出现 0℃层亮带,最强回波没有超过 35 dBZ(见图 8.5)。

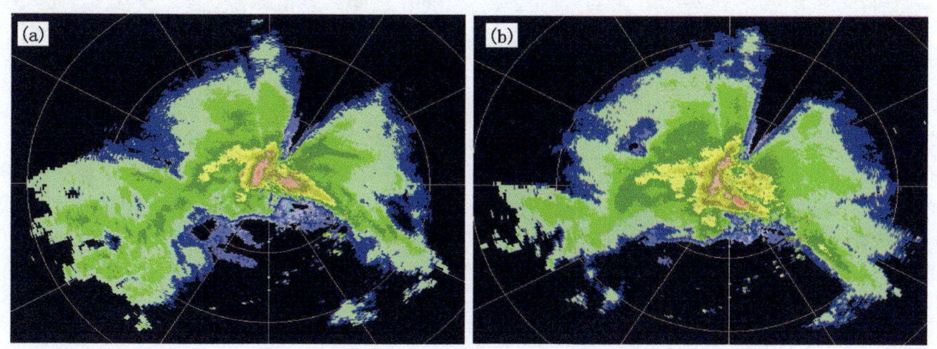

图 8.2　2015 年 11 月 5 日 1.5°仰角基本反射率
(a. 15:18;b. 15:48)

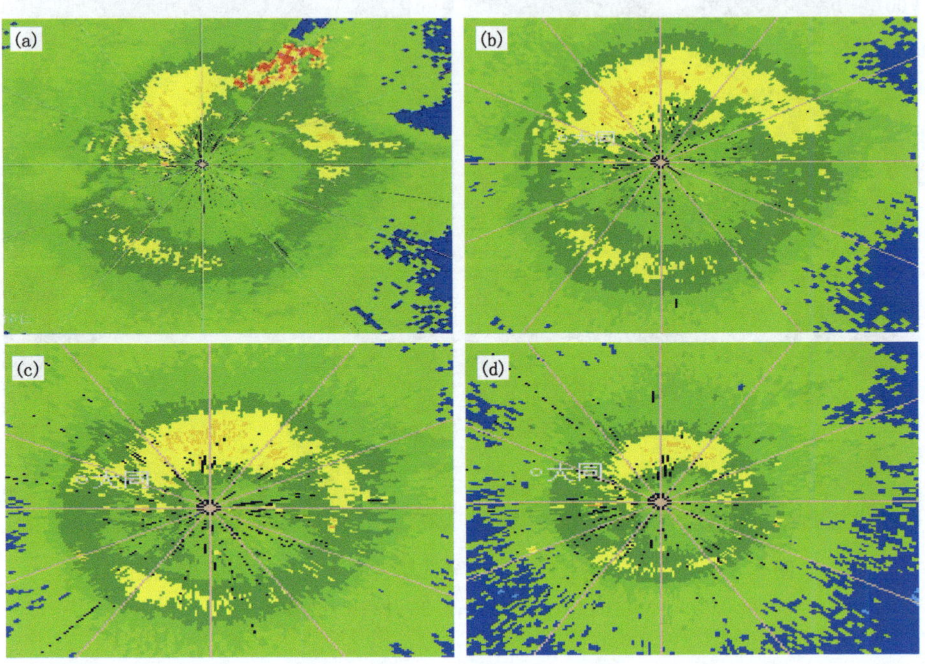

图 8.3　2015 年 11 月 5 日 11:35 大同暴雪基本反射率

（a. 2.4°仰角图；b. 3.4°仰角图；c. 4.3°仰角图；d. 6.0°仰角图）

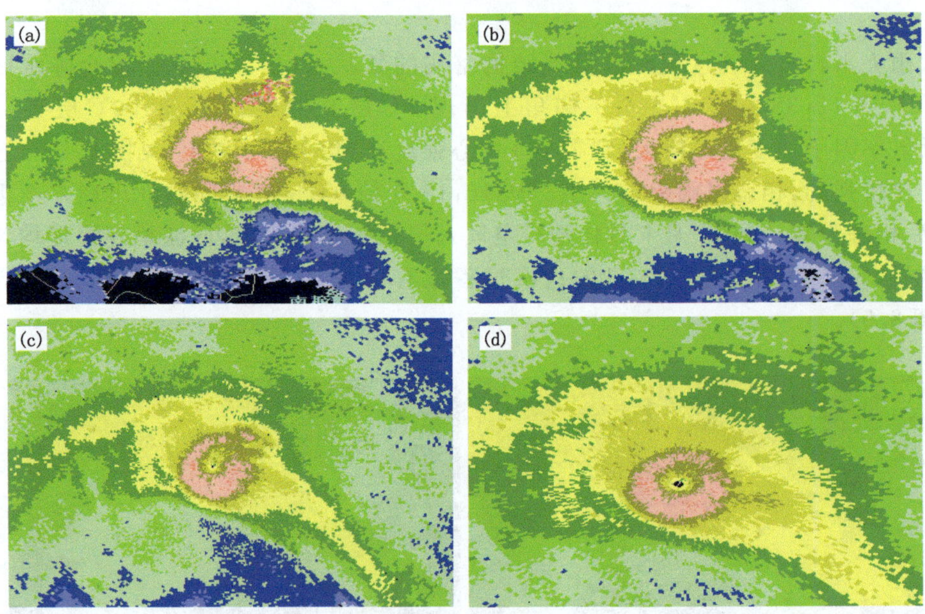

图 8.4　2015 年 11 月 5 日 15:33 大同暴雪基本反射率

（a. 2.4°仰角图；b. 3.4°仰角图；c. 4.3°仰角图；d. 6.0°仰角图）

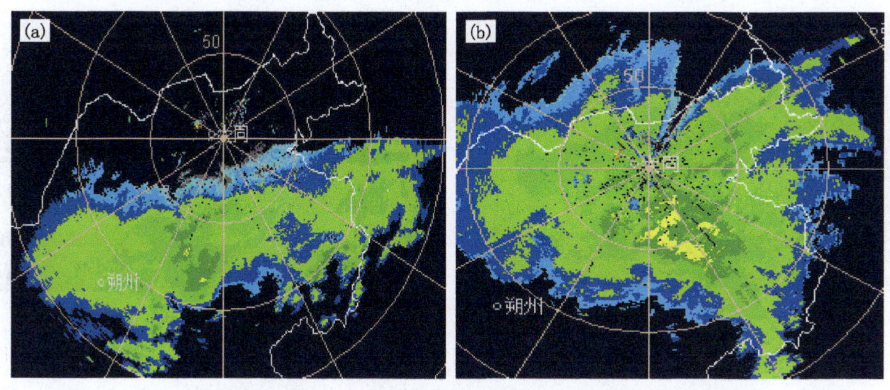

图 8.5　2015 年 11 月 6 日大同降雪 1.5°仰角基本反射率
(a. 18:05;b. 21:40)

8.2　回波顶特征

粒子散射电磁波的能力和粒子大小、形状以及电磁特性等有关(俞小鼎,2006)。由于冰晶和雪花对多普勒天气雷达发射的电磁波散射能力远远小于雨滴,同样对电磁波的衰减作用也较小,导致降雪回波强度一般比降水回波强度弱,伸展高度也低。图 8.6 为 2015 年 11 月 5 日大同11:40和 14:15 基本反射率剖面图;图 8.7 为 2015 年 11 月 6 日大同 18:05 和 21:40 基本反射率剖面图;图 8.8 为 2015 年 11 月 22 日大同 08:34 和 11:04 基本反射率剖面图。由以上三次过程最强降雪时段基本反射率剖面图可以看到,回波顶高度变化比较平缓,回波顶高度较低,当降雪强度较强时,回波高度一般可达 6 km 以上 8 km 以下,当降雪为大雪以下量级时,回波顶高一般在 6 km 以下。

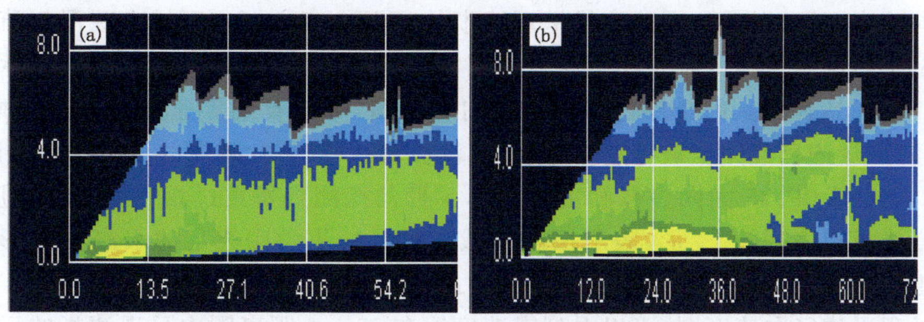

图 8.6　2015 年 11 月 5 日大同基本反射率剖面图
(a. 11:40;b. 14:15)

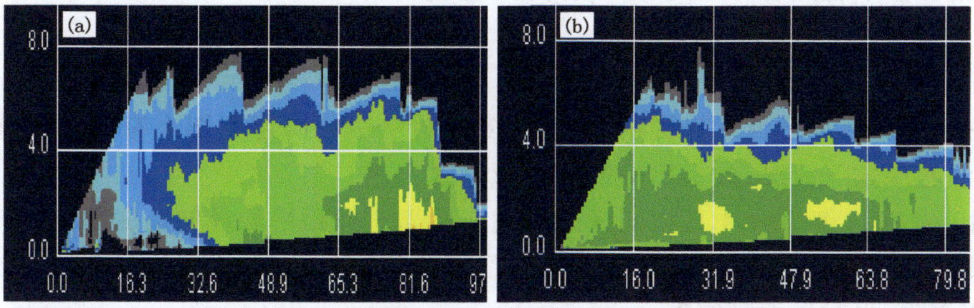

图 8.7　2015 年 11 月 6 日大同基本反射率剖面图
(a. 18:05;b. 21:40)

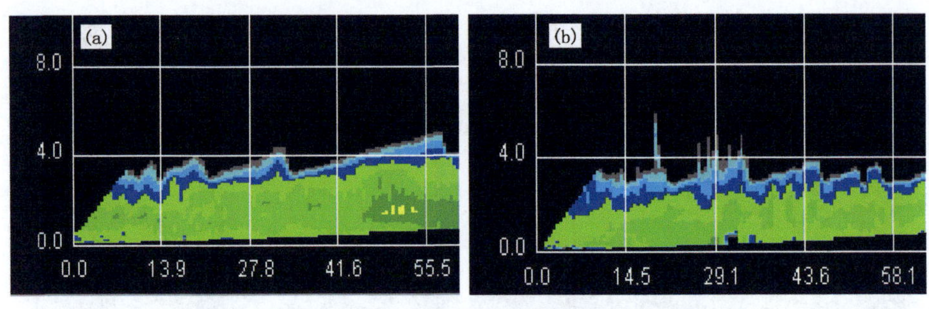

图 8.8　2015 年 11 月 22 日大同基本反射率剖面图
(a. 08:34;b. 11:04)

8.3　径向速度场特征

由于降雪一般为层状云降雪和混合云降雪，回波连续、范围大，零速度线完整，通常可以判断整层大气结构如高低空急流、辐合辐散、大尺度和中尺度切变线等。

8.3.1　通过零速度线特征判断平流特征

零速度线从低层到高层的旋转特征表示的是风随高度变化情况，可以判断测站的平流特征。零速度线从低层到高层顺时针旋转表示暴雪区上空有较强的暖平流，从低层到高层逆时针旋转表示暴雪区上空有较强的冷平流。

图 8.9a 为 2015 年 11 月 5 日 10:39 大同多普勒雷达在 1.5°仰角探测到的雨夹雪转雪过程平均径向速度图，可以看到零速度线呈现清晰的“S”形，表示探测区域有暖湿气流供应充足的水汽，“S”形零度线维持则降雪不会停止。图 8.9b 为 2009 年 11 月 10 日 00:40 大同多普勒雷达在 1.5°仰角达探测到的暴雪过程平均径向速度图，可以看到零速度线呈现清晰的反“S”形，表示探测区域内已经完全被冷空气控制，水汽被切断，降雪会减弱并逐渐停止。图 8.9c 为 2015 年 11 月 6 日 09:23 大同多普勒雷达在 1.5°仰角探测到暴雪过程平均径向速度图，可以看到零速度线呈现清晰的“S”形，表示探测区域有暖湿气流供应充足的水汽，“S”形零速度线消失则降雪逐渐停止。图 8.9d 为 2015 年 11 月 6 日 20:09 大同多普勒雷达在 3.4°仰角探测到的暴雪过程平均径向速度图，可以看到零速度线在 30 km 距离圈内呈现清晰的反“S”形，在 30～50 km 距离圈内零速度线呈反“S”形，表示低层为暖平流，高层 4 km 高度上开始有冷空气入侵，这种情况预示着随着冷空气的入侵降雪强度逐渐减弱并趋于结束。

8.3.2　根据径向速度分析锋面位置

降雪一般受大尺度环流形势影响，反映在多普勒雷达径向速度图上有比较完整的零速度线，可以判断整层大气情况，分析出冷锋和暖锋位置。

图 8.10 为 2013 年 8 月 4 日大同锋面过境前后 1.5°仰角平均径向速度图。由图 8.10a 可见，17:01测站受西南气流影响，在西北方向已经有冷锋开始入侵，到 18:30 锋面已经过境，西南暖湿气流消失，强对流天气结束。

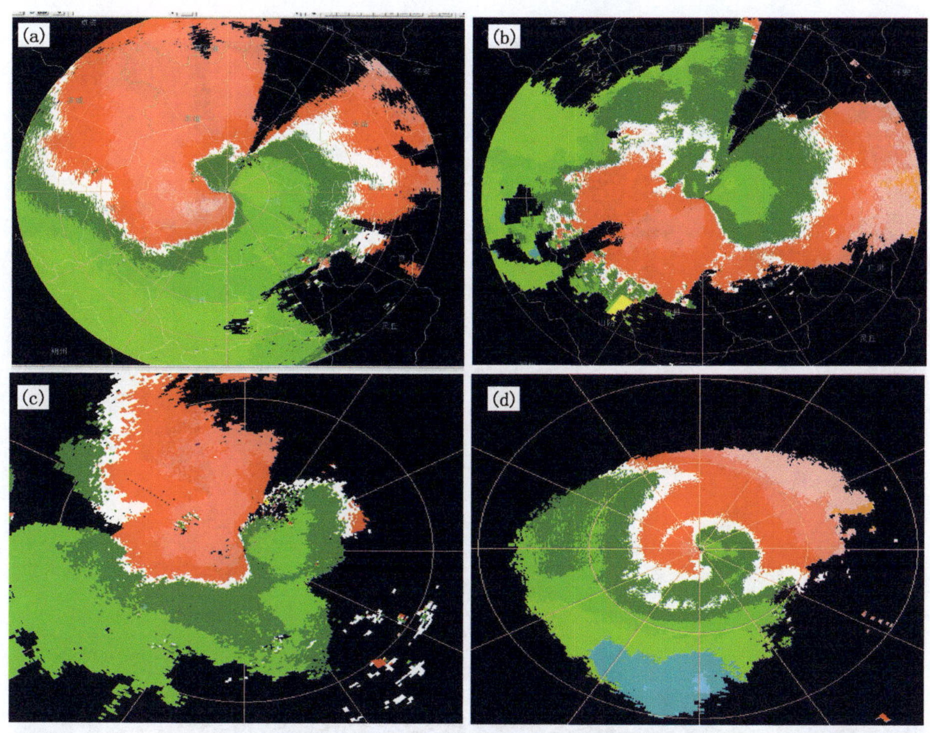

图 8.9　大同多普勒雷达零速度线特征

(a. 2015-11-05 15°仰角；b. 2009-11-10 15°仰角；c. 2015-11-06 15°仰角；d. 2015-11-06 3.4°仰角)

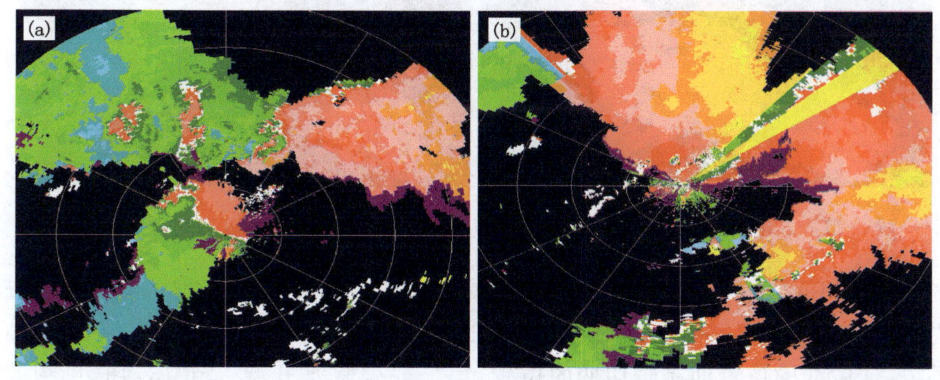

图 8.10　2013 年 8 月 4 日大同锋面过境前(a)和锋面过境后(b)径向速度图

图 8.11 为 2009 年 3 月 11—12 日大同 1.5°仰角锋面过境前后多普勒雷达 1.5°仰角平均径向速度图，可以看到 11 日从 16:45 开始测站受西南气流影响(见图 8.11a)，到 18:24 时出现 15 $m \cdot s^{-1}$ 西南急流，西北部地区冷锋开始入侵，零速度线向偏北方向弯曲(见图 8.11b)。到 22:18 冷锋控制测站零速度线左侧为入流的径向速度，右侧为出流的径向速度，零速度线出现明显折角(见图 8.11c)，锋后是西北风锋前是西南风，表征该零速度线是风场的不连续线，即锋区。到 12 日 00:16 零速度线折角角度继续增大，风向转变近 90℃. 低层显示为"S"形，高层为反"S"形，表明高层冷空气较强(见图 8.11d)。到 12 日 02:13 锋面已过测站，降雪趋于结束(见图 8.11e)，到 03:42 降雪完全停止(见图 8.11f)。

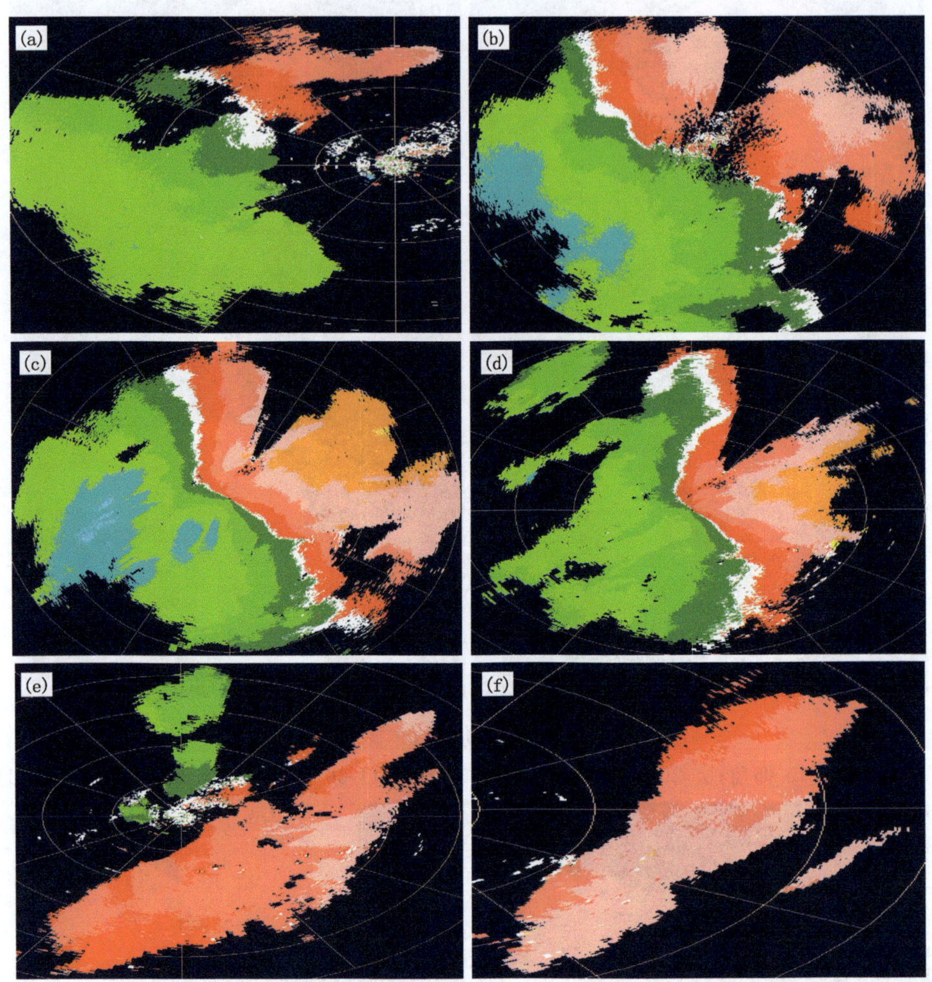

图 8.11　2009 年 3 月 11—12 日大同雷达 1.5°仰角锋面过境前后平均径向速度图

由图 8.12a 可见，大同 08:42 在 50 km 距离圈内零速度线为反“S”形，到 10:47 零速度线减弱消失回波随之减弱，第一轮降水结束。到 12:58(见图 8.12b)低层为东风，50 km 距离圈为西南风，零速度线的位置即是暖切变的位置，第二轮强降水开始。到 13:46(见图 8.12c)低层转为东北风，50 km 距离圈内仍有西南风即暖切变持续，50 km 距离圈内零速度线呈现“S”形。到 17:27 暖切变一直维持并且西南急流持续加强(见图 8.12d)，暖切变的长时间维持是降水较强的主要原因。从 17:27 速度场看，暖切变线范围开始减少，西北方向的冷空气加强并入侵到 50 km 距离圈内。到 18:26 暖切变继续减弱，冷锋加强并向测站方向继续移动(见图 8.12e)，19:32 冷锋经过测站暖切变消失降水结束(见图 8.12f)。

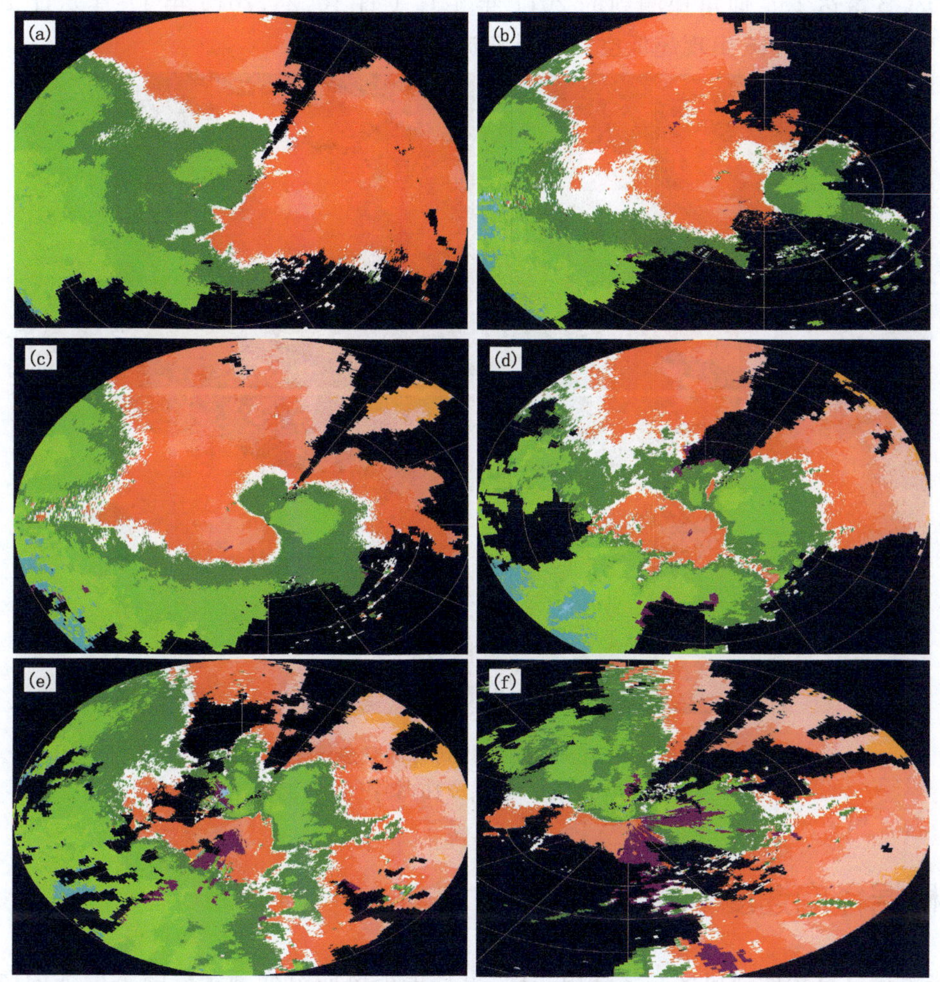

图 8.12 2013 年 7 月 1 日大同雷达 1.5°仰角暖切变平均径向速度图

(a. 08:42, b. 12:58, c. 13:46, d. 17:27, e. 18:26, f. 19:32)

8.4 根据径向速度判断低空急流

产生暴雪的前提条件是要有充足的水汽供应，而低空急流是暴雪输送水汽的主要通道。在降雪过程中利用多普勒天气雷达径向速度图常常能观测到低空东风急流或东北急流，即在多普勒天气雷达径向速度图上出现“牛眼”结构。这两种急流也反映了回流降雪的低空风场特点，“牛眼”对应的风速大则降雪量大，“牛眼”对应的风速小则降雪量小。当一对大“牛眼”经过测站中心时，它表述的是大的风速带或高低空急流；当一对小“牛眼”在同一径线两侧时表述的是中气旋或中反气旋；当一对小“牛眼”在同一径线上时表述的是中辐合或中辐散，中辐散在低仰角出现时，常常会在短时间内出现下击暴流，是判断飞机能否安全降落的重要预报指标。

图 8.13a 为大同 CINRAD/CB 雷达 1.5°仰角探测到的 2016 年 12 月 25 日 20:00 低空急流平均径向速度图，可以看到低空有偏北低空急流；图 8.13b、图 8.13c 和图 8.13d 为大同

CINRAD/CB 雷达 1.5°仰角探测到的 2011 年 4 月 1 日 10:24、2015 年 11 月 5 日 10:39 和 2015 年 11 月 6 日 20:15 出现超低空东北风急流。

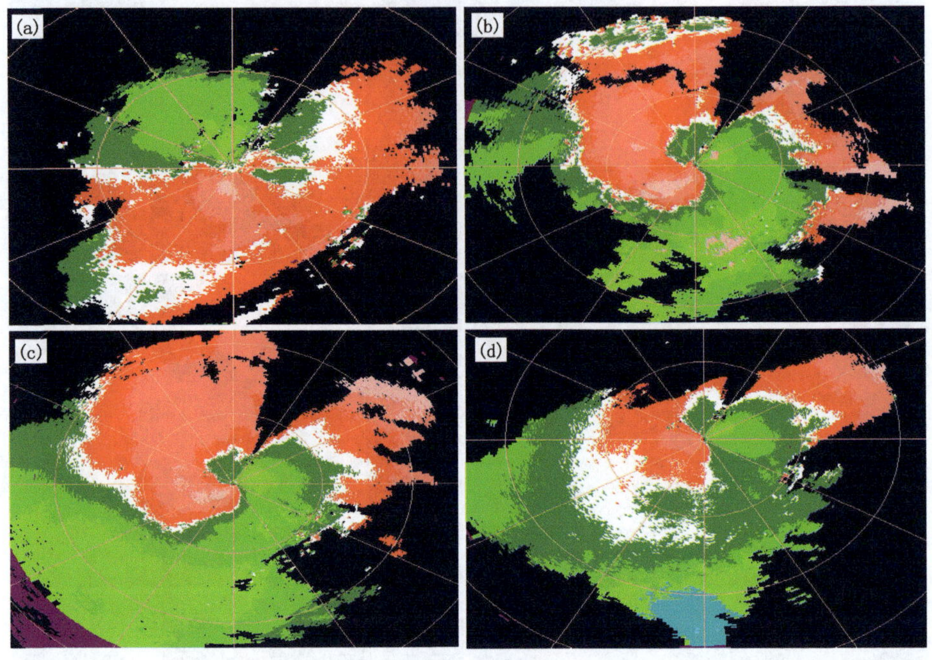

图 8.13　大同雷达 1.5°仰角探测到的低空急流平均径向速度图

(a. 20:00;b. 12:24;c. 10:39;d. 20:15)

8.5　根据径向速度判断逆风区

强降雪天气过程的逆风区与强降雨一样，也是表征风向突变预示着降雪增强的风场结构特征。

图 8.14a 为 2011 年 4 月 1 日 11:07 大同 CINRAD/CB 雷达 1.5°仰角逆风区平均径向速度图，可以看到在方位角 0°～31°，距离雷达 3.5～19.8 km 范围内出现逆风区，逆风区持续时

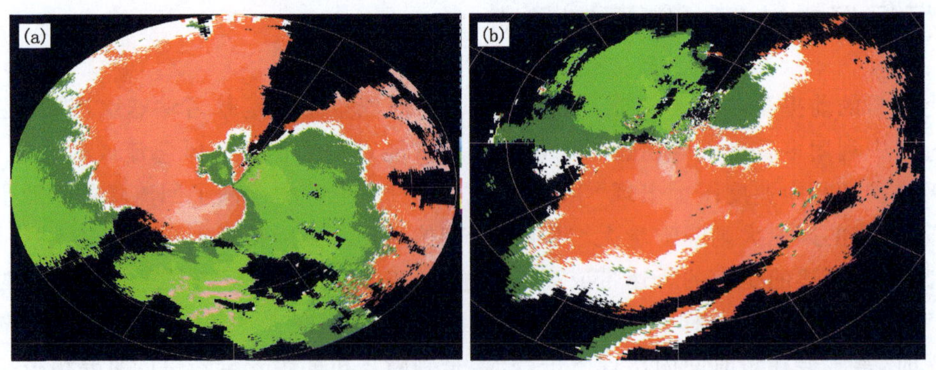

图 8.14　大同 CINRAD/CB 雷达 1.5°仰角逆风区平均径向速度图

(a. 2011-04-01 11:07;b. 2016-12-25 20:18)

间为 12 个体扫即 72 min，逆风区厚度为 1.6 km。图 8.14b 为 2016 年 12 月 25 日 20:18 大同 CB 雷达 1.5°仰角逆风区平均径向速度图，可以看到在方位角 90°～120°、距离雷达 10.3～31.1 km 范围内出现逆风区，逆风区持续时间为 5 个体扫即 30 min，逆风区厚度为 1.6 km。这两个个例在逆风区出现前降雪已经开始，这时可以通过多普勒天气雷达平均径向速度图监控低空急流的变化，可以作为强降雪是否会持续的一个预报指标。

8.6 根据径向速度判断中高空暖湿急流

有利于降雪持续的中高空急流一般是南风急流，它的作用主要是输送水汽，使辐合增强。从 2007—2017 年降雪个例看，每次强降雪在多普勒雷达径向速度图上都能监测到较强的中高空急流，所以对于降雪天气过程当多普勒天气雷达平均径向速度图上出现中高空南风急流时，可以作为强降雪的预报指标。

图 8.15 为大同地区四次强降雪过程多普勒雷达 1.5°仰角平均径向速度图，可以看到这四次过程中高空都有明显的西南急流，它们都出现在 100 km 距离圈附近，距离地面的高度在 4 km 以上。图 8.15c 表述的是大风速带，作用是使西南急流增强。图 8.15a、图 8.15b 和图 8.15d 表述的是西南象限内的暖湿辐合增强，作用是提供充足的水汽及热量。

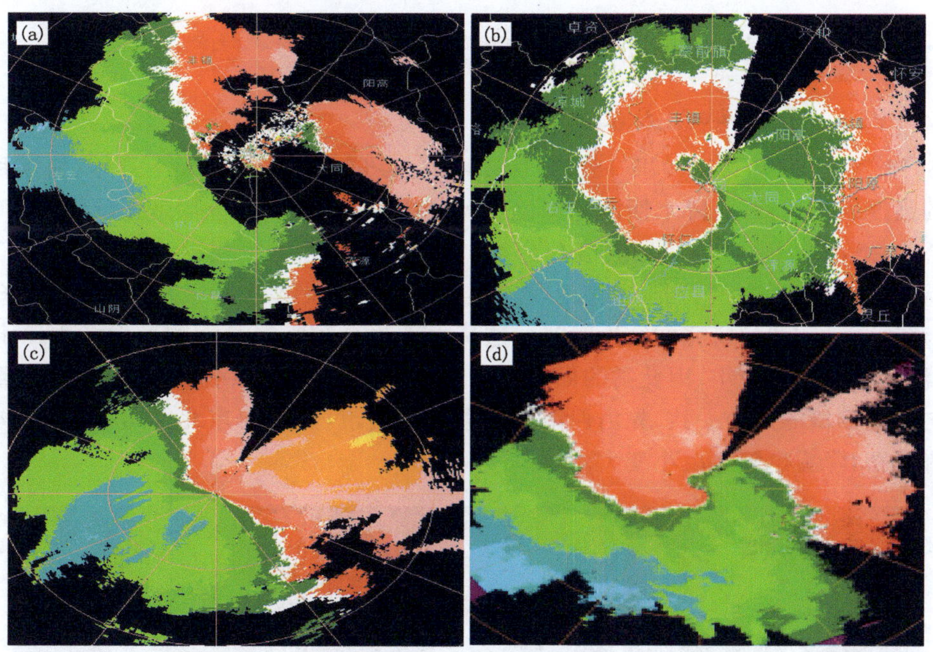

图 8.15 大同强降雪过程 CB 雷达 1.5°仰角中高空西南急流平均径向速度图
(a. 2010-01-02 22:31；b. 2011-04-01 15:20；c. 2009-03-11 22:31；d. 2015-11-05 13:19)

8.7 典型个例分析——“2009-11-09”强降雪多普勒雷达散度分析

8.7.1 实况概述

2009年11月9—12日山西迎来了入冬以来首场强降雪天气，降雪过程持续时间长、强度大、范围广，实属历史罕见。过程降雪量介于5.1～21.9 mm，最大积雪深度达到16 cm。大同市区、大同县、阳高县、左云县、灵丘县突破了历史同期极值。山西中部积雪深度普遍达到20～30 cm，这次暴雪事件达60年一遇，局部达百年一遇。

8.7.2 天气形势分析

从11月9日08时高空形势分析(图略)，500 hPa中纬度环流平直，不断有冷空气东移，从11月9日08时地面图上(图略)大同市处于河套倒槽前部东南气流里。东南气流又把渤海湾的水汽源源不断地输送到大同地区，这也是地面典型的回流形势，为降水提供了必要的条件。在11月9日08时700 hPa风场上大同地区有一条西南风急流轴，风速达14 $m \cdot s^{-1}$，850 hPa风场上，在河套附近形成一条东北风和西南风切变，同时还有明显的气旋式辐合，冷暖两支气流强烈辐合上升是造成此次暴雪过程的次天气尺度系统。

8.7.3 多普勒雷达回波特征分析

8.7.3.1 PPI基本反射率回波特征分析

图8.16为2009年11月9日18:34、19:24、22:54降雪在1.5°仰角上开始、加强和减弱三个时次的强度回波图，可见降水回波范围比较大，在60 km范围内全部是连续性降水回波，强回波中心为35 dBZ，强度不强；回波表现为均匀的絮状，边缘毛松模糊不清，没有确定的边界的丝缕状纹理结构。这些特征与其他季节连续性降雨回波的特征相类似。与张晰莹等(2003)、郝建萍等(2006)研究的结论一致。这是由于冰晶和雪对微波的散射能力比水滴小的多，对微波衰减作用也较小，因此雪的回波强度通常比连续性降水回波弱。此次降水回波的移动方向与地面倒槽的走向一致，先由西南方向进入大同市，然后向东北方向移动，结构由松散逐渐变为紧密，降雪也随之由小变大。

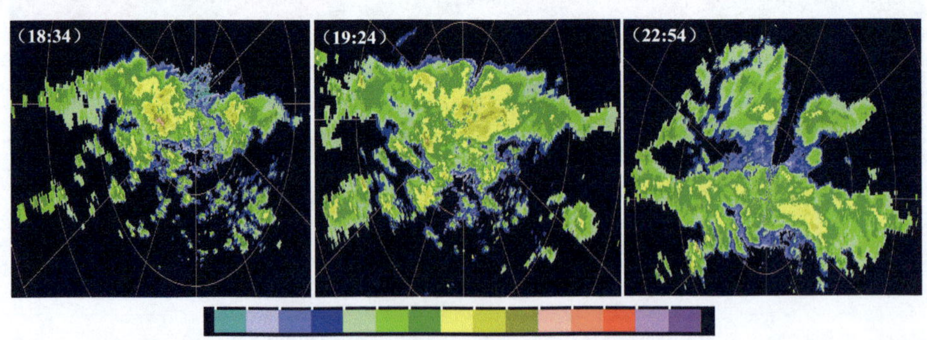

图8.16　2009年11月9日降雪开始、加强和减弱阶段雷达反射率因子

8.7.3.2 PPI 径向速度特征分析

(1)PPI 径向速度定性分析

雷达的径向速度产品是分析降水系统水平运动和能量输送的一个重要手段。通过对零速度线的形状和位置的分析可以进一步验证大气的动力和热力结构,初步判断风随高度变化趋势、冷暖平流输送和动力辐合辐散情况(沈永生 等,2010)。在多普勒速度产品应用中,大尺度运动往往是冷暖平流、辐合辐散等各种运动的集中反映,暖平流与大尺度辐合相结合就是一种典型的产生灾害性天气的速度特征(夏文梅 等,2002)。

下面从 1.5°仰角多普勒雷达速度图分析这次降雪过程。

图 8.17 为 2009 年 11 月 9 日 1.5°仰角上 15:59、17:13 和 20:07 三个时次的平均径向速度图,可以看到有以下特征:15:59 雷达中心 30 km 范围内,零速度线呈弓形,此时降雪开始;17:13 在平均径向速度图上,在测站周围 40 km 范围内,零速度线呈"S"形表明低层有暖平流;20:07 在测站周围 50 km 的范围内出现"牛眼"结构,"牛眼"结构位于第一距离圈附近,表明最大风速出现在低层,风向为东北风,最大正速度为 10 $m \cdot s^{-1}$,最大负速度为 -15 $m \cdot s^{-1}$,这种负速度中心值大于相应的正速度值,表明存在着风速辐合。

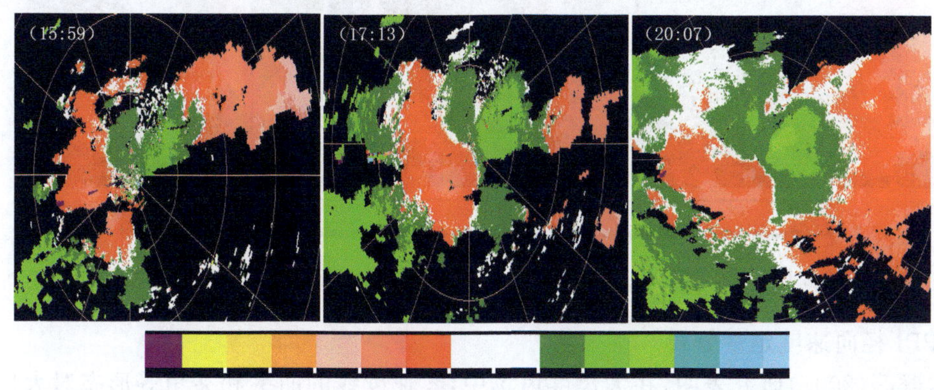

图 8.17 2009 年 11 月 9 日降雪开始和加强阶段 1.5°仰角三个时次平均径向速度图

图 8.18 为 2009 年 11 月 9 日降雪增强阶段 1.5°仰角 21:21、21:34 和 22:23 三个时次平均径向速度图,可见 21:21"牛眼"结构仍位于第一距离圈附近,表明最大风速仍在低层,风向仍为东北风,最大正速度增大为 15 $m \cdot s^{-1}$,最大负速度维持 -15 $m \cdot s^{-1}$,低层出现急流,21:34在 60 km 范围内有辐合,即负速度区面积大于正速度区面积,且负速度区的最大速度区

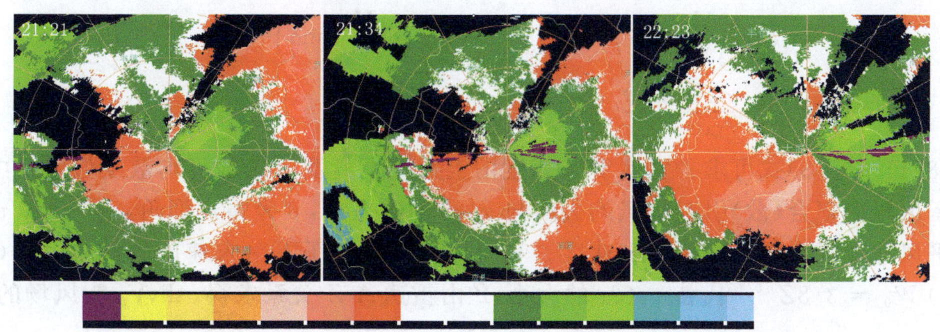

图 8.18 2009 年 11 月 9 日降雪增强阶段 1.5°仰角三个时次平均径向速度图

出现速度模糊，这说明存在水平辐合，这种情况一直持续到22:42又恢复到最大速度为±15 $m \cdot s^{-1}$的“牛眼”结构。到22:23在测站西北方向40 km附近的零速度线随距离增加明显逆转而弯向正速度区，相应东南一侧零速度线基本平直。实际上这是冷平流和大尺度辐合运动叠加在一起的特征(王丽荣 等,2009)。因为大尺度辐合时，相应西北方向零速度线也应该是随距离增加逆转而弯向正速度区，和冷平流零速度线逆转相叠加，导致这一侧零速度线明显逆转；而东南向辐合运动零速度线则是顺转弯向正区，和冷平流的逆转方向相反叠加后零速度线平直。这种冷平流加辐合运动有利于降水的维持。

图8.19为2009年11月9日降雪增强前不同仰角平均径向速度图，可以看出在0.5°、1.5°和2.4°仰角径向速度图上，18:34零速度线均呈“S”形，从而得出测站周围风随高度顺转有暖平流。

综合上述分析，暖平流叠加风向风速辐合是此次降雪加强和维持的主要因素(李斌 等,2005)。

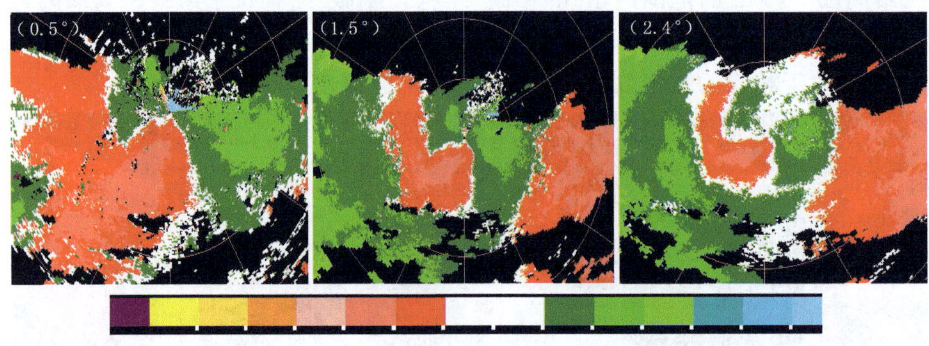

图8.19　2009年11月9日18:34降雪增强前三个仰角相对径向速度图

(2)PPI径向速度定量分析

胡志群等(2007)研究表明，在大尺度风场中，零速度线的曲率和夹角等形态对大尺度辐合辐散有着明显的指示作用，并提出了对雷达径向速度图的图像识别法，该方法能简单有效地识别PPI上速度的零点并制作散度图。

$$\alpha = \frac{\pi}{2} - \left[\frac{\Delta\theta}{2} - \arccos\left(\frac{V_f}{V_h}\tan\delta\right)\right]$$
$$\beta = \frac{\pi}{2} + \left[\frac{\Delta\theta}{2} - \arccos\left(\frac{V_f}{V_h}\tan\delta\right)\right] \tag{8.1}$$

$$\Delta\theta = 2\arccos\left(\frac{V_f}{V_h}\tan\delta\right) - \alpha + \beta = 2\arccos\left(\frac{V_f}{V_h}\tan\delta\right) + 2\gamma \tag{8.2}$$

$$\mathrm{div}V_h = \frac{a_0 - 2V_f\sin\delta}{r\cos\delta} \tag{8.3}$$

由(8.1)～(8.3)式可求得雷达PPI速度图上某一距离圈风场的平均散度值。式中α、β、γ分别表示因风向辐合(散)引起的风的去向与$x(y)$轴的夹角，δ为雷达仰角，$v_h(\theta)$和$v_f(\theta)$分别为水平风速和降水粒子的下落末速度。利用计算降水粒子下落末速度的经验公式(胡志群等,2007) $W_0 = 3.8Z^{0.072}$代替$v_f(\theta)$的大小，Z由雷达A-Z关系求得。$\mathrm{div}V_h$为风场的平均散度。在具体计算过程中，a_0可根据$a_0 = 2/m\sum_{i=1}^{M}V_{ri}$确定，其中$M$表示某一距离圈上有速度值的点的总数，$i$ 表示点的序号，V_{ri} 表示第 i 个点处的多普勒雷达速度。因为降雪天气大气在垂直方向较稳定，不利于对流发展，降水粒子没有发展到高空，所以零度层高度较低。以降雪期间距离雷达中心 20 km 范围内的平均散度值为例进行对比分析。

表 8.1 是根据公式(8.1)～(8.3)计算得到的散度值与定性判断的对比分析，可见两种方法具有很好的一致性，可以看出整个降雪阶段低层绝大多数时间都存在辐合，而且随着降雪的增强辐合层逐渐增加到 60 km，表明实际风在各高度层次上是辐合的(谢向阳，2003)，到降雪减弱阶段低层变成辐散高层辐合，表明大气动力条件减弱(图略)。

表 8.1　20 km 范围内风速辐合辐散定性和定量分析比较

时间 项目	15:59	17:13	18:34	19:24	20:07	20:44	21:34	22:05	22:48	23:25	00:03	01:05
O 线形状	弓形	“S”形	“S”形	“S”形	“S”形	弓形	“S”形	“S”形	弓形	弓形	弓形	弓形
正负面积	负＞正	负＞正	负＞正	负＞正	负＞正	负＞正	负＞正	正＞负	负＞正	负＞正	负＞正	负＞正
定性判断	辐合	辐合	辐合	辐合	辐合	辐合	辐合	辐合	辐合	辐合	辐合	辐合
散度值 ($\times10^{-4}s^{-1}$)	−1.3	−2.2	−1.6	−3.1	−2.8	−2.7	−2.7	1.5	−5	−3	−3	−3.2
定量判断	辐合	辐合	辐合	辐合	辐合	辐合	辐合	辐合	辐合	辐合	辐合	辐合

8.7.4　VWP 风廓线特征分析

胡明宝等(2000)研究证实，风廓线产品与探空测风所得的结果一致性相当好，因此分析风廓线资料可以在一定程度上揭示暴雨过程中垂直风场的相对真实结构。

根据要求的一小时间隔重新处理雷达原始资料可以求得每半个小时的雷达风廓线资料(张京英 等，2009)。图 8.20 为 11 月 9 日 17:51—10 日 02:44 的逐半小时雷达风廓线资料，可

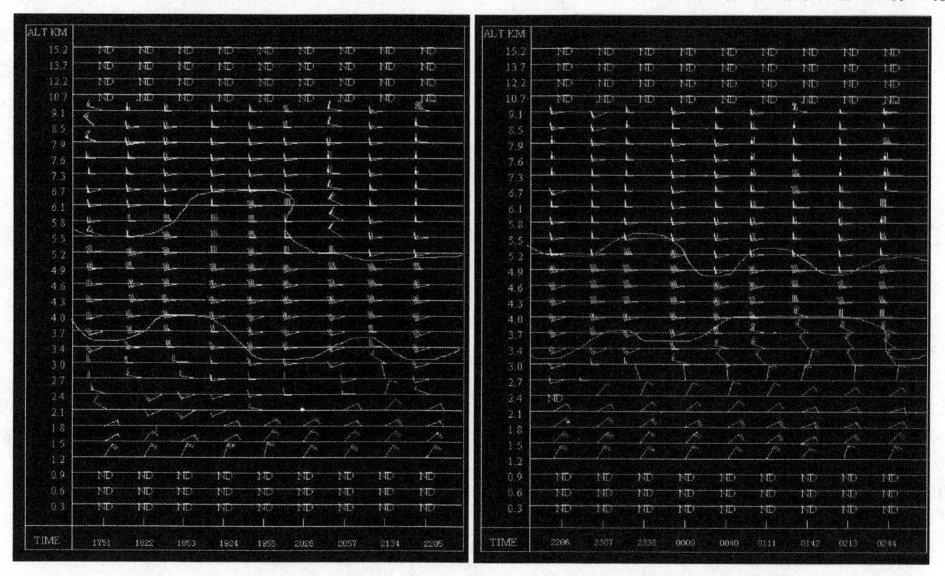

图 8.20　11 月 9 日 17:51—10 日 02:44 逐半小时雷达风廓线资料
(图中曲线为高低空 16 m · s^{-1} 和 12 m · s^{-1} 风速所在最低高度变化线)

以看出 17:51—24:00 即从降雪开始到降雪减弱阶段，从 3～6 km 均为西南气流，风速从低层到高层逐渐增大，而且维持较长时间，说明此次降雪过程有较深厚的西南气流，这种风场为强降雪产生提供充足的水汽和能量。

在降雪开始和加强阶段，大于 12 m·s^{-1}的西南急流位于 3 km 以上高度，且最大厚度达3 km左右，到 24:00 以后西南急流开始缓慢向上收缩，低层西南风减弱，且厚度减小到 1 km 左右，降雪强度开始减弱。由图 8.20 可以看出，在降雪加强阶段，高空急流风速达到 18 m·s^{-1}，最大高度达 6.1 km，这种高空辐散具有抽吸作用。整层风从下到上风向随高度顺时针旋转，且风速增大，具有暖平流特征。暖平流把水汽输送到降水区，形成湿中心，又为降水提供了有利的条件。

8.7.5　本节小结

(1)地面回流和低空急流相结合是产生强降雪产生的主要原因，暖平流叠加风向风速辐合是降雪加强和维持的主要因素。

(2)PPI 速度图上，如果各个仰角上零速度线均呈“S”形，可得出测站周围风随高度顺转有暖平流且暖平流较深厚。当出现“牛眼”形结构并在低空有“正负”速度的两个大值区时，说明存在低空急流是产生强降雪的重要原因。

(3)分析 PPI 强度资料变化，可以推断降雪的强度以及区域分布情况，高仰角的 PPI 的变化还反映出湿度条件的一些垂直分布特征。

(4)分析 VWP 风廓线可以清楚地展示强降雪的风场的垂直结构及其变化特点，直观地反映出降水过程中风场变化特征。整层风从下到上风向随高度顺时针旋转且风速增大，具有暖平流特征。暖平流把水汽输送到降水区形成湿中心，又为降水提供了有利的条件。由重新处理雷达原始资料求得每半小时雷达风廓线资料，可以清楚地展示强降雪的风场垂直结构及其变化特点，直观地反映出降水过程中风场变化特征。

(5)利用大面积降水的多普勒天气雷达径向速度 PPI 图像识别技术，定性分析降雪的冷暖平流与大尺度辐合辐散运动叠加的图像特征和由零速度线的朝向和正负速度面积、径向速度值的大小判断风向风速辐合辐散的图像特征，与根据零速度线的弯曲程度以及一定距离圈上零速度点与雷达中心连线的夹角推导出的定量计算大气辐合辐散值的算法计算出的大气平均散度值相比较，表明两种方法具有很好的一致性，可以在实际工作中对辐合、辐散快速判断。

8.8　典型个例分析——“2011-04-01”山西北部暴雪过程诊断分析

8.8.1　实况概述

2011 年 4 月 1—2 日山西出现降水天气，强降水落区在北部地区，相态为雪，过程降水量介于 4.9～20.2 mm，最大积雪深度达 15 cm。由于积雪较厚，给人民生活和交通带来很大影响。下面从高低空环流形势、物理量场和多普勒雷达产品三个方面分析此次过程。

8.8.2　高空环流形势分析

在降雪前期 3 月 31 日 20:00 高空环流形势图上可以看出(图略)，从东北到贝加尔湖一带受高空槽控制，巴尔克什湖一带为高压脊，山西北部位于贝加尔湖高空槽底部并不断受到脊前东移南下的冷空气影响，到 4 月 1 日 08:00 随着高空槽的进一步加深，不断分裂出短波槽携带冷空气连续东移南下影响山西，主要表现为中小尺度小槽和切变线系统（图略）。在 850 hPa 高空图上（图略）从贝加尔湖到华北地区为暖高压脊控制，说明降雪前期低层热力条件较好，有利于能量积聚。3 月 31 日 20:00 在 500 hPa 温度场上，−26 ℃冷中心位于新疆西北部地区，4 月 1 日白天和夜间冷空气东移南下影响山西北部。850 hPa 温度图上（图略），河套及山西北部出现强锋区，45° ～ 40°N 的温差达 18℃/3 纬距，强锋区证明斜压性很强，为暴雪天气提供了大尺度背景条件。3 月 31 日 20:00 在 700 hPa 风场上在云南至河套地区风向由西风转为西南风，建立起完整的水汽通道。

8.8.3　海平面形势分析

2011 年 3 月 31 日 20:00 海平面气压场上（图略），从贝加尔湖到内蒙古一带为冷高压控制，冷空气中心位于贝加尔湖一带，中心强度 1036 hPa，山西北部受冷高压前部东北风影响。到 1 日 08:00 冷空气加强南压中心强度 1040 hPa，12 小时变压达 12 hPa（图略）。冷空气从东北地区回流形成冷垫，对流层中高层西南暖湿气流沿着冷垫爬升形成降雪。由于山西北部前期受暖空气影响，上升运动增强，为强降雪的产生提供了动力条件。河套地区长时间受高压底部影响，因而偏东气流比较强盛，为强降雪的产生提供了充足的水汽来源，是华北地区典型的回流降雪形势。

总之，高空槽的加深使不断分裂出的短波槽携带冷空气连续东移南下影响大同地区，中层西南气流和低层东风环流特别活跃，中低层辐合系统稳定维持，是这次降雪持续时间较长及雪量较大的主要原因。

8.8.4　风场特征分析

从 2011 年 3 月 31 日 20 时 NECP 再分析资料沿 40°N 风场剖面图看（见图 8.21），850 hPa 及其以下是东北气流，700 hPa 及其以上是西南气流。表明 3 月 31 日 20 时在区域 111°～116°E 出现了“下东北上西南”的回流降雪形势；降雪开始后地面回流形势逐渐由东北风转为东南风，伴随东南和西南两支水汽输送，降水强度开始增大。

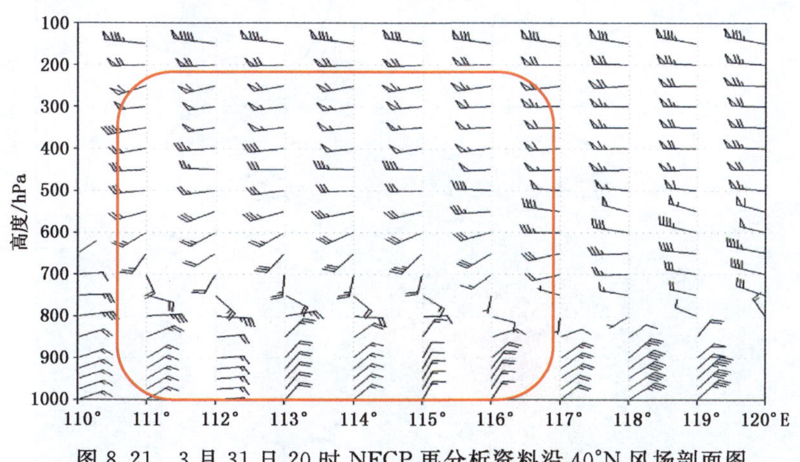

图 8.21　3 月 31 日 20 时 NECP 再分析资料沿 40°N 风场剖面图

图 8.22 为 3 月 31 日 14:00—4 月 1 日 18:00 最大降雪中心剖面图（沿着 113°E，40°N），最大降雪中心降雪前后风场演变情况是：4 月 1 日 14:00 近地层为东南风，随着时间推移逆时

针旋转逐步向高层扩散，到 31 日 20 时 800 hPa 已经变为东风。800 hPa 东风在整个降雪期间一直维持，4 月 1 日 08:00 风力东风增强降雪强度增大，18 时东风减弱，降雪逐渐停止。1 日 08 时高层 20 m · s^{-1} 以上大风区逐渐向低层伸展，这个过程降雪增强，到 18 时大风区开始升高降雪强度减弱。

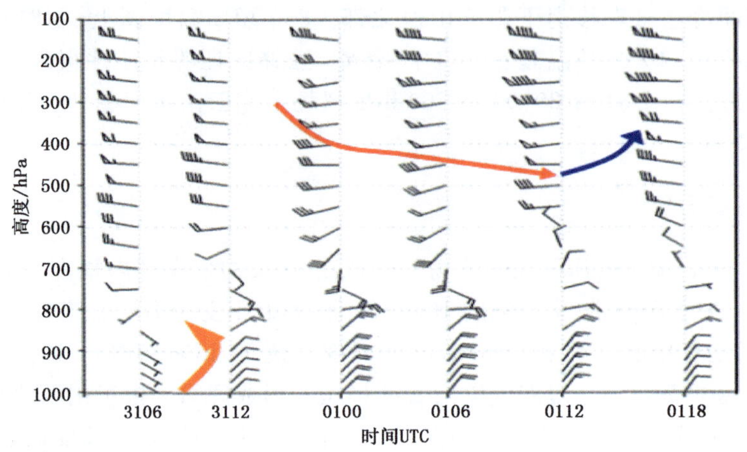

图 8.22　2011 年 3 月 31 日 14:00—4 月 1 日 18:00 (113°E,40°N)剖面图

8.8.5　水汽条件

2011 年 3 月 31 日 08:00 在 700 hPa 图上(图略)，水汽从云南、贵州经河南进入山西境内，并出现了大于 12 m · s^{-1} 西南急流，表明在降雪前 24 h 中层已经有水汽输送。急流使南海水汽连续不断输送到山西。图 8.23 为 2011 年 3 月 31 日 20:00 700 hPa 流场和水汽通量场叠加，可以看到强降雪的水汽主要来自孟加拉湾和南海一带的暖湿空气。另外，从降雪开始前

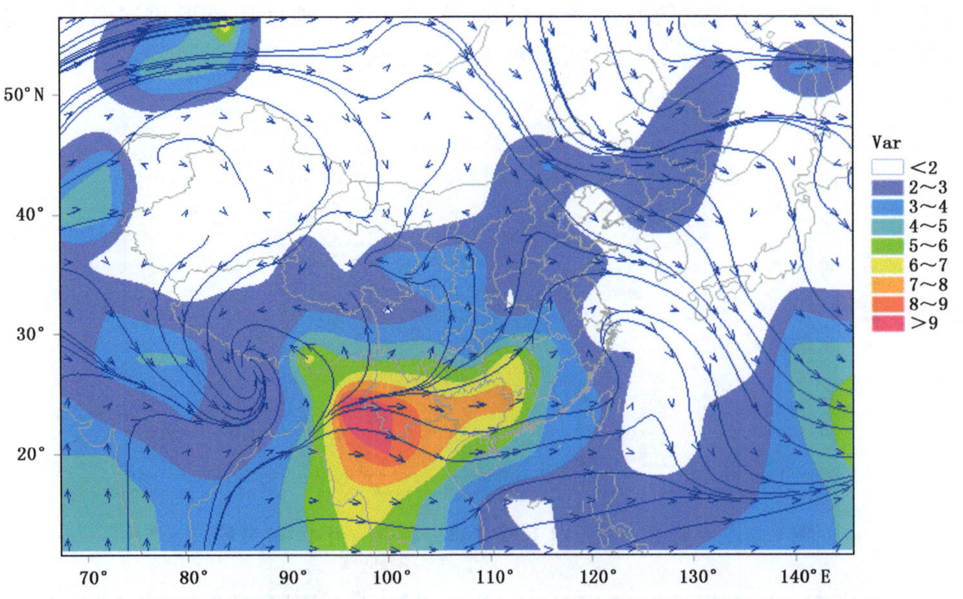

图 8.23　2011 年 3 月 31 日 20:00 700 hPa 流场和水汽通量场(阴影)叠加

31 日 20:00 至降雪结束，山西北部海平面气压场上一直处受东风和东南风影响，东海水汽也源源不断输送到低层，为强降雪提供了另一条水汽通道。

由 NECP 1°×1°再分析资料制作的水汽通量散度剖面图（见图 8.24）可以看到，3 月 31 日 20:00 108°E～114°E 区域内大的水汽辐合区集中在 700 hPa 高度以下；由 NECP 1°×1°再分析资料制作的比湿剖面图（见图 8.25）可知，从 3 月 31 日 20:00—4 月 1 日 08:00 水汽主要集中于 850～500 hPa，700 hPa 高度水汽最强，由此可推断强雪强度大小主要取决于 700 hPa 层水汽强弱，是降雪的关键层。

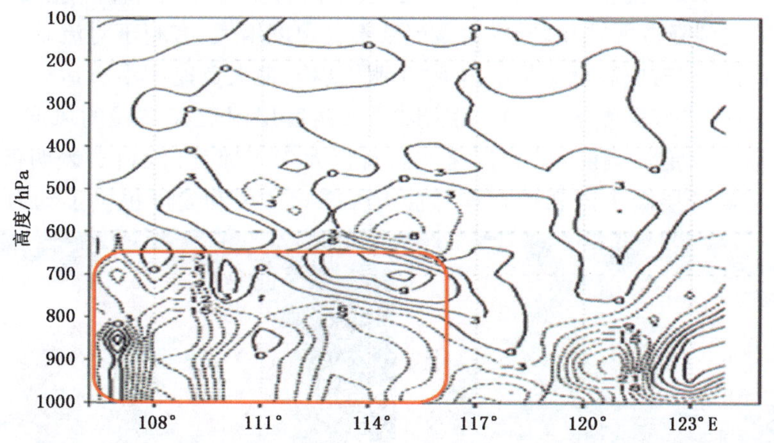

图 8.24　Ncep 再分析资料 3 月 31 日 20:00 水汽通量散度沿 40°N 剖面图

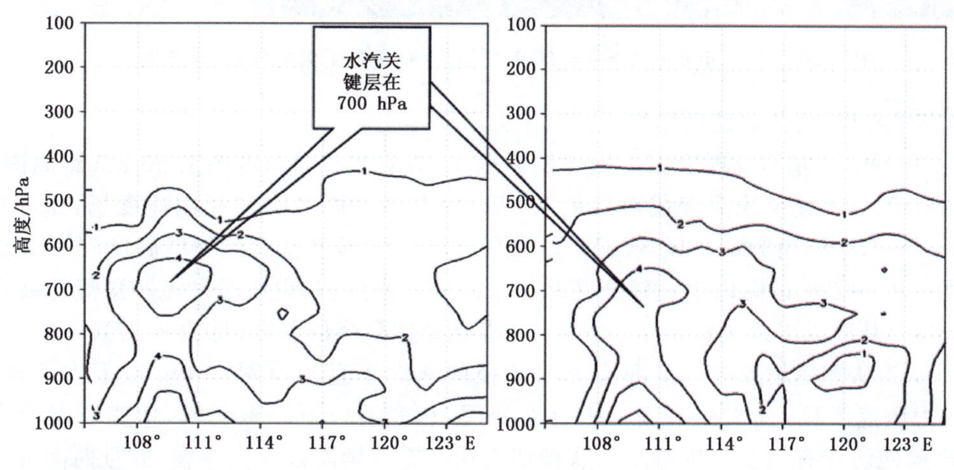

图 8.25　Ncep 再分析资料 3 月 31 日 20:00—4 月 1 日 08:00 比湿沿 40°N 剖面图

8.8.6　多普勒雷达产品特征分析

本次过程用的是山西省大同市 CINRDA/CB 雷达资料。

8.8.6.1　回波强度演变分析

3 月 31 日午夜，在朔州西南方向有弱回波生成，并向东北方向移动，移动速度达 70 km·h^{-1}，随着回波的迅速发展，弱回波演变成结构紧密、强度分布均匀、呈西南—东北向走势的带状回波；到4月1日08:00回波覆盖山西北部，中心强度达30～35 dBZ。12:00—16:00强回波中心基本维持在山西北部一带，造成20 mm左右的强降雪。4月2日凌晨降雪回波基本消失，降雪停止。

8.8.6.2 径向速度分析

(1)降雪开始阶段径向速度图特征

2011年4月1日08:20左右1.5°仰角基本速度图上50 km距离圈内(对应高度1 km)，零速度线呈"S"形(见图8.26a)，说明低层出现暖平流，暖平流特征持续到22:00左右，长时间强的低层暖平流把水汽输送到降雪区，同时低层增暖层结不稳定度增大，有利于对流发展。对应在2.4°仰角上50 km距离圈处(对应高度2 km)出现"牛眼"结构，最大负速度中心达$-20\ m \cdot s^{-1}$，最大正速度中心达$15\ m \cdot s^{-1}$(见图8.26b)。说明2 km高度层附近存在强的风向垂直切变，切变层以上转为西南风。从定性判断可知，负速度区面积大于正速度区面积，表明低层2 km以下辐合明显。降雪初期低层暖平流和辐合场叠加为强降雪产生和发展提供了动力条件。

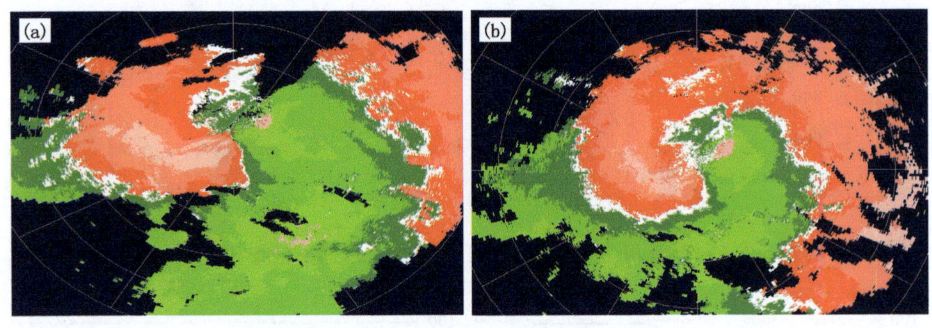

图8.26 2011年4月1日08:20 1.5°仰角(a)和2.4°仰角(b)基本速度图

(2)降雪持续阶段径向速度图特征

4月1日09:41基本反射率图上回波发展迅速，对应在径向速度图上50 km距离圈内(对应高度1km)测站零速度线演变成对称的"S"形，是典型暴雨形势的径向速度场(张守保 等，2008)。1.5°～6.0°仰角为东北风，9.9°仰角为东南风，"S"形零速度线伸展高度到了9.9°仰角上，方位角150°～290°区间内出现辐合区并有东南和西南急流，说明暖平流和急流伸展高度均达6 km左右，是造成4月1日14:00—20:00降雪量达到峰值原因(见图8.27)。

图8.28为从雷达站点出发沿西南方向的径向速度垂直剖面图，2 km以下为正速度区，2 km以上为负速度区，说明该高度为垂直切变层，切变层以下为东北风，切变层以上为西南风，低层强风向切变有利于产生对流。这种切变在降雪持续阶段一直存在，并且西南气流厚度在5 km左右，表明西南气流一直比较旺盛水汽层深厚，这种充足的水汽为强降雪的产生提供了水汽来源。

(3)降雪增强阶段径向速度图特征

从4月1日12:03—16:16径向速度图看，$20\ m \cdot s^{-1}$西南急流维持时间、方位角150°～290°区间内辐合区存在及低空牛眼结构维持时间都在4 h以上(见图8.29)。以上特征说明发展成熟阶段暖平流与大尺度辐合风场叠加是造成4月1日14:00—20:00降雪量达到峰值原因，因而发展成熟阶段暖平流与大尺度辐合风场叠加预示降水将达到最强。

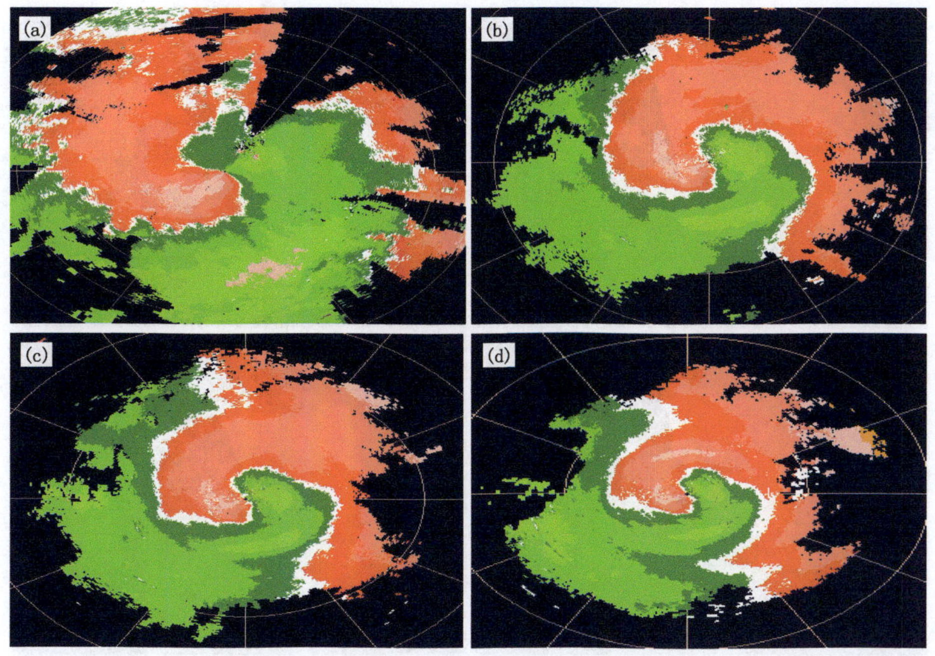

图 8.27　2011 年 4 月 1 日 09:41 1.5°仰角(a)、4.3°仰角(b)、6.0°仰角(c)、9.9°仰角(d)基本速度图

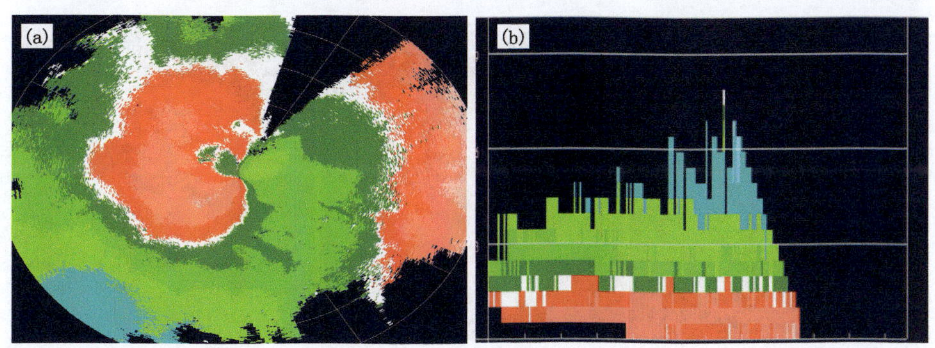

图 8.28　2011 年 4 月 1 日 15:20 1.5°仰角基本速度图(a)和对应剖面(b)

(4) 降雪减弱阶段径向速度图特征

2011 年 4 月 1 日 21:06 在 9.9°仰角上对应 6 km 高度上有西北冷空气开始入侵(图 8.30a),20 min 后冷空气入侵高度达到 4 km 左右且区域增大(见图 8.30b),22:01 位于 4 km 高度的西南暖湿气流被切断(见图 8.30c)。实况是 4 月 1 日 22:00 开始降雪减弱,风向随高度逆转且冷平流明显加强,当冷空气已经完全控制本站时降雪结束。

8.8.7　VWP 产品分析

由图 8.31 可见,降雪初始阶段的 06:47,1.2 km 高度开始出现 12 m · s^{-1} 东北低空急流区,1.2～3.4 km 风向由东北风顺转成东风、东南风最后为西南风,表明中低层有暖平流,增加了不稳定能量积累,有利于降雪的产生和维持。

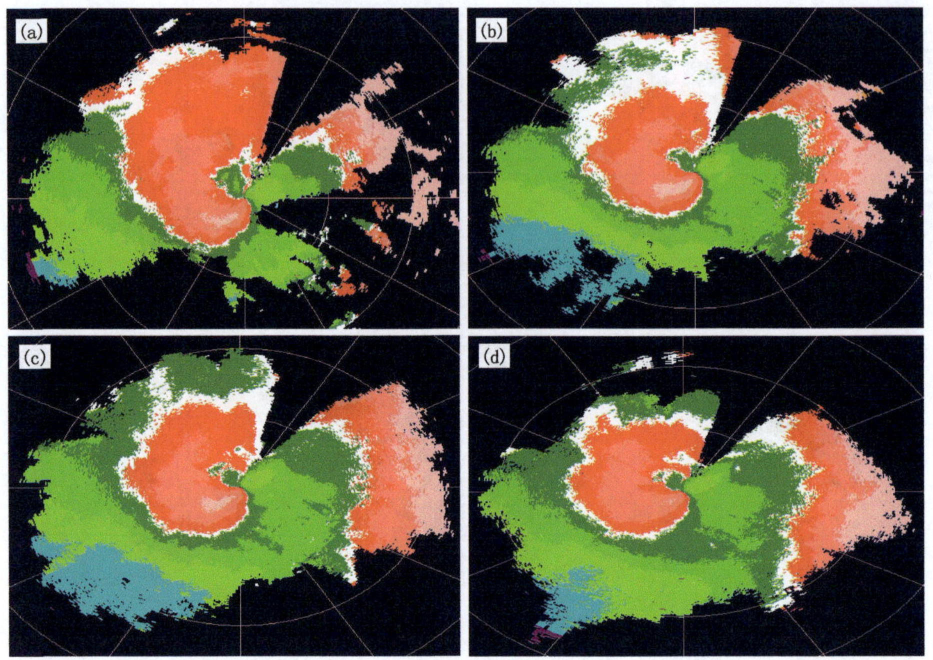

图 8.29　4 月 1 日 12:03(a)、15:08(b)、14:12(c)、16:16(d) 1.5°仰角基本速度图

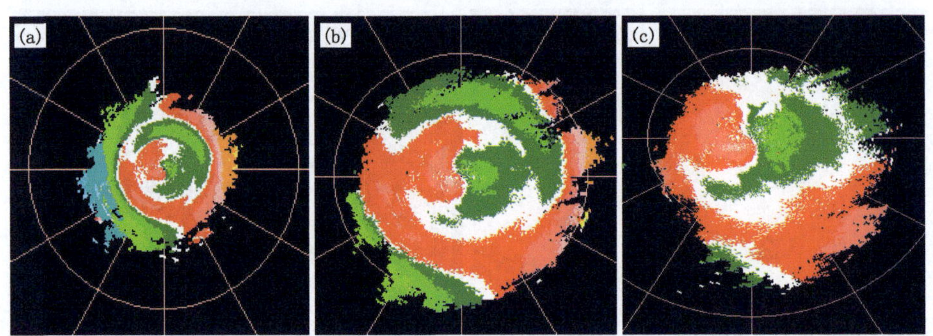

图 8.30　2011 年 4 月 1 日 21:06、9.9°仰角(a),21:37、4.3°仰角;(b),22:01、2.4°仰角(c)基本速度图

降雪增强阶段:2011 年 4 月 1 日 13:00 在 1.2 km 高度东北风大小为 12 m·s^{-1},2.1 km 高度东南风值为 10 m·s^{-1},两层高度差 900 m,切变值为 $2.2\times10^{-3}s^{-1}$,表明暖平流明显加强、风向随着高度顺转程度明显加大,有利于强降雪维持,同时中层西南暖湿气流强度和垂直厚度在不断扩大,3.0 km 以上维持一致的西南风,最大高度达 7.3 km,大于 12 m·s^{-1} 的西南急流位于 3 km 以上高度,且最大厚度达 4 km,说明降雪最强盛阶段有深厚的西南气流,这种风场为强降雪提供了充足的水汽和能量,在 7.3 km 高度上高空急流达到 18 m·s^{-1},这种高空辐散具有抽吸作用,利于低层辐合发展增强。

降雪减弱阶段:4 月 1 日 23:09 风向开始随高度增加逆转,冷平流特征明显,中低层西南急流消失,高空 5 km 以上标注"ND",可推断出风向在高层变化较大,从高层到低层依次有冷空气侵入,降雪强度开始减弱直至停止。

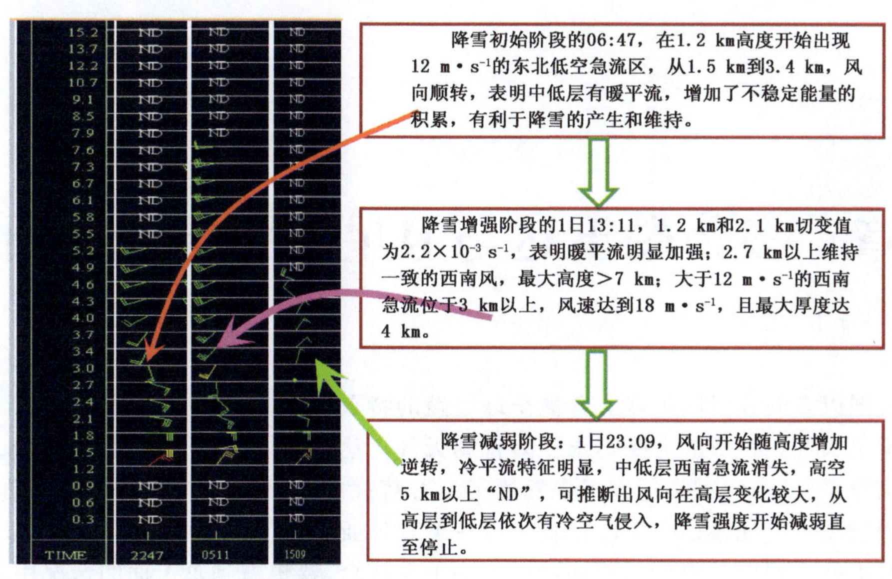

图 8.31　2011 年 4 月 1 日 06:47—23:09 垂直风廓线图

8.8.8　本节小结

(1)中小尺度小槽、切变线和地面回流是这次降雪的主要影响系统；回流形势形成后地面倒槽发展旺盛，槽前暖湿空气与东南风耦合加强，与冷空气在山西北部强烈交汇是强降雪的主要原因。

(2)低空辐合、中高空辐散造成大范围强烈的上升运动是出现暴雪的动力条件，同时低层暖平流和风向切变增加了对流潜势，可以作为强降雪的预报参考指标。

(3)最大降雪中心降雪前后风场演变说明：800 hPa 东风在整个降雪期间一直维持，东风增强降雪强度增大东风减弱降雪逐渐停止。高层大风速区高度降低预示降雪增强，高度升高预示降雪减弱。

(4)强降雪过程开始阶段零速度线呈较清晰"S"形预示层结不稳定度大，发展成熟阶段暖平流与大尺度辐合风场叠加预示降雪强度增强。

(5)"S"形零速度线伸展高度到 6 km 为强降雪产生提供充足的热力和动力条件。中、低层长时间维持暖平流把水汽输送到降雪区产生强烈上升运动，为强降雪提供充足的水汽。

(6)多普勒雷达基本反射率因子图上，絮状回波指示对流性降雪，片状回波表示稳定性降雪。径向速度垂直剖面图上，低层风向切变高度升降对预报降水强度变化有很直观的指示意义，风向切变升高降水强度减弱，降低增强。

(7)将水汽图像和高层物理量场联系在一起，可以从水汽图像上判别高空系统结构演变。

(8)在日常业务中可以将可见光云图和 EC 细网格资料及地面加密自动站风场结合起来监测水汽的输送情况，再通过比对多普勒雷达径向速度图的变化可以较准确判断水汽变化和降水的变化趋势，时间间隔可以缩短到 15 min，对于短时预报具有很好的指导意义。

第9章 多普勒雷达与卫星云图综合应用分析

卫星云图以空间和时间尺度大并能全球覆盖的特点，几乎能监测到大气中所有天气现象，极大地满足了天气预报员的业务需求。多普勒天气雷达作为近年来开发利用到气象业务中的一种新型探测手段，在短时临近预报中发挥了不可替代的积极作用。卫星和多普勒天气雷达一个是探测宏观天气现象（可达上千千米），一个是扑捉微观天气现象（可监测到1 km范围内），就像陶祖钰在授课时提到的那样："雨天一个人打伞，要想看到伞上面的情况用卫星，要想看到伞下面的情况用多普勒雷达"。也就是说，卫星是从高处往下看，多普勒天气雷达是从低处往高处看。可想而知，要想准确跟踪监测天气变化，必须将卫星云图和多普勒天气雷达结合起来应用，先用卫星云图看远处和高处，再用多普勒天气雷达看近处和低处，二者缺一不可。下面通过个例分析来说明如何将卫星云图和多普勒天气雷达有机结合起来应用。

9.1 个例分析——"2010-07-10"干侵入水汽图像和雷达特征分析

9.1.1 资料选取

NCEP/NCAR 1°×1° 1天4次共26层再分析资料、FY-2C卫星资料、常规气象观测资料及山西北部大同地区CINRAD/CB多普勒天气雷达产品。

9.1.2 环流形势特点分析

受蒙古冷涡影响，2010年7月10日山西出现不同程度对流天气，强对流主体发生在10日16:00—19:00，地点在忻州以北地区。代县、偏关县、大同县、天镇县和浑源县出现冰雹，直径分别为：9 mm、4 mm、2 mm、7 mm和6 mm。16:00—18:00浑源2小时降雨量22.9 mm。18:00—21:00天镇3小时降雨量20.4 mm。这次强对流天气在山西持续了近4 h，雨量分布极不均匀，具有尺度小局地性强的特点。

7月9日08:00在500 hPa环流形势图上（图略），乌拉尔山东部地区有一庞大冷涡，冷涡分裂的冷空气入侵到贝加尔湖地区高压脊内，7月9日20:00（图略）在贝加尔湖地区形成新的冷涡系统，中心气压值达到560 dagpm，并有−12℃的冷中心配合。7月10日08:00该系统东移南压影响山西地区带来强对流天气。

7月10日08:00整个山西省200 hPa处于蒙古低压和南亚高压之间的高空急流带内（图略），西风强度达46 $m \cdot s^{-1}$，低层850 hPa为8 $m \cdot s^{-1}$西南风，从低层到高层风的垂直切变很强。从各个层次的散度场来看，500 hPa的辐合上升转为700 hPa（图略）的辐散下沉再到低层

850 hPa 的上升运动,同时在低层 850 hPa 上为西北风与西南风强辐合带。由南海输送的西南暖湿气流与由蒙古冷涡东南下带来的冷空气在山西相遇,为 10 日下午到夜间发生的强对流天气提供了充足的动力、热力和水汽条件。

从 10 日 14:00 地面图上可以看出(图略),在二连浩特到新疆一带为庞大的低压系统,在二连浩特到陕西一带有东北—西南向的切变线。该切变线为西北风和西南风相切,西北风和西南风风速大值区在忻州以北地区,这些地区辐合最强,所以在蒙古冷涡底部西北气流推动下,该切变线向东南方向扫过山西时产生对流天气,强对流落区在忻州以北地区,大同最为剧烈。这次过程属于蒙古冷涡主体过后,其后部不断南下的冷空气与增温增湿的地面低涡切变线系统交汇造成的对流天气(王在文 等,2010)。

9.1.3　干侵入演变过程

2010 年 7 月 9 日 08:00 在 500 hPa 高度场上二连浩特至河套地区有一个槽线,在槽后西北气流的作用下,暗区已经非常明显,而且槽前边界较光滑。9 日 20:00 伴随冷空气扩散南下,槽线在二连浩特发展加强为冷涡,此时由于干侵入发展演变为螺旋状云带,山西北部受螺旋状云带影响。10 日 08:00 伴随冷涡南压,山西以北地区处于槽后西北气流区,干侵入造成的暗区已经完全控制山西省北部地区,并在二连浩特南部形成新的暗区。10 日 11:00 干侵入变窄颜色变黑,云系在二连浩特已经呈明显的涡旋性旋转,山西北部地区位于涡旋云系底部,可以看到有明显的上升气流,这种气流为强降水提供了热力条件。10 日 16:00 干侵入的狭窄通道依然维持,并且干侵入已经控制山西北部地区,涡旋云系已经东移到河北地区,此时强降水开始。

9.1.4　干侵入物理量场特征

从图 9.1 可以看出,7 月 9 日 08:00—10 日 08:00 干侵入对应 400 hPa 的比湿几乎为零,而冷涡头部的白亮区都与高比湿区相对应。

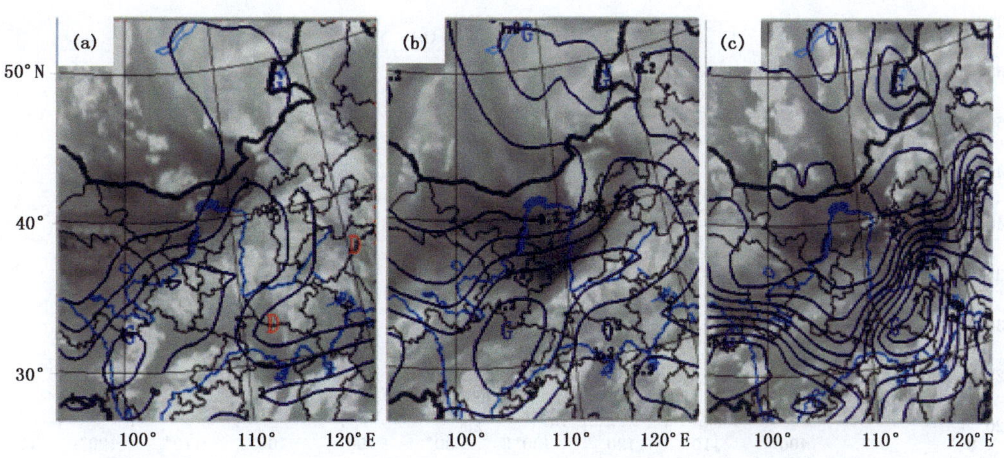

图 9.1　7 月 9 日 08:00(a)、9 日 20:00(b)和 10 日 08:00(c)水汽图像与 400 hPa 比湿场叠加(单位:g/kg)

从图 9.2 可以看出，7 月 9 日 08:00—10 日 14:00 干侵入对应的 400～200 hPa 高度上位涡均为正值且都为高位涡，正位涡表示有冷空气入侵。

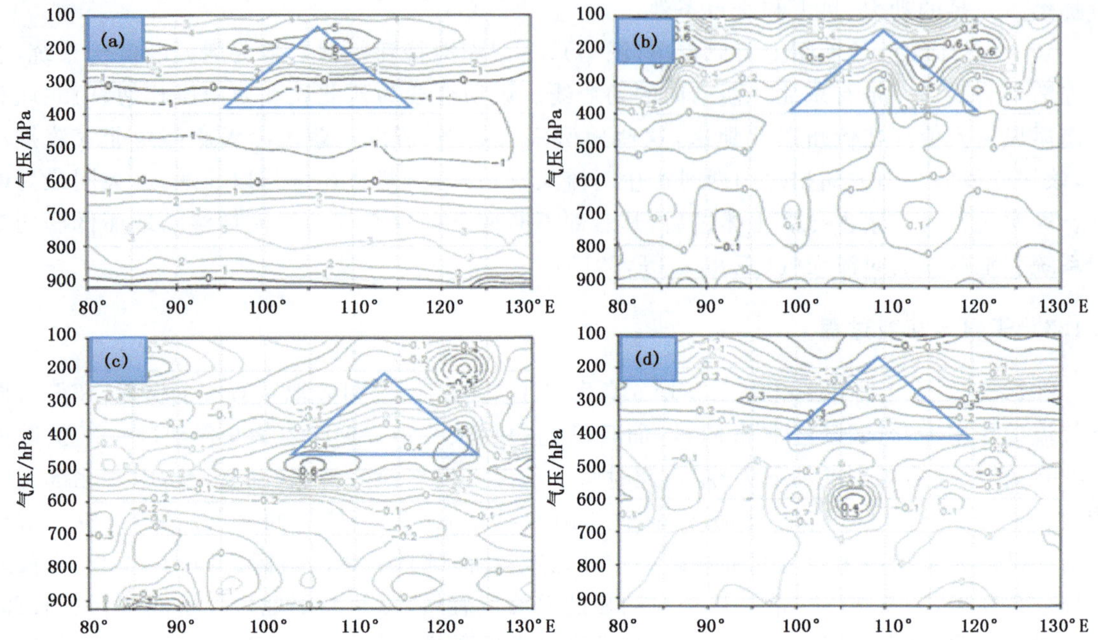

图 9.2 NCEP1×1°再分析资料反演位涡场剖面图(单位:1PUV，1PUV $=10^{-6}m^2\cdot s^{-1}\cdot k\cdot kg^{-1}$)
(三角为干侵入区:a. 9 日 08:00 43°N;b. 9 日 14:00 40°N;c. 10 日 08:00 44°N;d. 10 日 14:00 41°N)

利用 NCEP1°×1°再分析资料反演的 500 hPa(见图 9.3a)和 900 hPa(见图 9.3b)相当位温场看，500 hPa 大气的相当位温值比 900 hPa 相当位温值小，说明暖湿层出现在对流层下部，上面是干冷空气，也就是说，受干侵入影响，对流层中高层大气比低层干冷。干侵入的暗区与干冷区相对应。

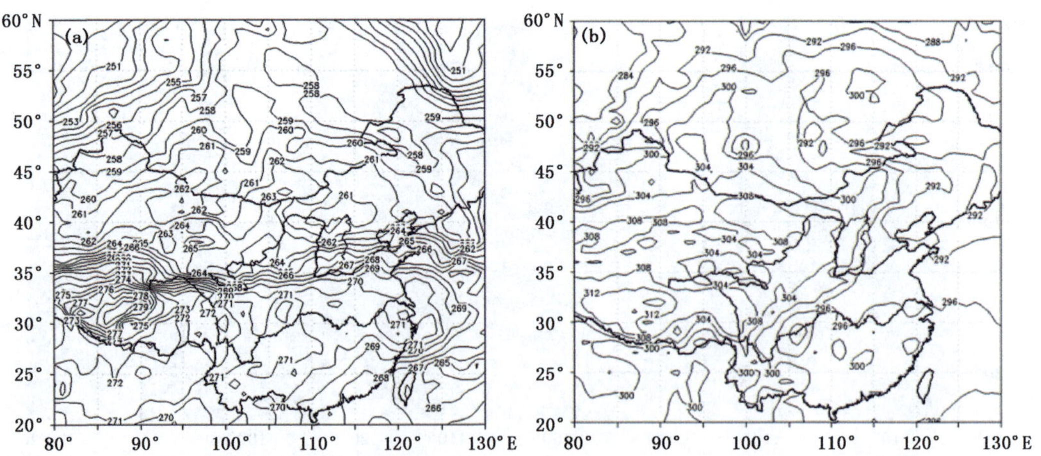

图 9.3 7 月 10 日 14:00 NCEP1°×1°再分析资料反演的相当位温场(单位:K)
(a. 500 hPa; b. 900hPa)

由图 9.4 可见，从 7 月 9 日 08:00—10 日 14:00 绝对涡度大值区始终与冷涡相对应，9 日 08:00 冷涡强度最强，中心值 566 dagpm，绝对涡度中心值＜$27\times10^{-5}\,s^{-1}$，9 日 14:00 冷涡强度减弱，中心值 570 dagpm，绝对涡度中心值＜$21\times10^{-5}\,s^{-1}$，10 日 08:00 冷涡强度变化不大，中心值 569 dagpm，绝对涡度中心值＜$21\times10^{-5}\,s^{-1}$，10 日 14:00 冷涡强度减弱，中心值 571 dagpm，此时绝对涡度中心值＜$20\times10^{-5}\,s^{-1}$。可见，500 hPa 高度上绝对涡度高值区的走向，范围和强度变化与冷涡有很好对应关系。因此干侵入对冷涡的发生、发展过程起着至关重要作用，为冷涡发生发展提供了动力条件。

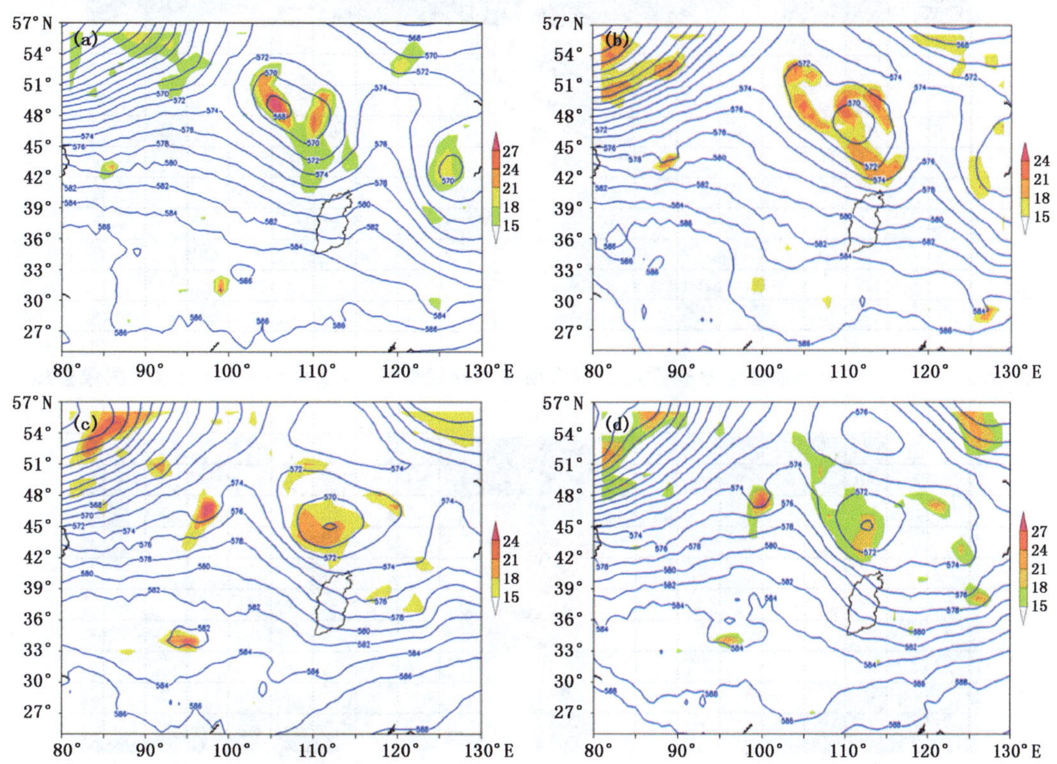

图 9.4　NCEP 再分析资料反演 500 hPa 绝对涡度场（≥$13\times10^{-5}\,s^{-1}$，阴影区，单位$\times10^{-5}\,s^{-1}$）和 500 hPa 位势高度场叠加（实线，单位：dagpm）
（a. 9 日 08:00；b. 9 日 14:00；c. 10 日 08:00；d. 10 日 14:00）

9.1.5　干侵入多普勒雷达特征分析

由 13:59 大同多普勒雷达基本反射率与同时次水汽图像对比分析可知（见图 9.5），在 14:00水汽图像上位于二连浩特一带的涡旋云系和贝加尔湖南端的带状云系之间有一狭窄干黑带，对应在多普勒雷达基本反射率上山西北部地区已经有零散回波生成。15:00 随着干侵入加强涡旋云系旋转加强，头部白亮云系清晰可见，大同地区处于涡旋云系底部云系较白亮，表示水汽含量较多。

图 9.6 分别为图 9.5 中 C、D、E 三个单体放大 8 倍基本反射率图，可见单体 C 为钩状回波，D 和 C 为块状回波并出现“V”形入流缺口特征。图 9.7a 为图 9.6a 中 C 单体剖面图，可见低层有弱回波区，中高层有悬垂回波，大于 60 dBZ 强回波区伸展到 8 km 以上，并且风暴顶位

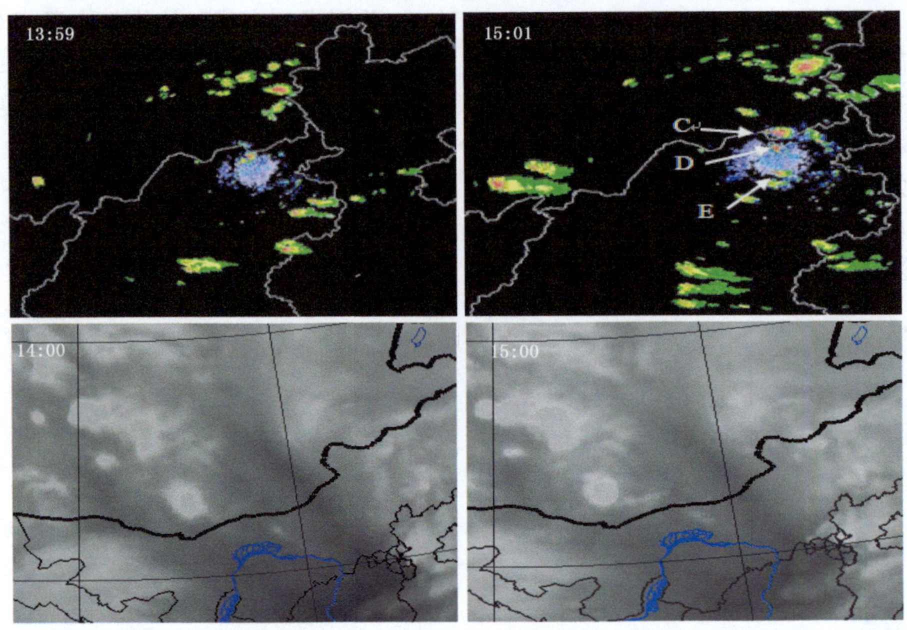

图 9.5　7 月 10 日大同地区多普勒雷达 1.5°仰角基本反射率(C、D、E 回波单体)与水汽图像叠加

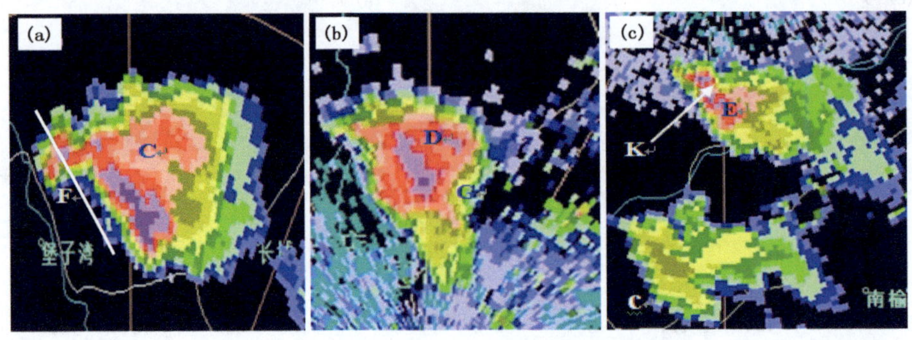

图 9.6　图 9.5 中 C(a)、D(b)、E(c)三个单体放大 8 倍后的基本反射率图
(C、D、E 为图 9.5 中三个单体,F 钩形回波,G、K 为"V"形缺口、直线为剖面方向)

于低层反射率因子高梯度区之上,根据当天探空资料可知(图略)0℃层高度小于 4.5 km,−20℃层高度在 6 km 左右,0～6 km 有较强的垂直风切变,符合冰雹的三大环境条件(俞小鼎 等,2006)。图 9.7b 为图 9.6a 中 C 单体径向速度图,图中圆圈为中气旋,表征该回波单体为超级单体风暴。从水汽图上可以看到干侵入处于发展加强阶段,由此判断该回波未来经过的区域将有强天气产生。在日常业务中,应该用多普勒雷达与卫星水汽图像结合起来判断强天气影响区域及强度。

9.1.6　本节小结

(1)干侵入与 300 hPa 冷涡后部的下沉运动相对应,而冷涡头部的白亮区与 300 hPa 上升运动相对应;干侵入对应 400 hPa 高度上的比湿几乎为零,而冷涡头部的白亮区都与高比湿区相对应;干侵入对应的 400～200 hPa 高度上位涡为正值且都为高位涡区,表示有冷空气入侵。

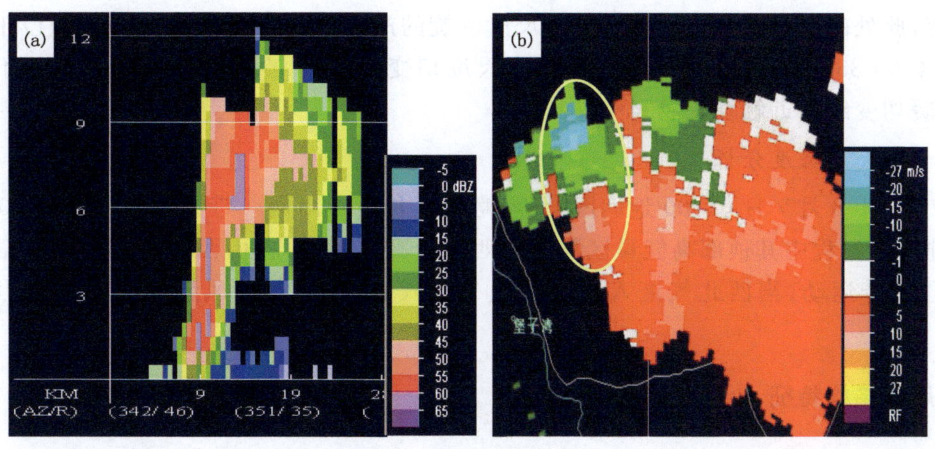

图 9.7　图 9.6a 中 C 单体强度剖面图(a)和图 9.6 中 C 径向速度图(b)(圆圈为中气旋)

(2)水汽图像上对流层中高层大气比低层干冷,干侵入的暗区与干冷区相对应,冷涡发展机制是高层干冷空下沉过程中与低层暖湿气流相遇,从而造成对流不稳定,为冷涡产生提供了有利条件。

(3)水汽图像上,黑暗区对应下沉运动区,白亮区对应上升运动区。当冷涡分裂出的冷空气从西北路分股东南下时在河套地区形成锋面,山西北部处在暗区的东南部,有持续的辐合上升,容易形成短时暴雨天气。

(4)500 hPa 高度上绝对涡度高值区的走向,范围和强度变化与冷涡有很好对应关系,干侵入对冷涡的发生、发展起着至关重要作用,为冷涡发生发展提供动力条件。

(5)当干侵入表现为狭窄干黑带时,此时多普勒雷达上的零散回波将会继续发展加强,可根据高空 300 hPa 急流方向确定回波带运动方向发布预警信号。在日常业务中,应该用多普勒雷达与卫星水汽图像相结合的方式判断强天气影响区域及强度。

9.2　个例分析——“2015-08-07”龙卷过程卫星和雷达资料分析

9.2.1　龙卷风灾情调查

2015 年 8 月 7 日 15:30—16:00,山西省天镇县米薪关镇发生强对流天气,三个乡镇遭受冰雹袭击,米薪关镇同时遭受龙卷风袭击,农作物受灾面积 770.9 hm^2,灾害造成直接经济损失 450 万元,灾害涉及农户 1468 户 4203 人。

9.2.2　天气背景分析

9.2.2.1　高空环流形势和低层中尺度风场分析

在 2015 年 8 月 7 日 08:00—14:00 500 hPa 环流形势图上(图略),在巴尔克什湖地区有一个低涡,贝加尔湖有一高压脊,东北地区有低涡,呈现出两槽一脊型。山西受东北低涡下滑槽前西南气流影响。从低层 850 hPa 风场看,08:00—14:00 均受西南气流影响,也就是说这次龙卷天气发生在暖湿的西南气流区。7 日 08:00 850 hPa 风场上,在河套东部到天镇一带有一个暖切变,此处的辐合上升运动有利于中尺度气旋的产生,700 hPa 上的冷温度槽位于天镇上空。到 14:00 850 hPa 风场上左云一带有中尺度切变线生成,冷空气的入侵使大气不稳定性增加,在暖切变线附近触发龙卷天气。

9.2.2.2 地面中尺度分析

在 2015 年 8 月 7 日 08:00 地面图上(图略),从甘肃到山西一带为倒槽,到 14:00 倒槽在向东北伸展的过程中其顶部高能量区与东海西伸冷高压相遇,在山西西部形成低压辐合带并产生辐合上升运动,当西北气流入侵时产生气旋式涡旋,为龙卷风形成提供了动力和热力条件。

9.2.3 风场结构特征

9.2.3.1 中尺度环流分离

中小尺度辐合是强对流天气的主要触发系统,但常规观测资料很难分辨出来,必须从大尺度环流场进行分离。下面采用九点平滑算法对大尺度环流进行滤波处理(费增坪 等,2011),从而分离出中小尺度系统。

$$\overline{f_{ij}} = f_{ij} + \frac{s}{2}(1-s)\nabla^2 f_{ij} + \frac{s^2}{4}\nabla^2\times f_{ij} \tag{9.1}$$

$$\nabla^2 f_{ij} = f_{i+2,j} + f_{i-1,j} + f_{i,j+1} + f_{i,j-1} - 4f_{ij} \tag{9.2}$$

$$\nabla^2\times f_{ij} = f_{i+1,j+1} + f_{i+1,j-1} + f_{i-1,j+1} + f_{i-1,j-1} - 4f_{ij} \tag{9.3}$$

式中,s 为平滑系数,一般取作 0.5。这种滤波算子的响应函数为:$X,\Delta Y$ 。

$$R_9 = [1-2S\sin^2(\pi\Delta X/L_x)][1-2S\sin^2(\pi\Delta Y/L_y)] \tag{9.4}$$

其中,ΔX、ΔY 分别为 x、y 方向的格距,L_x,L_y 分别为 x、y 方向的波长,当 $L_x=2\Delta X$ 或 $L_y=2\Delta Y$ 时,响应函数为 0,表明波长为 2 倍网格距的谐波被完全滤除。利用原始场减去滤波后较平滑的大尺度环流场,即可得到中尺度环流场。

图 9.8 为用中尺度分离法得到的 7 日 14:00 中尺度流场,可见在 500 hPa(见图 9.8a)35°N以北受干冷空气影响;700 hPa(见图 9.8b)在吕梁至临汾一带有一个中尺度反气旋,它在旋转的过程中将暖湿气流从南方通过河套东部输送到山西北部;850 hPa(见图 9.8c)东海的水汽在向北输送的过程中在太原一带汇聚成一股较强的水汽辐合区并向北输送到山西北部。700 hPa 西南气流和 850 hPa 的南风急流在山西北部相遇,为风暴发展提供了足够水汽,当 500 hPa 干冷空气入侵时,在山西北部触发强对流天气,较强风暴形成于低层湿舌和强水汽辐合区。

9.2.3.2 风场垂直风切变特征

由图 9.9 可见,在 113°~115°E 区域内,低层 800 hPa 以下为 2~4 m·s^{-1}东南风,到 500 hPa 顺转为 6~8 m·s^{-1}西南风,400~250 hPa 顺转为 18~21 m·s^{-1}西北风,200 hPa 风向逆转为 20~22 m·s^{-1}西南风。可见从低层到高层有强垂直风切变,垂直风切变的增强将造成倾斜上升运动,有利对称不稳定发展,导致风暴加强发展,而且从低层到高风风向顺转风速随高度递增,即风的有组织程度较高,容易形成超级单体风暴。

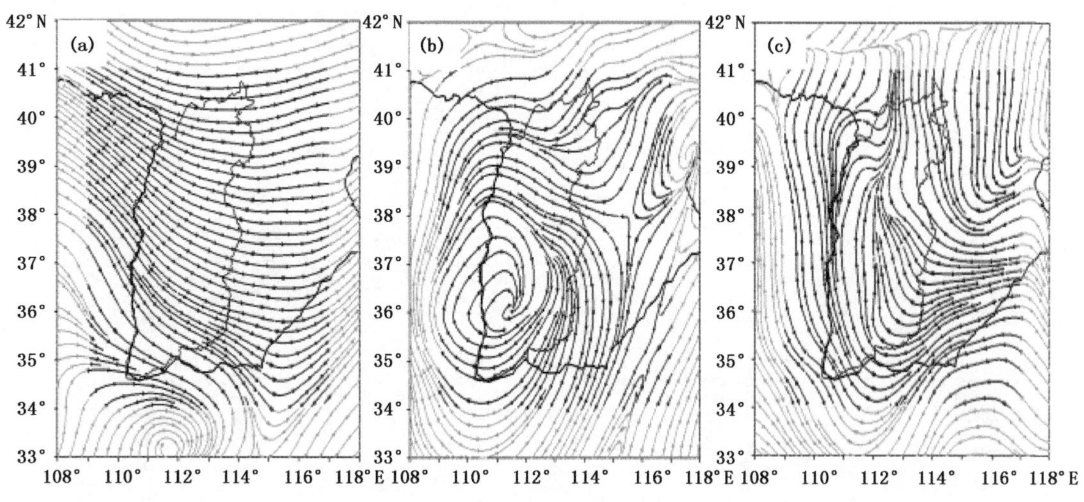

图 9.8　2015 年 8 月 7 日 14 时中尺度流场 (a)500 hPa (b)700 hPa (c)850 hPa

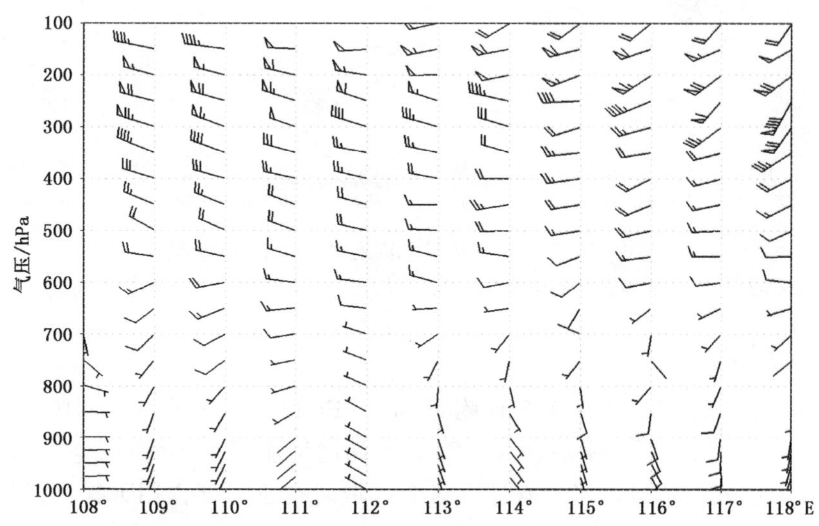

图 9.9　2015 年 8 月 7 日 14 时 NECP 再分析资料沿 40.4°N 剖面

9.2.4　物理量场特征分析

9.2.4.1　水汽通量散度与流线配置

由水通量散度和流线配置图看(见图 9.10a),08:00 700 hPa 图上运城一带有一反气旋环流,它将南海水汽输送到山西北部;08:00 850 hPa 图上(见图 9.10b)东海水汽在山西北部辐合,水汽辐合中心数值在 -30×10^{-8} g · cm^{-2} · $(hPa\cdot s)^{-1}$以上,可以看出山西北部有较深厚的水汽层。14:00 700 hPa 图上(见图 9.10c)西南风的速度明显加大,14:00 850 hPa 图上(见图 9.10d),除了东海水汽在山西北部辐合外,南海水汽也被运送到山西北部,水汽辐合中心数值明显加大达到-35×10^{-8}g · cm^{-2} · $(hPa\cdot s)^{-1}$以上,可以看出山西北部水汽辐合持续时间在 6 h 以上,为龙卷产生提供了充足的热力和动力条件。

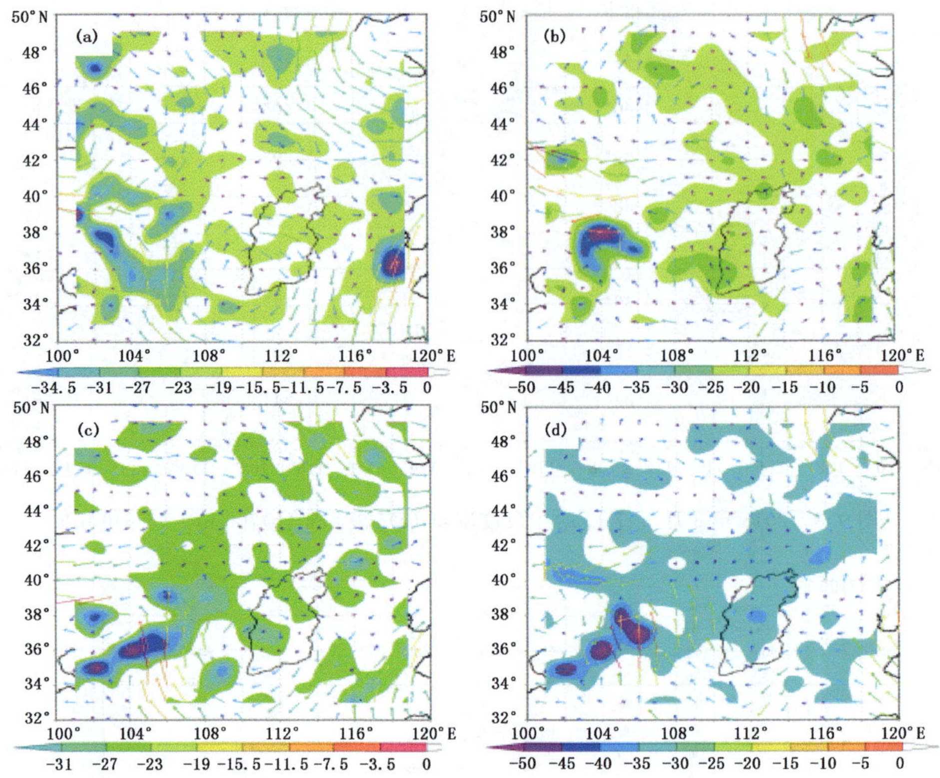

图 9.10　2015 年 8 月 7 日水汽通量散度和流线配置

(a. 08:00 700 hPa;b. 08:00 850 hPa;c. 14:00 700 hPa;d. 14:00 850 hPa)

9.2.4.2　垂直涡度分析

由图 9.11 可见,7 日 08:00 在 113°E 附近 800 hPa 以下涡度在 $3.1\times10^{-15}\ s^{-1}$左右,到 14:00 由于切变线上中尺度低压发展,800 hPa 以下涡度增加到 $1.5\times10^{-5}\ s^{-1}$,表明该处有低涡辐合增强,是垂直涡度增强区,当风暴进入这个区域时在正涡度作用下得到发展增强,为出

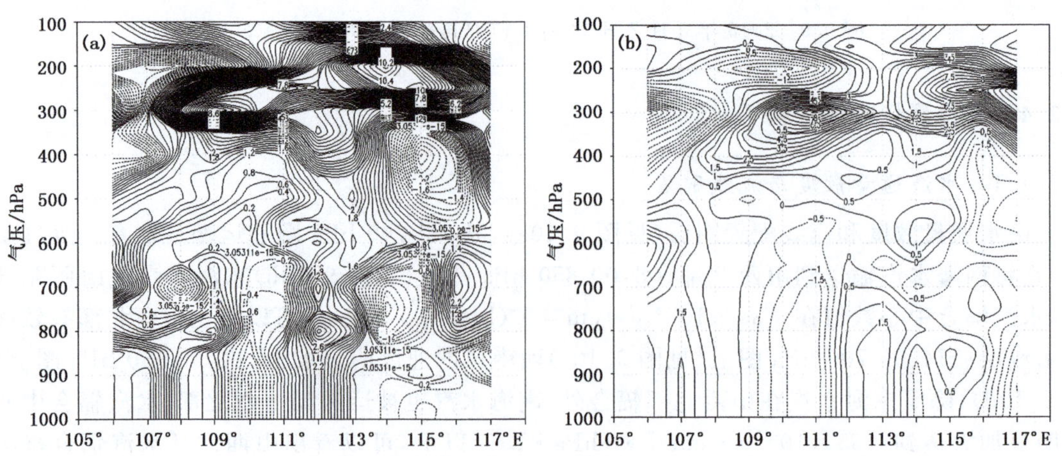

图 9.11　2015 年 8 月 7 日 08:00(a)和 14:00(b)NECP1×1 再分析资料垂直涡度沿 40.5°N 剖面

现龙卷奠定基础。

9.2.5 卫星云图特征

9.2.5.1 水汽图像能量特征

由7日14时水汽图像与850 hPa假相当位温叠加看(见图9.12),在(39°N,112°E)～(44°N,120°E)区域内假相当位温密集带与水汽图像中白亮区重叠,在白亮区西部为假相当位温低值区即干舌,在白亮区东南部为假相当位温的高值区即暖舌,说明此时北方冷空气与南方暖湿气流在(39°N、112°E)～(44°N、120°E)区域相遇,从形状看水汽带的范围和形状与假相当位温密集带形状几乎一致,说明水汽带是低层暖湿气流输送带,此处即是强对流触发区。

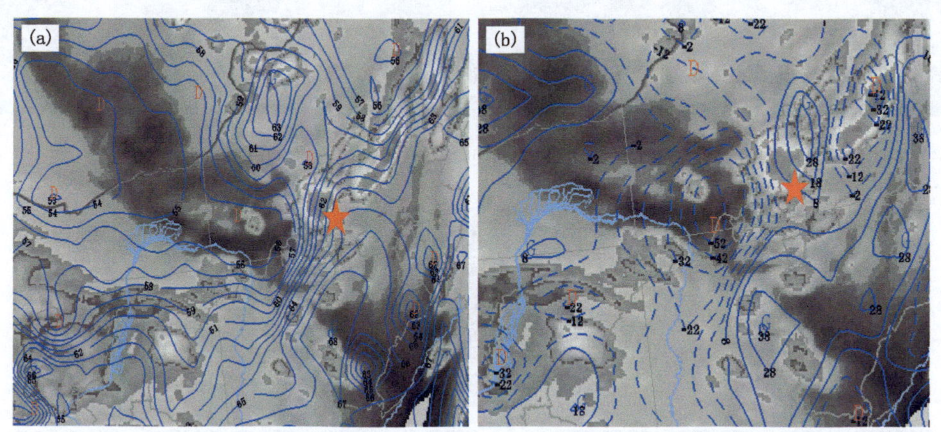

图9.12 8月7日14时水汽图像与850hPa假相当位温叠加(a)、水汽图像与200 hPa散度叠加(b)

9.2.5.2 水汽图像正负散度相间特征

由7日14时水汽图像与200 hPa散度叠加图看,龙卷风发生区域有正散度大值区,中心数值为$28\times10^{-6}s^{-1}$,表示此处为较强的辐散区,有利于低层气旋发展加强。在水汽带上正负散度交替出现,与蒋建莹等(2014)研究结果一致。

9.2.5.3 红外卫星云图演变特征

由10:15—15:15红外卫星云图演变看(见图9.13),10:15在冷涡西南到西象限内出现白色小亮点,它们沿着冷涡后部西北气流向着高空槽移动,到达槽线附近时由于西北转成西南气流,这些亮点云系开始发展成雷暴云团,随着云团的不断发展合并到13:15形成明显的高空槽云系,方向为东北—西南向。14:15云系断裂,表明高空西北气流较强,控制山西北部的为椭圆形云系,随着西北干冷空气不断侵入,到15:15云系呈现钩状,表明这个位置有较强的干冷入流,20 min后出现龙卷风。

9.2.5.4 红外云图云体亮温演变特征

由13:15—16:15云体亮温看(见图9.14),雷暴云团的最低亮温值只有−40℃,龙卷风发生时云体亮温值为−30℃,表明是低质心降水,这也是龙卷风造成灾害较严重的原因之一。龙卷风发生在西南象限水汽输送区和云体亮温强梯度区的叠加区域。

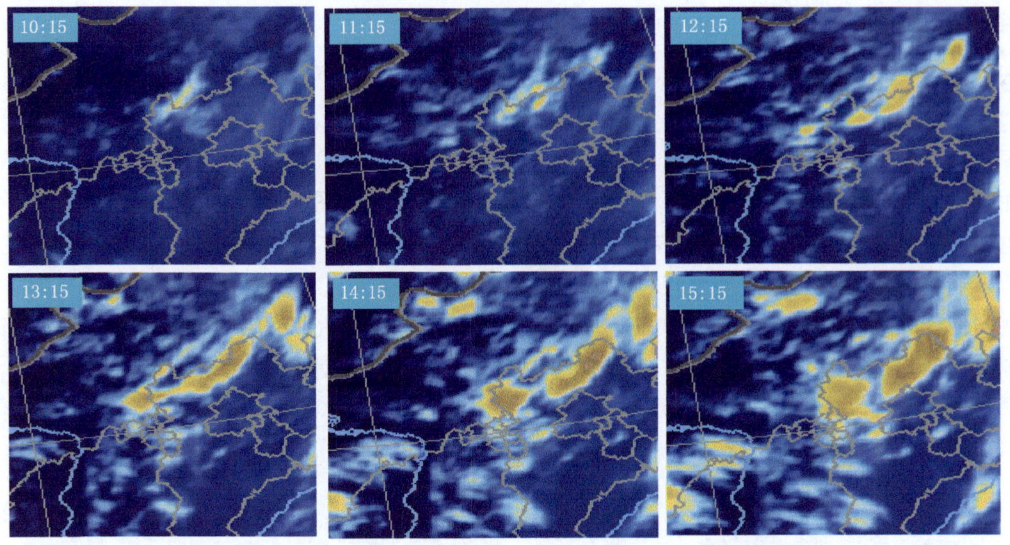

图 9.13　2015 年 8 月 7 日 10:15—15:15 红外卫星云图

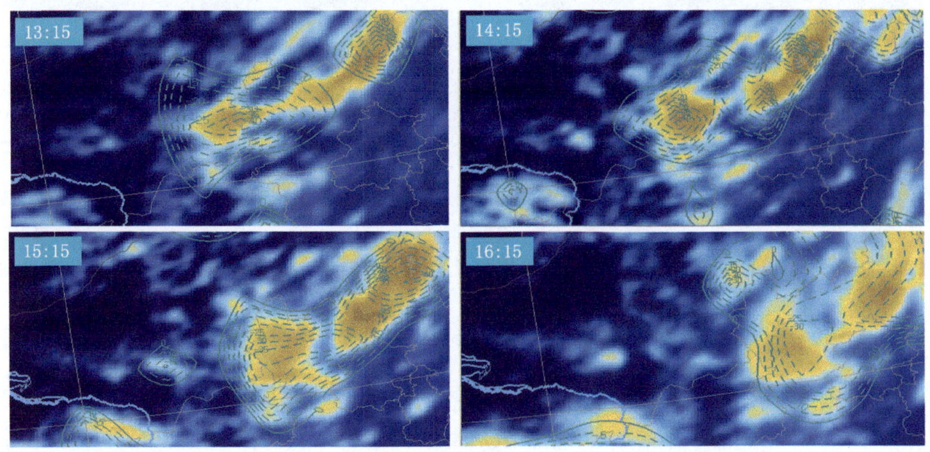

图 9.14　2015 年 8 月 7 日 13:15—16:15 红外卫星云图

9.2.6　龙卷风雷达产品特征分析

9.2.6.1　龙卷回波基本反射率因子演变特征

在 14:59 多普勒雷达基本反射率图上(见图 9.15),在天镇县米薪关周围有大于 30 dBZ 回波生成,大于 45 dBZ 以上回波在它的东部形状为块状。从 14:59 开始回波向西北发展,到 15:17 回波呈条状,中心强度大于 60 dBZ 以上。到 15:23 将回波放大 4 倍以后可以看到明显的弓形结构,在其西南可见前侧入流缺口东北可见后侧入流缺口,表示具有较强风暴的结构特征,在强劲入流作用下弓形回波接近断裂,中心回波强度超过 65 dBZ,垂直液态含水量≥55 kg · m^{-2} 回波顶高 12 km,具有典型的局地强雹云特征(马中元 等,2014),龙卷在此后 3 min 内发生,瞬间极大风速达 30 m · s^{-1}。

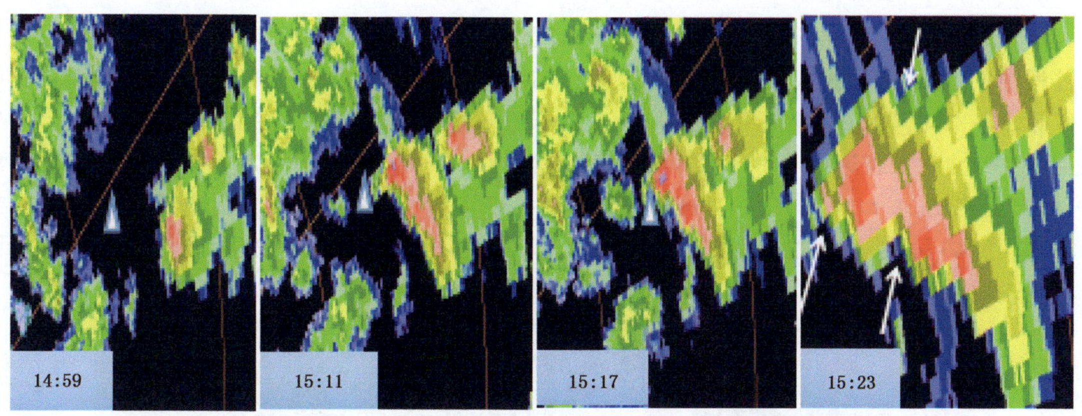

图 9.15　2015 年 8 月 7 日 14:59—15:23 基本反射率演变特征

9.2.6.2　龙卷回波强度场空间特征分析

在 15:23 基本反射率图龙卷风发生位置做剖面图可以看出(见图 9.16b、图 9.16c),在龙卷风开始前 2 min 风暴体>45 dBZ 高度伸展到 6 km 以上。由图 9.16b 可见,位于弓形回波北部的风暴单体在距离雷达 63 km 到 70 km 地方有两个弱回波区,上升气流高度为 2.8 km 和5 km,这两个弱回波区相邻且呈阶梯状排列,从而使上升气流增强并呈倾斜性上升。

图 9.16c 是弓形回波南部风暴单体剖面图,可以看到在入流一侧有明显的有界弱回波区,上升气流直立且伸展高度在 4 km 以上。当弓形回波移动到米薪关附近时在这两股较强的上升气流作用下旋转产生龙卷风。在龙卷风持续期间风暴单体>55 dBZ 回波底始终在 1 km 高度之下,强回波中心距离地面在 3 km 以下。由 15:23 径向速度剖面图同样可见(见图 9.16d),较强风切变发生在 2 km 高度以下,3 km 高度以上辐散增强,9 km 高度达到最强。说明这次龙卷风基本属于低层强扰动,是灾害比较严重原因之一。

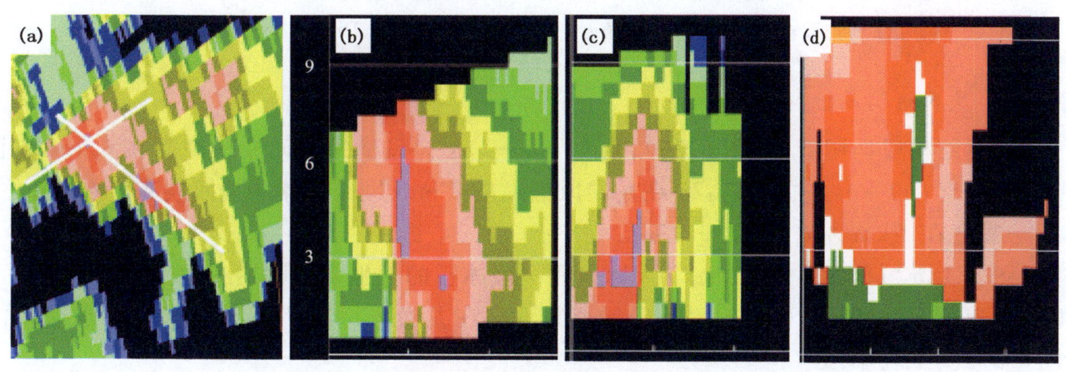

图 9.16　2015 年 8 月 7 日基本反射率及其剖面图
(a. 15:23 强度图;b. 沿着平行雷达径向剖面图;c. 沿入流方向剖面图(白线剖面方向);d. 沿垂直于雷达径向和经过风暴中心速度剖面图)

9.2.6.3 龙卷回波基本径向速度场演变特征

14:59 在米薪关东部有 γ 中尺度气旋式辐合生成，15:05—15:17 辐合区在向西北方向移动过程中发展并与米薪关西部向东比动的正速度区在米薪关相遇产生新的辐合区(见图 9.17a)，15:23 在 0.5°仰角上距离雷达 70.9 km 的米薪关形成新的 γ 中尺度气旋式辐合，中气旋直径 2 km，最大正速度 7 $m \cdot s^{-1}$，最大负速度 -24 $m \cdot s^{-1}$。该中气旋伸展到 2.4°仰角高度上，最大正速度 24 $m \cdot s^{-1}$，最大负速度 -27 $m \cdot s^{-1}$，属于强中气旋，涡旋内部形成了像素到像素之间的切变，风速最大切变值达到 $171 \times 10^{-5} s^{-1}$，是龙卷风最强盛阶段(见图 9.17b、图 9.17c)。15:28 中气旋在 2.4°仰角仍然可以观测到，但强度有所减弱(见图 9.17d)。

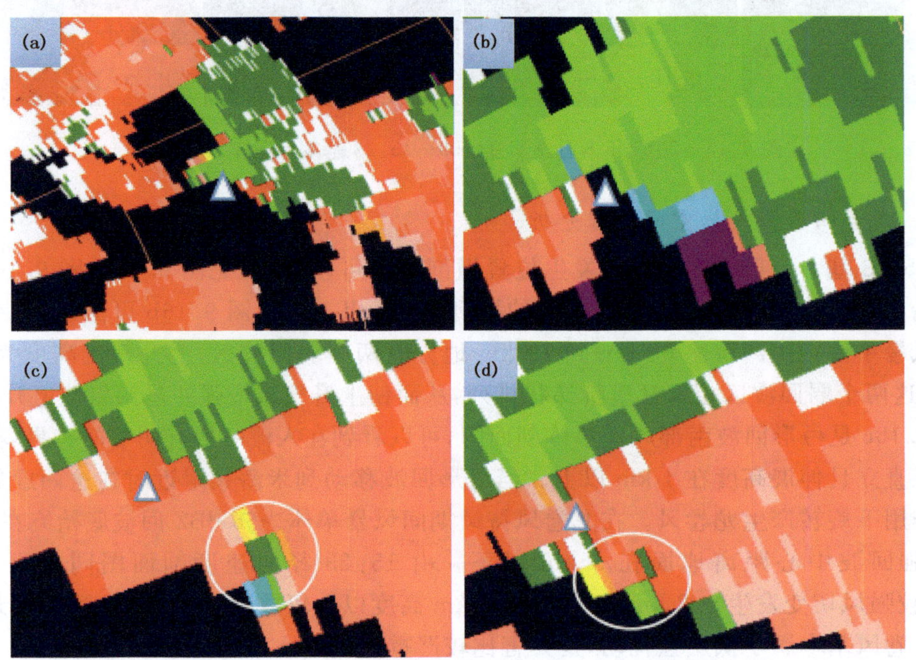

图 9.17 2015 年 8 月 7 日 1.5°径向速度图

(a. 15:17；b. 15:23、0.5°仰角；c. 15:23、2.4°仰角；d. 15:28、2.4°仰角)

9.2.6.4 龙卷结构属性特征

由龙卷结构属性图看(见图 9.18)，从 15:05—15:53 风暴单体回波顶高都在 6 km 以上，但回波底高度在 1 km 左右。15:23 在龙卷风爆发前 2 min 风暴单体最强回波高度在 6 km 以下，质心高度在 4 km 左右(见图 9.18a)。

由图 9.18b 可见，15:11—15:35 大冰雹和一般冰雹的发生概率都达到 100%，从 15:47 开始概率迅速下降。但从米薪关自动站分钟资料看出在龙卷风持续期间没有降水和冰雹，说明这个产品有空报现象。

由图 9.18c 可见，15:11—15:23 垂直液态含水量大于 50 $km \cdot m^{-2}$，在龙卷风结束后垂直液态含水量降低，冰雹发生后迅速降到 30 $km \cdot m^{-2}$ 以下，在降水尾声时降到 10 $km \cdot m^{-2}$ 以下。由图 9.18d 可见，风暴体在 15:11 时最大反射率大于 60 dBZ，并且一直持续到 15:35，在强天气接近尾声时降到 50 dBZ 以下。

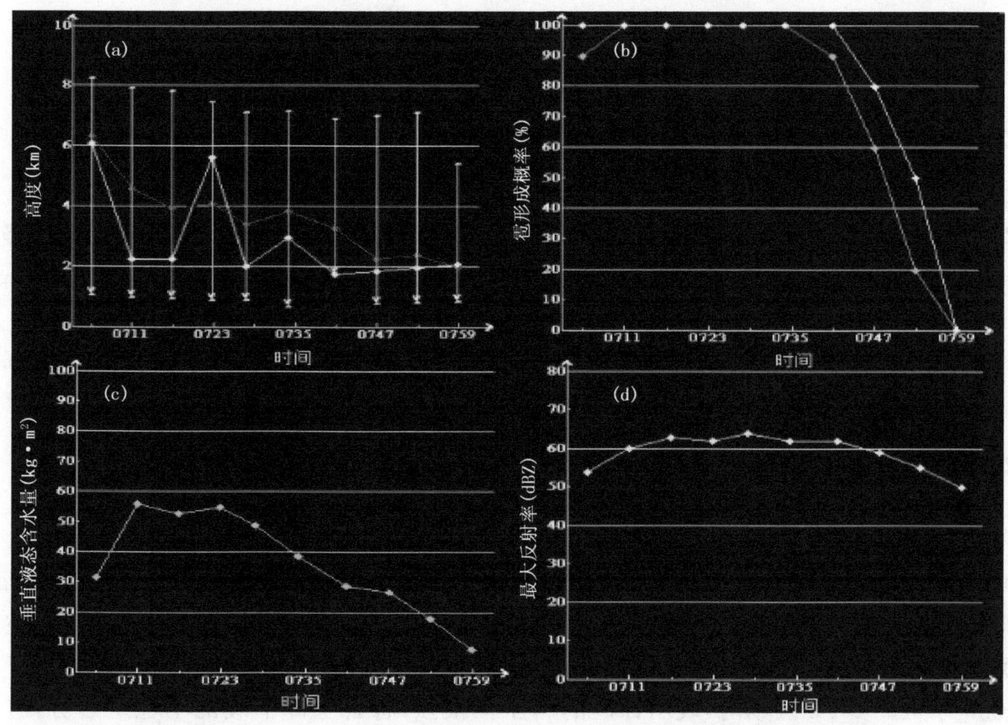

图9.18 2015年8月7日15:05—15:59龙卷结构风暴属性图

9.2.7 本节结论和讨论

(1)低层大的垂直切变以及700 hPa以下温度露点差小于等于4为龙卷发生提供了有利的动力和热力环境场;地面低压辐合线产生的辐合上升运动与干冷的西北气流相遇产生气旋式涡旋,在露点锋附近触发龙卷天气。

(2)在龙卷开始前两个弱回波区相邻且呈阶梯状排列,使气流呈倾斜性上升,当弓形回波产生的下沉气流遇到较强的倾斜的上升气流时发生旋转形成龙卷,弓形回波断裂处是龙卷发生区域。

(3)在龙卷持续期间风暴单体>55 dBZ回波底始终在1 km高度之下,强回波中心距离地面在3 km左右,说明这次龙卷基本属于低层强扰动,是造成经济损失比较严重原因。龙卷涡旋内部形成了像元到像元之间的切变,风速最大切变值达到$171\times10^{-5}s^{-1}$,是龙卷风最强盛阶段。

(4)卫星水汽图像与850 hPa假相当位温密集带形状一致的地区是强对流触发区;龙卷发生在水汽输送区与云体亮温强梯度叠加区域;水汽带上正负散度交替出现有利于龙卷形成,龙卷在正散度大值区触发;红外卫星云系呈现钩状是龙卷发生先兆,有20 min左右时间提前量。

(5)讨论:本次分析只针对一次龙卷天气,风暴结构属性表中大冰雹和一般冰雹的发生概率空报现象还需要更多个例来论证。

9.3 个例分析——"2013-09-12"秋季强对流天气综合分析

9.3.1 实况概述

2013年9月12日14:00—13日08:00，山西省除了临汾、运城和晋城外，其他地区都不同程度出现强对流天气，全省区域站降水情况为：降水量≥20 mm有5个站；降水量≥10 mm有50个站；5 mm≤降水量≤10 mm有86个站。强降水落区在北部的大同地区，小时雨强23 mm·h^{-1}；全省有16个站出现大于17 m·s^{-1}大风，最大风速为22.6 m·s^{-1}，出现在方山县，3个站出现冰雹，最大直径22 mm，出现在怀仁县和平鲁县。

9.3.2 环流形式综合分析

9.3.2.1 高低空配置分析

9月12日08:00 500 hPa(图略)中高纬度地区受宽广高空槽控制，天气图上588 dagpm线北伸至长江中下游地区，从河套至川西以东，受副高边缘西南气流控制，850 hPa上空从青藏高原延伸出来的暖中心控制整个华北地区(图略)，山西吕梁以北地区位于$T_{850}-T_{500}\geq$ 26℃、$\theta_{se850}-\theta_{se500}\geq$4℃区域内，表示锋区的斜压性很强，符合上冷下暖的不稳定形势，有利于产生强对流天气。12日08:00地面图(图略)蒙古气旋进一步加强并继续东移南压影响山西，在二连浩特北部至新疆一带有一切变线，它是强对流天气的触发系统。由于南北两个高压势力均较强，导致蒙古气旋长时间在华北、东北停留。当副高边缘暖湿空气源源不断由西南向东北输送时与冷空气交汇在山西西北部地区，出现雷雨大风和冰雹天气。

9.3.2.2 风暴相对螺旋度分析

风暴相对螺旋度(*SRH*)是近年来引入天气分析和预报中的一个重要物理量，反映了旋转与沿旋转轴方向运动的强弱，是一个对诊断和预报强对流天气发生发展有指导意义的物理量。经研究发现(石燕茹 等，2011，李耀东 等，2005)，*SRH*的大值区与风暴的运动、发展和增强有关，*SRH*大则风暴生命史也较长。图9.19b为12日08:00风暴相对螺旋度场，可见山西吕梁以北地区*SRH*>80 m^2·s^{-2}，到14时这些地区开始出现雷阵雨天气，到12日20时(图略)忻州以北地区*SRH*>120 m^2·s^{-2}，最强地区在大同*SRH*>180 m^2·s^{-2}以上，这些地区陆续出现了雷雨大风和冰雹等强对流天气。可见*SRH*>80 m^2·s^{-2}大值区的出现对预报较强降水有最少6个小时提前量。

9.3.2.3 中尺度辐合线和偏东风辐合的抬升作用

由图9.20a可见，9月12日08:00 925 hPa风场上在河北西北部到陕西一带有中尺度切变线，对应在垂直速度场上切变线以东辐合有上升运动，以西下沉运动。在同时次的环境水平U风分量场上(见图9.20b)从1000～850 hPa、110°～114°E区域内均为偏东气流，从107°E以西的700～925 hPa区域及115°E以东的700～1000 hPa区域均有西风分量入侵到110°～114°E区域内(箭头所示)，从而迫使辐合线以东一带的偏东暖湿气流抬升，所以说中低层冷空气是强对流天气发生和发展的触发机制。

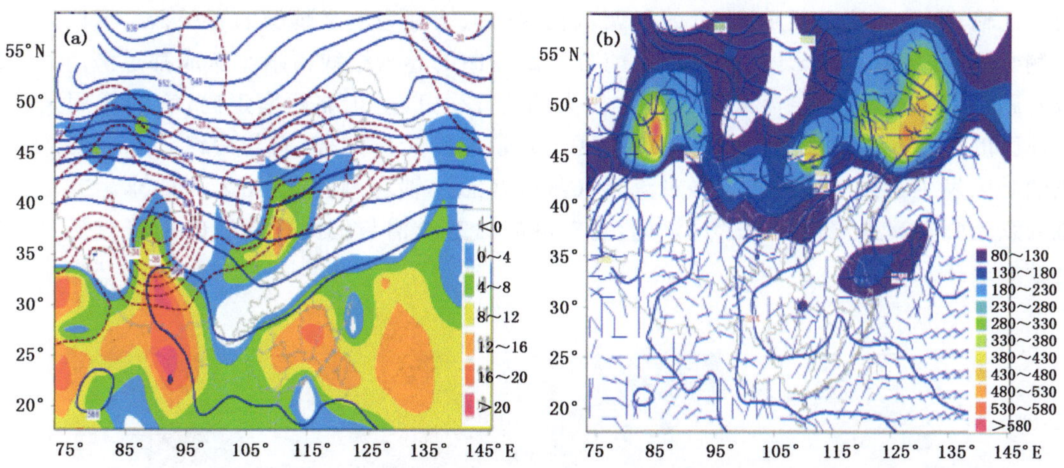

图 9.19　9 月 12 日 08:00 500hPa 等压面的高度场(实线,单位:dagpm)、$T_{850}-T_{500}\geqslant 26$℃等值线(虚线)和 $\theta_{se_{850}}-\theta_{se_{500}}\geqslant 0$℃(阴影区)(a),地面气压场(实线,单位:hPa)、风场(矢量)、风暴相对螺旋度(阴影区,单位:$m^2\cdot s^{-2}$)、粗虚线为切变线(b)

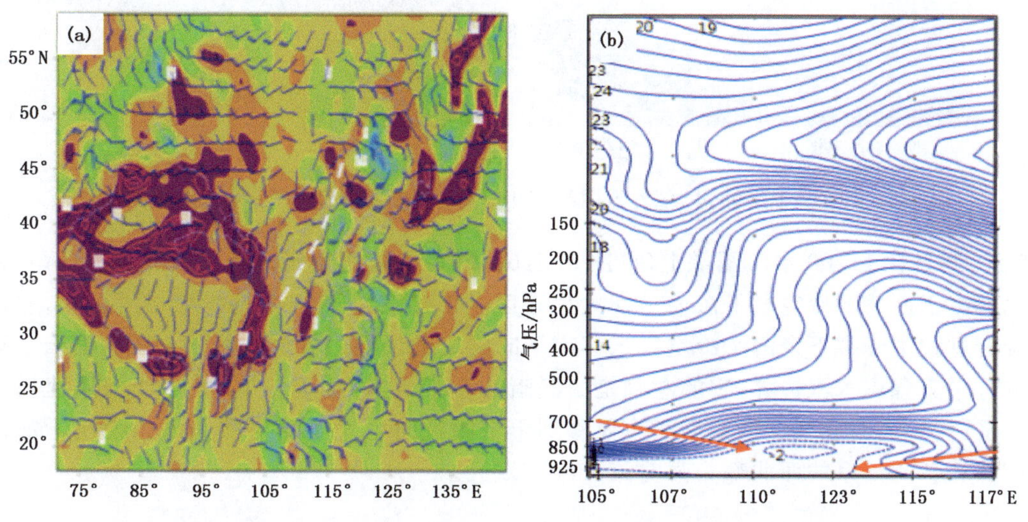

图 9.20　9 月 12 日 08:00 925 hPa 风场(虚线为切变线)和垂直速度场(阴影,单位:$Pa\cdot s^{-1}$)(a)、沿 40°N 的 u 风垂直剖面图(单位:$m\cdot s^{-1}$)(b)(箭头西风入侵方向)

9.4　卫星云图特征分析

9.4.1　中尺度对流云团出生阶段

9 月 12 日 08:00 FY-2 卫星云图上(见图 9.21a),蒙古中部有气旋云系盘踞,并在蒙古中部向东南打转,气旋后部分裂出的冷空气在蒙古南部形成零散的对流云团,在二连浩特到河套西部一带形成一条冷锋云带,它位于 500 hPa 槽前的西南气流里,低纬度西南气流沿冷锋从西南向东北输送，越往北云顶越高，云的色调从较深中低云变为越来越淡的卷层云。云区向暖空气一侧凸起，云中有对流云团，云区内及前方气旋弯曲的卷云纹线清晰。从成都过济南到东北一线有副热带急流云系，急流云带长宽之比大约为12∶1，呈东北西南走向，它的作用是将低纬度地区的能量和水汽输送到中高纬度地区。云带左侧光滑整齐，它与冷锋云系东南部共同围成的暗区发生了强对流天气。强对流天气落区在急流轴左侧、高空槽云系的东南方。说明急流云系为强对流天气提供一个背景场，它左侧的高空冷槽与地面冷锋间的配置对强对流发生有较好的指示意义。

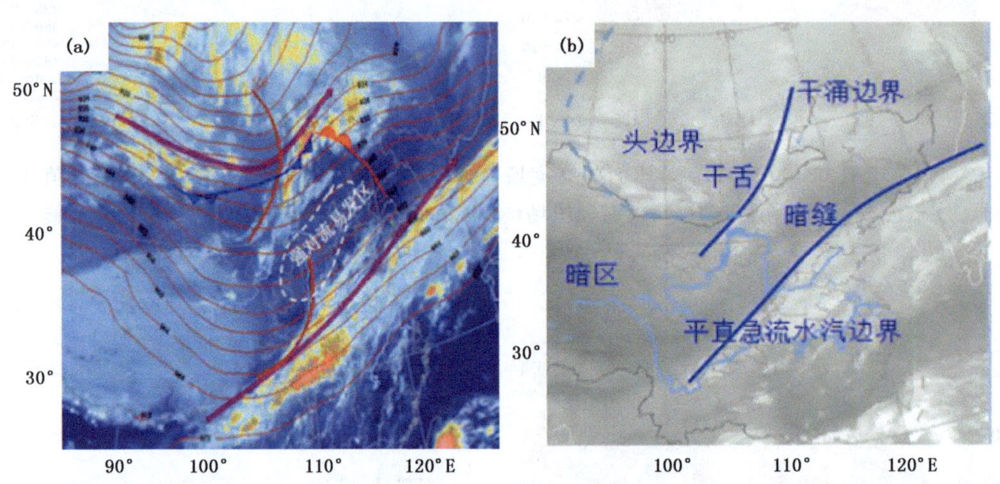

图9.21　9月12日08:00红外云图与500 hPa高度场叠加(a)、11:00水汽图像(b)

9月12日在11:00水汽图像上(见图9.21b)，蒙古中部的气旋云系发展成逗点云系，在它的西北部由于西北干冷空气下沉而呈现大片暗区。二连浩特至河套西部有干涌边界，它是气旋在旋转过程中分裂下来的干冷空气东移南下时形成的干湿边界。与红外云图急流云系对应的地方有平直急流水汽边界，它的左侧是为黑暗的干带，也称之为暗缝，是由于强风速切变引起的下沉运动，当西北气流推动干涌边界移到干带附近时触发了强对流天气。说明干涌边界的东南部和急流云系的西北部为强对流天气易发区。

9.4.2　中尺度对流云团发展阶段

9月12日13:00红外云图上(见图9.22a)，逗点云系发展完整，云系底部有对流云系发展，河套东部有积云线，干冷空气的不断入侵使副热带高压边缘输送的暖湿空气被抬升，积云线迅速发展成对流云团。对应在可见光云图上(见图9.22b)可以到晰的卷云羽，表示积雨云顶有气流流出，说明对流层中上层400 hPa以上风垂直切变强，高空辐散有利于对流发展，从而判断积雨云将进一步发展加强。

图9.22中逗点云系头部的西边界光滑整齐，它的西南侧为干区，东北侧为湿区，头边界的出现预示着西北部的干冷急流会促使干涌边界东移加强，使强对流天气得以发展。从水汽图像的各种特征可以判断整个山西省处于强对流天气易发区内。

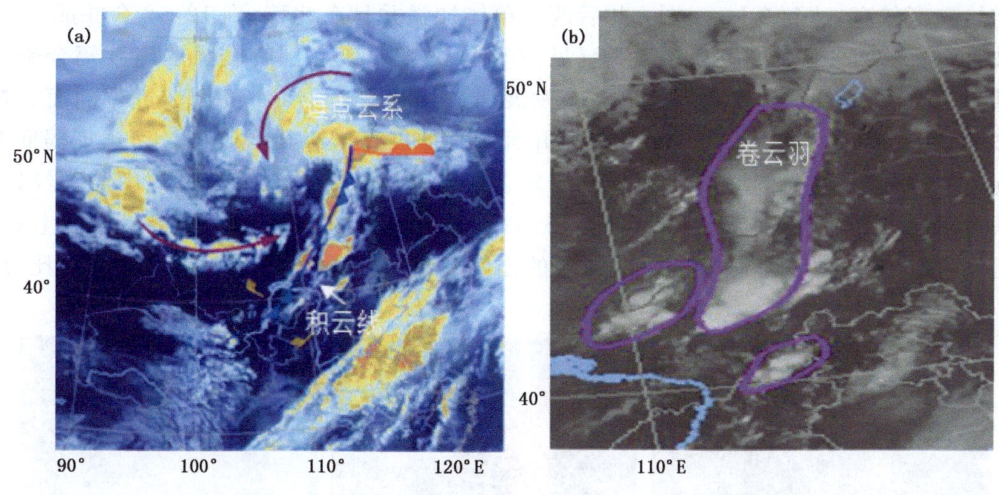

图 9.22　2013 年 9 月 12 日 13:00 红外云图(a)、可见光图(b)

9.4.3　中尺度对流云团成熟阶段

9 月 12 日 18:00 红外云图上(见图 9.23a)大尺度逗点云系发展成熟，其底部发展形成中尺度对流云团，形状呈椭圆型，长轴方向与风的垂直切变方向一致，对应在 12 日 17:30 可见光云图上(见图 9.23b)，下风一侧出现卷云砧，表明积雨云团发展成熟，中尺度对流云团中的每个单体表面表现多皱纹多起伏的不均匀纹理，说明中尺度对流云团已经发展成穿透性强对流云。它经过内蒙古东部和华北地区时造成雷雨大风和冰雹等强对流天气。

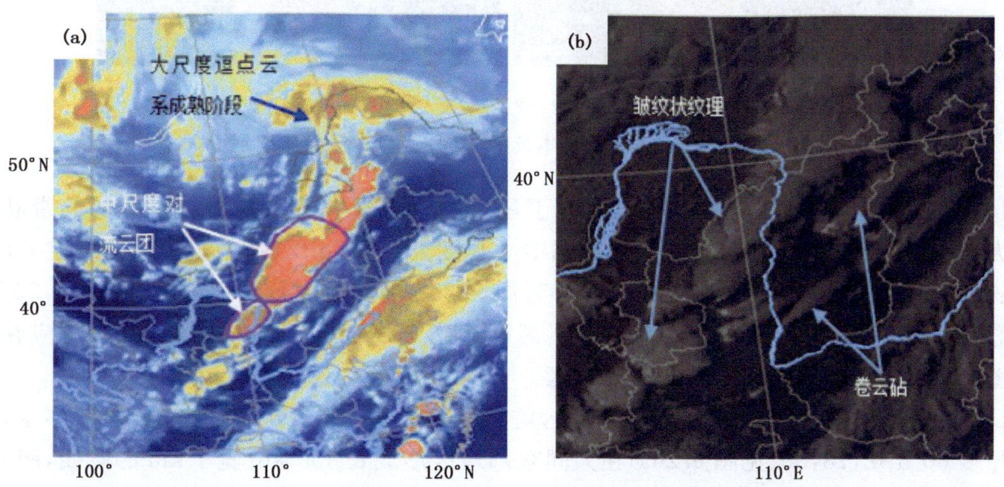

图 9.23　2013 年 9 月 12 日 18:00 红外云图(a)、17:30 可见光图(b)

9.5　多普勒天气雷达特征分析

本例所用的多普勒雷达资料是大同地区 CIRNDA/CB 所观测到的。

12:04 基本反射率图上，在左云和丰镇一带有回波单体生成，中心强度在 60 dBZ 以上且回波初始高度较高，达到 9 km 以上，此后两个单体加强并且东北移，到 12:52 合并成一个“T”形回波带（见图 9.24a），对应在速度图上（见图 9.24b）在丰镇北部有较强的速度辐合带，正负速度值为 9 m·s^{-1}预示着该区域的回波将发展加强。对图 9.24a 中的回波进行剖面分析（见图 9.24d），回波中心回波强度 55 dBZ 以上并且垂直伸展高度达到 9 km 以上，出现弱回波区，对应在速度剖面图上（见图 9.24e）可见低层辐合区。该回波带在东移的过程中给所经地区带来雷雨大风冰雹和短时强降水天气，直至 15:39 减弱消散。对应在 13:00 卫星云图上有一个块状云系，仅从该云系不能很好的判断回波的强度及高度，需要与多普勒雷达产品对比分析。

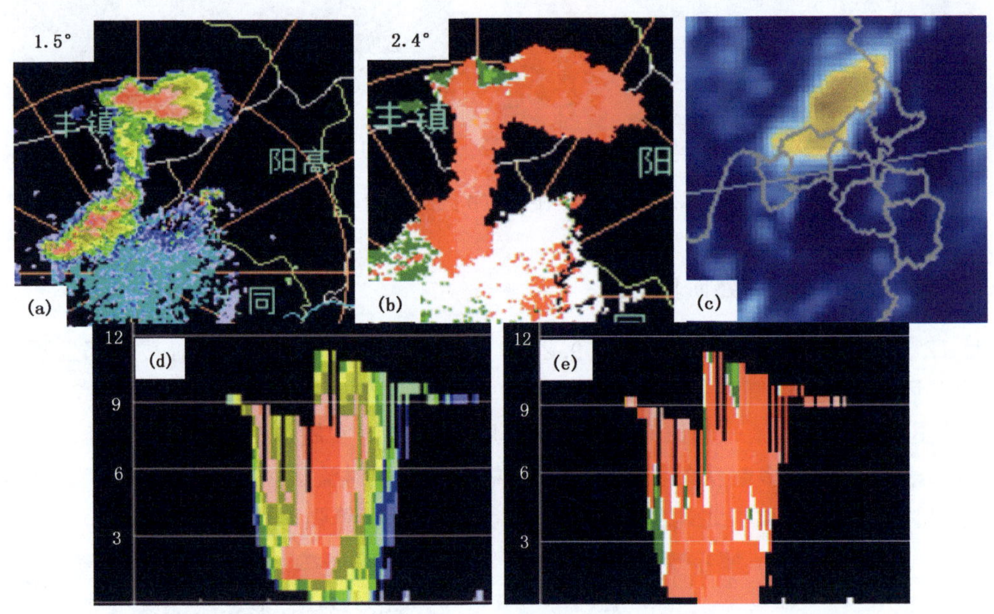

图 9.24　2013 年 9 月 12 日 12:52 基本反射率图(a)、径向速度图(b)、13:00 云图(c)、强回波的基本反射率剖面(d)和径向速度剖面(e)

16:00 在 1.5°仰角基本反射率图上，在卫星云图上在逗点云系前沿有一个弱的带状云系进入大同境内，对应在多普勒雷达上能看到中心强度大于 50 dBZ，强中心所在高度在 8 km 以上，在径向速度图上明显看到速度辐合区。对图 9.25b 的回波进行剖面分析（见图 9.25d），回波中心回波强度 55 dBZ 以上并且垂直伸展高度达到 7 km 以上，出现弱回波区，对应在速度剖面图上（见图 9.25e）可见中低层的辐合区。

15:00 逗点云系底部开始进入大同雷达监控区，并以 50 km·h^{-1}的速度向东移动，中心强度超多 60 dBZ，18:30（见图 9.26a）在大同东部地区形成长 150 km 宽 7 km 的飑线，图 9.26b 为图 9.25a 中白线所在位置剖面，可见该地区有很强的下沉气流，最大速度达到 27 m·s^{-1}。此时从卫星云图看该云系强度并不强（见图 9.26c），也看不出出现大风征兆。

19:13 多普勒雷达上飑线发展达到最强阶段，对应在卫星云图上云系也达到最强阶段。此时对飑线上四个点进行剖面分析（见图 9.27d）可以看到无论回波强弱发展高度如何都对应着强的后侧下沉气流，中心速度值超过 27 m·s^{-1}，飑线给所经过地区带来大风天气（见图 9.27c）。19:30 开始回波减弱，23:00 移出大同地区。

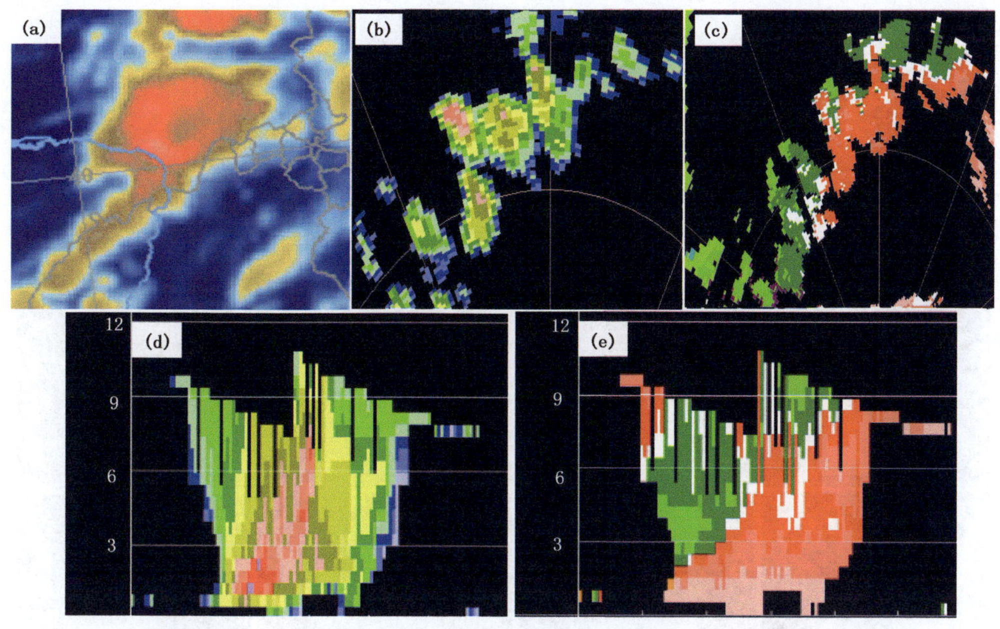

图 9.25　2013 年 9 月 12 日 16:00 云图(a),16:32 基本反射率图(b)、径向速度图(c)、强回波的基本反射率剖面(d)和径向速度剖面(e)

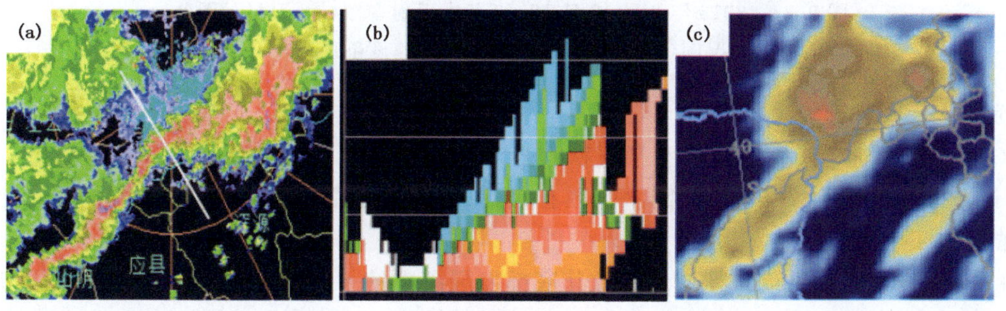

图 9.26　2013 年 9 月 12 日 18:30 基本反射率图(a)、径向速度剖面(b)和卫星云图(c)

从以上分析可以看出,云图视野宽而远,用于判断主要影响区域,而多普勒雷达视野小而细,用于判断强烈天气的具体落区并发布相应的预警信号。在日常业务中,应该将云图和多普勒雷达结合起来应用。

9.6　本例小结

(1)秋季在高空冷槽和地面蒙古气旋共同作用的大尺度环流背景下,由地面辐合线可以触发中尺度系统造成强对流天气。中低层较强冷空气与较好的湿度配合是秋季强对流天气发生和发展的触发机制,与夏季高温高湿的触发机制不同

(2)强对流天气与低层中尺度切变线有较好的相关性,低层切变线配合下湿上干结构触发了这次强对流天气,可作为秋季强对流天气预报指标。

(3)中高层干冷空气下沉与低层偏东气流相遇使暖湿气流抬升触发出中尺度对流云团并

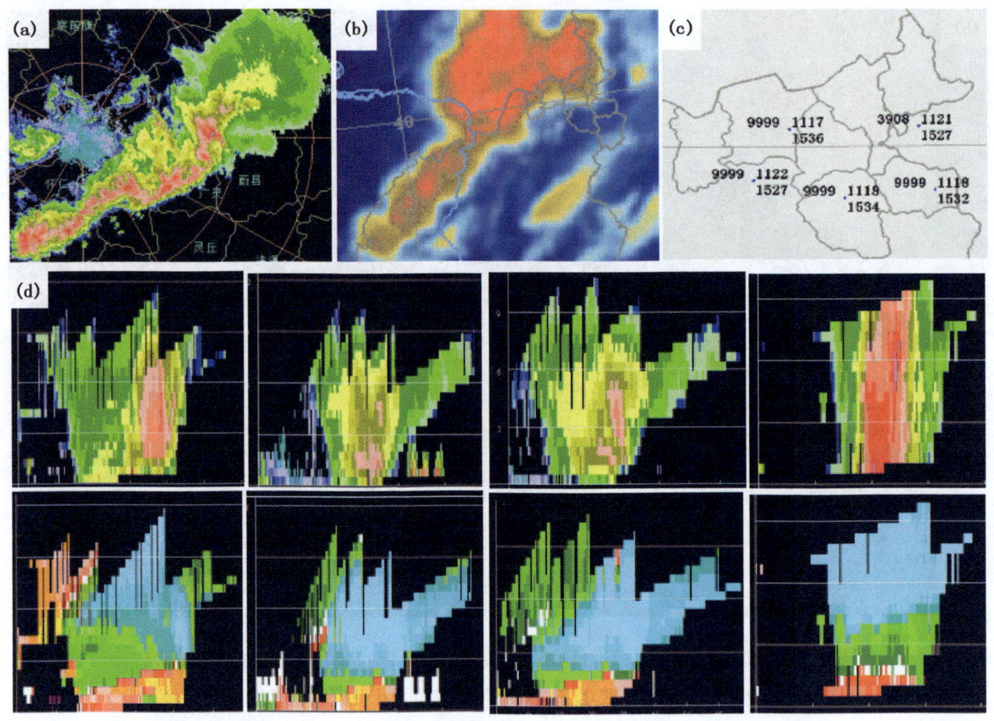

图 9.27　2013 年 9 月 12 日 19:13 基本反射率图(a);卫星云图(b)
实况图(c);图 a 中四个点强度及速度剖面图(d)

使其发展。

(4) 风暴相对螺旋度是诊断和预报秋季强对流天气发生发展有指导意义的物理量,$SRH \geqslant 80\ m^2 \cdot s^{-2}$大值区面积与较强降水范围有较好的对应关系,对预报秋季强降水有至少 6 个小时的提前量。

(5)卫星云图上,活跃的冷锋云系及其底部发展起来的 γ 中尺度对流云团共同作用造成秋季强对流天气。特征为:① 冷锋云带位于 500 hPa 槽前西南气流里,低纬西南气流沿冷锋向东北输送,越往北云顶越高,色调从较淡中低云变为越来越深的卷层云。云区向暖空气一侧凸起,云中有对流云团,云区内及前方气旋弯曲的卷云纹线清晰。② 副热带急流左侧高空冷槽与地面冷锋间的配置对强对流发生有指示意义。③干涌边界的东南部和急流云系的西北部为强对流易发区,头边界的出现预示着西北部干冷急流会使干涌边界东北(云砧方向)移加强,使强对流天气得以发展。

(6)卫星云图与雷达资料的结合应用,可以更好地监测强对流天气,大大提高预报时效与准确度。

参考文献

白仕刚,何宏让,缪子青,等,2015.2013年7月8—11日四川西部暴雨过程中尺度特征分析[J].气象与减灾研究,38(4):11-19.

蔡晓云,焦热光,2001 多普勒雷达速度图暴雨判据和短时预报工具研究[J].气象,27(7):13-15.

陈鲍发,魏鸣,柳守煜,2008.逆风区的回波演变与强对流天气的结构分析[J].暴雨灾害,27(2):127-134.

樊李苗,俞小鼎,2013.中国短时强对流天气的若干环境参数特征分析[J].高原气象,32(1):156-165.

费增坪,王洪庆,张焱,等,2011.基于静止卫星红外云图的 MCC 自动识别与追踪[J].应用气象学报,22(1):115-122.

耿建军,李浚河,杜佳,等,2016. 2013年北京地区一次强对流降水天气成因分析[J].气象与环境科学,39(1):52-58.

郝建萍,赵桂香,袁怀亭,2006.多普勒雷达资料在强降雪过程中的分析应用[J],山西气象,76(3):3-4.

胡明宝,高太长,汤达章,等,2000.多普勒天气资料分析与应用[M].北京:解放军出版社.

胡园春,戴京笛,张红艳,2005. 一次暴雨过程的螺旋度分析[J].山东气象,25(1):17-18.

胡志群,夏文梅,汤达章,等,2007.多普勒雷达速度图像识别及散度提取方法研究[J].高原气象,26(4):821-829.

蒋建莹,汪悦国,2014.卫星水汽图像上两次暴雨过程的干、湿特征东北分析[J].气象,40(6):706-714.

李斌,王式功,谢向阳,等,2005.一次强风暴的新一代多普勒雷达观测特征分析[J].中国沙漠,25(增刊):86-90.

李耀东,刘健文,高守亭,2005.螺旋度在对流天气预报中的应用研究进展[J]. 气象科技,33(1):7-11,36.

李英,1999.春季滇南冰雹大风天气的螺旋度分析[J].南京气象学院学报,22(2):164-169.

廖玉芳,俞小鼎,吴林林,等,2008.S波段多普勒天气雷达旁瓣回波的特征分析[J].热带气象学报,24(2):183-188.

刘洪恩,2001.单多普勒天气雷达在暴雨临近预报中的应用[J].气象,27(12):17-22.

刘青松,董海萍,郭卫东,等,2010.多普勒雷达资料的直接同化对降雨预报的影响[J].暴雨灾害,29(2):122-128.

陆慧娟,高守亭,2003.螺旋度及螺旋度方程的讨论[J].气象学报,61(6):685-691.

马中元,苏俐敏,谌芸,等,2014.一次强飑线及飑前中小尺度系统特征分析[J].气象,40(8):916-929.

牛广山,李俊杰,李秋元,等,2010.一次豫北春季强对流暴雨过程的螺旋度分析[J].气象与环境科学,33(1):40-47.

邵玲玲,孙婷,邬锐,2005.多普勒天气雷达产品一中气旋在强风预报中的应用研究[J].气象,31(9):34-48.

沈浩,杨军,祖繁,等,2014.干空气人侵对东北冷涡降水发展的影响[J].气象,40(5):562-569.

沈永生,杨远航,章达华,等,2010.雨雪冰冻天气多普勒雷达产品特征[J].气象科技,38(2):189-192.

石燕茹,寿绍文,王丽荣,等,2011.风暴相对螺旋度与强对流天气类型的关系分析[J].气象与环境学报,27(1):65-71.

寿绍文,王祖锋,1998.1991年7月上旬贵州地区暴雨过程物理机制的诊断研究[J].气象科学,18(3):231-238.

孙伟,应冲雄,2001.用螺旋度对一次暴雨过程的分析[J].陕西气象,(4):14-16.

王丛梅,李永占,刘晓灵,2015.河北省南部回流暴雪天气结构特征[J].气象与环境学报,31(3):23-28.

王丽荣，汤达章，胡志群，等，2006a. 多普勒雷达的速度图像特征及其在一次降雪过程中的应用 [J]. 应用气象学报，17(4)：452-458.

王丽荣，汤达章，胡志群，等，2006b. 多普勒雷达对华北春季强降水过程的动力学诊断[J]. 高原气象，25(3)：509-515.

王丽荣，杨荣珍，李朝华，等，2009. 多普勒雷达三维拼图资料在强对流天气监测中的应用[J]. 气象与环境学报，25(5)：18-23.

王在文，郑永光，刘还珠，等，2010. 蒙古冷涡影响下的北京降雹天气特征分析[J]. 高原气象，29(3)：763-777.

吴翠红，王晓玲，王珊珊，2013. 受两次干线影响的湖北大暴雨过程成因分析 [J]. 热带气象学报，29(2)：262-270.

夏文梅，张亚萍，汤达章，等，2002. 暴雨多普勒天气雷达资料的分析[J]. 南京气象学院学报，25(6)：787-794.

谢向阳，赵学军，2003. 一次大面积降雪多普勒速度特征[J]. 新疆气象，6(3)：22-23.

姚秀萍，吴国雄，赵兵科，等，2007. 与梅雨锋上低涡降水相伴的干侵入研究[J]. 中国科学(D辑)，地球科学，37(3)：417-428.

应冬梅，许爱华，黄祖辉，2007. 江西冰雹、大风与短时强降水的多普勒雷达产品的对比分析[J]. 气象，33(3)：48-53.

于玉斌，姚秀萍，2003. 干侵入的研究及其应用进展[J]. 气象学报，61(6)：769-778.

俞小鼎，姚秀萍，熊廷南，等，2006. 多普勒天气雷达原理与业务应用[M]. 北京：气象出版社.

俞小鼎，郑媛媛，廖玉芳，等，2008. 一次伴随强烈龙卷的强降水超级单体风暴研究[J]. 大气科学，32(3)：508-522.

张京英，孙成武，王庆华，等，2009. 一次飑线大风的多种资料分析和临近预报[J]. 气象科学，29(1)，126-132.

张沛源，陈荣林，1995. 多普勒速度图上的暴雨判据研究[J]. 应用气象学报，6(3)：371-374.

张守保，张迎新，王福侠，等，2008. 华北回流天气多普勒雷达径向速度分布特征[J]. 气象，34(2)：33-37.

张晰莹，张礼宝，袁美英，2003. 一次降雪过程的多普勒雷达探测分析[J]. 气象科技，31(3)：179-182.

郑芬，黄海波，王郦，2008. 一次飑线过程的雷达产品特征分析[J]. 云南地理环境研究，20(增刊)：133-138.

支树林，许爱华，张娟娟，等，2015. 一次影响江西的确致灾性飑线天气成因分析[J]. 暴雨灾害，34(4)：352-359.

周显伟，祝玉梅，时刚，2010. 齐齐哈尔一次暴雨的螺旋度诊断分析[J]. 27(2)：1-4.

朱君鉴，王令，黄秀韶，2005. CINRAD/SA 中气旋产品与强对流天气[J]. 气象，31(2)：38-42.

Lemon L R，1998. The radar "three-body scatter sprike"：An operationa large-hail signature[J]. Wea Forecasting，13：327-340.

Lilly D K，1986. The structure and propotation of rotation convective storm，Part 2：and storm[J]. J Atmos Sci，43(2)：126-140.

Maddox R A，1976. An evaluation of tornado proximity wind andstability data[J]. Monthly Weather Review，104(2)：133-142.

Woodall G R，1990. Qualitative forecasting of tornadic activityusing storm-relative environmental helicity[R]. Preprint，16th Conference on Severe Local Storm：311-315.